応用生態工学会テキスト

水田環境の
保全と再生

田和康太・永山滋也 編

技報堂出版

扉写真
左上：夏の谷津田の風景（千葉県富里市）
右上：水田脇の承水路（京都府久美浜町）
左下：代掻き中の水田で餌動物を探すサギ類とコウノトリ（兵庫県豊岡市）
右下：水田の水面から顔を出すモリアオガエル（滋賀県高島市）

（提供：田和康太）

書籍のコピー，スキャン，デジタル化等による複製は，
　著作権法上での例外を除き禁じられています。

『水田環境の保全と再生』について

　応用生態工学会の企画する第2弾のテキストとして，この度，『水田環境の保全と再生』を刊行する運びとなりました。本書を刊行するにあたり，多忙なスケジュールの中，貴重な時間を割いて寄稿いただいた執筆者の皆様に心より御礼申し上げます。

　水田環境は水稲作のための生業の場です。水田では，水稲を育てるために様々な水利施設を設けて用水を確保し，また，毎年ある程度決まった時期に湛水されます。こうした水管理は，雨によって川が溢れ冠水するという本来の氾濫原や湿地に類似する環境を作り出しました。そのため，水田環境は古来より様々な生物のすみかとしても機能してきました。しかしながら，特に戦後を中心として，水田環境は大きく変化し，生物多様性の高い水田環境は近年急速に消失しています。こうした背景の中で，生物多様性に配慮した様々な農法や工法が考案され，少しずつ全国の水田環境に導入されつつあります。これらの動きを加速させ，いきもの豊かな水田環境を保全・再生するためには，生態学，農学，土木工学といった学際的な協働と視点が不可欠です。そのため，「水田環境の保全と再生」は，応用生態工学で今取り扱うべき重要なテーマです。

　本書は4章から構成されます。まず第1章では，水田環境の定義と場所や地形に依存する構造的特徴を整理します。第2章では，水田環境が持つ生物多様性保全の場としての機能や概念を，第1章と関連づけて解説します。第3章では，社会情勢，制度，農法の変遷，そして気候変動がもたらした生物多様性を含む水田環境の変化を概観し，これから水田環境に求められる役割にも言及します。第4章では主に，各地域の水田環境における生物多様性の保全と再生に関する実践例を多数紹介します。また，水田環境の特徴や生物多様性保全に関する興味深いトピックスを多数のコラムに収録しました。

　応用生態工学の視点から水田環境の保全と再生を取り扱った本書が，大学生，NPO，農業者，技術者，研究者など幅広い皆様の手に届き，各地の実践に活用され，豊かな水田環境の保全と再生につながることを願っています。

　令和6年8月12日

　　　　　「水田環境の保全と再生」編集委員長　田和康太・永山滋也

目　次

第 1 章　水田環境とは　　　　　　　　　　　　　　　1

1.1　水田環境の定義 ·· 1
1.2　水田環境の特徴 ·· 3
1.2.1　山地・丘陵地・台地における水田環境 ···················· 3
1.2.2　扇状地における水田環境 ······································ 6
1.2.3　自然堤防帯における水田環境 ······························ 8
1.2.4　デルタ（三角州）における水田環境 ····················· 9
1.2.5　現代（戦後）の水田環境 ···································· 10
1.3　水田の農事暦 ·· 11
コラム 1　輪中の水田環境 ··· 16
コラム 2　掘り下げ田と水生動物 ·· 18
コラム 3　霞堤と水田 ·· 21

第 2 章　生物の生息場としての水田　　　　　　　　　25

2.1　水田における生物多様性の成立 ·· 25
2.2　水田における生物多様性の特徴 ·· 27
2.3　水田生態系の階層性 ·· 28
2.4　水田生態系に関する重要な概念 ·· 31
2.4.1　中規模攪乱仮説 ·· 31
2.4.2　水田生態系を支える微生物群集と複雑な食物網 ········· 31
2.4.3　一時的水域と恒久的水域 ····································· 33
2.4.4　IBM（総合的生物多様性管理） ···························· 35

目　次

2.5　各水田環境の生物の生息場所としての特徴 ···················· 36

　2.5.1　湿　　　田 ··· 36

　2.5.2　乾　　　田 ··· 39

　2.5.3　休耕田と耕作放棄水田 ··· 40

　2.5.4　農業用ため池 ··· 42

　2.5.5　農業用水路（谷津内水路や小溝を含めて）···················· 44

　2.5.6　畦　　　畔 ··· 46

2.6　水田環境と周辺環境との時間的・空間的連続性が
　　　もたらす生物多様性 ·· 48

コラム 4　霞ケ浦周辺のハス田：多様な鳥類が利用する通年湛水田 ·· 57

コラム 5　水田水域を季節的に使い分ける真の水生昆虫たち ········· 60

コラム 6　田んぼのカエルに迫る危機 ··································· 63

コラム 7　魚類にとっての水田水域における「階層性」の重要さ ··· 66

第 3 章　変化する水田環境　　　69

3.1　水田環境の社会的変遷 ··· 69

　3.1.1　稲作黎明期から古墳時代ごろまでの水田 ·················· 69

　3.1.2　中世以降の新田開発 ··· 72

　3.1.3　明治以降の水田を取り巻く変化 ····························· 72

　3.1.4　戦後の食糧増産と近代化農業 ································· 73

　3.1.5　国際的な変化と農村の担い手減少による
　　　　　耕作放棄水田の拡大 ·· 74

　3.1.6　変わる水田の意義：多面的機能への期待 ················· 74

3.2　水田の農法の変遷 ··· 75

　3.2.1　農法について ··· 75

　3.2.2　近世の農法 ··· 76

　3.2.3　近代の農法 ··· 91

　3.2.4　現代の農法 ··· 94

iii

3.3 水田環境の変化による生物多様性の変遷 ・・・・・・・・・・・・・・・・・・100

  3.3.1 ハビタットとしての水田環境 ・・・・・・・・・・・・・・・・・・・・100

  3.3.2 除草剤がもたらした群集構造の変化 ・・・・・・・・・・・・・・101

  3.3.3 圃場整備がもたらした群集構造の変化 ・・・・・・・・・・・・103

  3.3.4 耕作放棄がもたらす群集構造の変化 ・・・・・・・・・・・・・・105

  3.3.5 おわりに ・・・・・・・・・・・・・・・・・・・・・・・・・・・・・・・・・・・・・107

3.4 気候変動下の水田環境と役割 ・・・・・・・・・・・・・・・・・・・・・・・・108

  3.4.1 水田における気候変動対策 ・・・・・・・・・・・・・・・・・・・・・108

  3.4.2 気候変動が水田耕作にもたらす影響 ・・・・・・・・・・・・・・110

  3.4.3 気候変動下で期待される水田の役割：防災・減災機能 ・・・・112

  3.4.4 おわりに ・・・・・・・・・・・・・・・・・・・・・・・・・・・・・・・・・・・・・114

コラム 8　北海道東部・水稲栽培限界地の開拓と農家の暮らし・・・・・・122

コラム 9　多面的機能支払交付金 ・・・・・・・・・・・・・・・・・・・・・・・・127

コラム 10　水田環境と外来種（水生動物）・・・・・・・・・・・・・・・・・・129

コラム 11　水田環境と外来種（植物）・・・・・・・・・・・・・・・・・・・・・・132

第4章　水田環境の保全と再生　　　135

4.1　水田環境における生物多様性の保全が認識されるまで・・・・・・・・135

4.2　水田環境における生物多様性の保全・再生メニュー・・・・・・・・・・138

4.3　保全・再生の考え方 ・・・・・・・・・・・・・・・・・・・・・・・・・・・・・・147

4.4　保全に役立つマニュアルとその活用 ・・・・・・・・・・・・・・・・・・149

4.5　保全と再生の実践 ・・・・・・・・・・・・・・・・・・・・・・・・・・・・・・・150

  4.5.1　環境保全型農業がもたらす生物多様性の保全効果

     —全国規模の野外調査 ・・・・・・・・・・・・・・・・・・・・・・・150

  4.5.2　環境保全型農業がもたらす生物多様性の保全効果

     —既往研究のシステマティックレビュー・・・・・・・・・・・155

  4.5.3　市民と連携した耕作放棄水田の活用 ・・・・・・・・・・・・・・160

  4.5.4　熊本県球磨地方における迫田の再生 ・・・・・・・・・・・・・・168

目　次

4.5.5 休耕田ビオトープによる水生動物の生息環境の創出 ········ 184

4.5.6 東京都多摩地域の未整備水田地帯における
湿地造成による魚類保全 ································· 194

4.5.7 但馬地域の水田水域におけるコウノトリの
野生復帰と自然再生 ································· 205

4.5.8 岐阜県関市の土地区画整理事業における
二枚貝存続プロセスの保全 ··························· 219

4.5.9 農業用水路の魚の棲みやすさの評価手法の開発 ··········· 233

コラム 12 BARCI/BACI デザインと順応的管理 ·················· 249

コラム 13 淡水魚とエコロジカルネットワーク ·················· 251

コラム 14 滋賀県における「魚のゆりかご水田プロジェクト」の現状 ···· 256

コラム 15 堤防を隔てて隣り合う河道内湿地と
水田地帯のカエル類群集 ································· 261

索　引 ··· 265

「水田環境の保全と再生」編集委員会

委員長　田和康太，永山滋也
幹　事　吉村千洋
委　員　一柳英隆，岩瀬晴夫，上野裕介，片山直樹，皆川明子，嶺田拓也

編集・執筆者一覧

一柳英隆　　熊本県立大学緑の流域治水研究室
岩瀬晴夫　　株式会社北海道技術コンサルタント
上野裕介　　石川県立大学生物資源環境学部環境科学科
大澤剛士　　東京都立大学大学院都市環境科学研究科
柿野　亘　　北里大学獣医学部生物環境科学科
片山直樹　　国立研究開発法人農業・食品産業技術総合研究機構農業環境研究部門
佐川志朗　　兵庫県立大学大学院地域資源マネジメント研究科
瀧健太郎　　滋賀県立大学環境科学部
田和康太　　国立研究開発法人国立環境研究所気候変動適応センター
中島　淳　　福岡県保健環境研究所環境生物課
永山滋也　　岐阜大学高等研究院環境社会共生体研究センター
西田一也　　国立研究開発法人国立環境研究所琵琶湖分室
西廣　淳　　国立研究開発法人国立環境研究所気候変動適応センター
益子美由希　国立研究開発法人農業・食品産業技術総合研究機構畜産研究部門
皆川明子　　滋賀県立大学環境科学部生物資源管理学科
嶺田拓也　　国立研究開発法人農業・食品産業技術総合研究機構本部
森　照貴　　国立研究開発法人土木研究所自然共生研究センター
渡部恵司　　国立研究開発法人農業・食品産業技術総合研究機構農村工学研究部門

（五十音順）

執筆分担一覧

一柳英隆　　【4.5.4】

岩瀬晴夫　　【コラム 8】

上野裕介　　【3.1】

大澤剛士　　【3.3，3.4，コラム 9】

柿野　亘　　【3.2】

片山直樹　　【2 章，4.5.1，4.5.2】

佐川志朗　　【4.5.7】

瀧健太郎　　【コラム 3】

田和康太　　【1 章，2 章，4.1〜4.4，4.5.7，コラム 2，コラム 12，コラム 15】

中島　淳　　【4.5.5，コラム 5，コラム 10】

永山滋也　　【1 章，4.5.8，コラム 1】

西田一也　　【4.5.6】

西廣　淳　　【4.5.3】

益子美由希　【コラム 4】

皆川明子　　【3.2，4.5.6，コラム 7，コラム 14】

嶺田拓也　　【3.1，コラム 11】

森　照貴　　【コラム 13】

渡部恵司　　【4.5.9，コラム 6】

(五十音順)

第1章
水田環境とは

1.1 水田環境の定義

　童謡「赤とんぼ」と「春の小川」，この2つは「水田」と深いかかわりがあることをご存じだろうか。「赤とんぼ」と総称されるアカネ属（*Sympetrum* spp.）は，第2章で解説するように水田を主な繁殖場所としている（図1.1）。また，「春の小川」は，水田につながる農業用用排水路を歌っていると考えられている[1]（図1.1）。日本最古の和歌集である「万葉集」にも，「田，秋田，稲」など水田に関連する歌が数多く存在することが知られる[2]。このように，「水田」は古くから親しまれ，とても身近にある環境と言える。では，「水田」という言葉を聞いたとき，どのようなイメージを抱くだろうか。「水田」について，田渕（1999）[3]は「畦で囲まれた湛水できる農地」と定義

図1.1　秋の夕暮れの水田と赤とんぼ（アキアカネ，左），
　　　水田の脇を流れる春の小川（農業用用排水路，右）

1

●第1章●水田環境とは

図 1.2　定義上の水田。田渕（1999）[3]を参考に図示した。

している。一般的に「水田」と言えば水を張って「稲」を栽培する農地をイメージすることが多いだろう。しかしながら，「稲」には水稲と陸稲が存在し，後者は湛水を必要としない。また，「畔で囲まれた湛水できる農地」には，ハス田（コラム 4 参照）やワサビ田なども含まれる。実際に国土地理院の土地利用調査では，「水稲，い草，蓮等を栽培している水田」を「田」と区分している[4]。さらに二毛作を行う場合や転作田では，水稲以外にも野菜や麦類が栽培されることとなる。ただし，農林水産統計[5]によれば 2022 年（令和 4 年）の水稲の作付面積は 1,355,000 ha となっている。これに対し，れんこんは 4,020 ha，い草は熊本県のみのデータで 380 ha であり，水稲に比べて作付面積はわずかである。本書では，水田の中でも特に作付面積の多い水稲栽培田を扱う（図 1.2）。

では本書における「水田環境」とは具体的にどういった領域や環境を示すのだろうか。水稲を栽培するためには用水とその管理が必須であり，そのために人間は農業用用排水路やため池といった農業水利施設を水田の周辺に造成してきた。これらの水利施設と水田は水によってつながっており，一体的に「水田水域」と呼ばれる（図 1.3）。本書では，このような水田水域の環境を「水田環境」と呼ぶことにする。なお，水田環境は，河川 − 水利施設 − 水田のつながりに加えて，周辺に存在する畑地，草地，屋敷，山地，林地などの陸域環境の影響も強く受けている[6]。この点については，第 2 章以降で解説していく。

図 1.3　水田水域のイメージ

1.2　水田環境の特徴

　水田が水稲のための人為的空間であるという点は，水田環境について説明するうえで特に重要な意味を持つ。水田の周りは湛水するために畦畔で囲まれ，取水のための水口と排水のための水尻が設けられる。水田周辺には農業用用排水路が張り巡らされ，これらの水路は各水田地帯の用水源（湧水湧出箇所，河川，湖沼，貯水池，ため池など）とつながり，水田水域が形成される。これはあくまで一般的な水田の構造であり，どこでも同じというわけではない。例えば，山地や丘陵地，台地といった傾斜地と，谷底平野や扇状地，自然堤防帯，デルタ（三角州）といった平地では，水田の様相が大きく異なっている。本節では，水田が立地する地形すべては網羅できないものの，いくつかの代表的な地形について，水田の立地や構造，灌漑システムを含めた水田環境の特徴を解説していく。

1.2.1　山地・丘陵地・台地における水田環境

　山地，丘陵地，台地では，共通して傾斜地を利用した水田景観が形成さ

れている。ここで，山地，丘陵地，台地の分類は文献によって様々であるが，国土地理院の「新版日本国勢地図」によれば，「丘陵地」は谷がよく発達し，頂部が丸みをおび，原則として稜線が定高性を示し，低地との比高は約300 m以下である山地，「台地」は平野と盆地のうち，一段高い台状の土地と定義されている。

　山地・丘陵地・台地に立地する水田の例として，「谷津田」と「棚田」が挙げられる。丘陵地・台地では，多くの侵食谷（開析谷）が発達する。その中でも幅の狭い谷底低地では，豊富な湧水や谷底勾配の緩急，保水性の高い土壌特性により，泥炭土・黒泥土などの発達する低湿地となる[7]。この低湿地は地域によって「谷津」や「谷戸」，「谷地」，「迫」などと呼ばれるが，本稿では主に「谷津」を使用する。谷津の特徴について，例えば柿野（2009）[8]は，栃木県市貝町の谷津について勾配はおおよそ1/100以上，幅は20～140 mと述べている。谷津では，この地形的特徴を生かして古くから水田が形成されてきた。この水田が「谷津田」である（図1.4）。谷津田は弥生時代から稲作に適した農地として成立しており，『常陸国風土記』には6世紀前半における谷津田の開発が記録されている[8]。

　一方，「棚田」は山地や丘陵地の斜面に沿った階段状の小面積の水田群である（図1.5）。中島（1999）[9]は，「棚田」を定量的に把握するために，農林水産省が1988年に実施した「水田要整備量調査」において対象とした「傾

図1.4　丘陵地の浅い谷に造成された谷津田

図1.5　棚田の景観。写真の棚田は「千枚田」と呼称され，急斜面に位置しており，各水田の面積は小さい。

斜 1/20 以上に立地する水田」を「棚田」と定義した。この定義においては緩傾斜（1/20〜1/7）で 10〜20 a の比較的大きな水田で構成される水田景観から，急傾斜（1/6 以上）で 1 a 以下の小面積の水田で構成される水田景観までが棚田に包含される[9]。棚田は，急傾斜地に特化した高い灌漑技術が要求されるため，近世初期から幕末期に成立した比較的新しい水田景観と考えられている[10]。なお，棚田の別の定義として，2005 年農林業センサスでは「傾斜地に等高線に沿って作られた水田であり，田面が水平で棚状に見えるもの」と定義され，全国に 5.4 万か所，13.8 万 ha 存在すると報告されている。また，2022 年に施行された棚田地域振興法では，棚田は「傾斜地に階段状に設けられた田」と定義されている。

　以上を踏まえると，谷津田と棚田は，傾斜地の水田をそれぞれ異なる視点で細分したものといえる。このような傾斜地の水田では，伝統的には，田越し灌漑が実施されることが多い[11]。田越し灌漑とは，畦畔に水口と水尻を設け，水田の高低差を利用して上流の水田で使った水を下流あるいは隣接する左右の水田の用水として再び利用するものである。田越し灌漑の水源は，湧水や天水（降水），河川水やため池など，土地の条件に応じて様々である。その一方で，河川水やため池，湧水を効率的に活用するために，水位を一定程度に維持し，より多くの水田への灌漑を可能とする小水路を水田の周辺に張り巡らせる灌漑方法も存在する[12]。また，標高が高い場合や樹林に囲まれて日照時間が短い場合，湧水を水源とする場合などには，用水の温度が低いことが多い。そのため，水口側の水田の一部に土水路を設けて用水を迂回させ，水稲栽培に適した温度まで水温を上昇させる「迂回水路（温水路）」が設けられることがある。さらに，同様の構造を示し，湧水や上流の水田の余り水を貯留して水田用水に活用する「承水路」が設けられることもある[13]。これらの水路は，単独で迂回水路と承水路の機能を有している場合もあり，その構造には地域差があるが，水深 50 cm 未満と比較的浅く，水面幅は 20〜60 cm 程度と小面積である[13),14)]。他方，湧水量が特に豊富であるなど，排水不良を起こしやすい地域では，田面が年中乾きにくい「湿田」となることも多い[7]。棚田では，用水の確保や水田に不要な水の排水機能を備えた横井戸や地下水路がつくられる場合がある[12]。

●第 1 章●水田環境とは

図 1.6　兵庫県北部（豊岡市）の谷池型の農業用ため池。上流の細流の水や雨水がためられ，下流の谷津田や平野部水田の用水となる。

図 1.7　兵庫県南部（加古川市）の大規模な皿池型の農業用ため池（加古大池）

　山地・丘陵地において，河川上流部から運搬されてきた土砂の堆積により，谷が土砂に埋積されることで形成される平坦地は谷底平野と呼ばれ，中でも幅広い谷底平野については盆地と呼ばれる。谷底平野のうち山際で大きな河川から離れている地域や，丘陵地などの小さな流域内およびその下流の地域では，降雨量の少ない時期でも用水を確保するために，ため池を水源とする水田地帯が成立する[15]〜[17]。ため池は天水や沢の水，湧水を貯留し，農業用用水路を介して水田に接続する。谷底平野に見られるため池の大半は，小規模な谷を堤防でせき止めた構造であり，「谷池」と呼ばれる（図 1.6）。一方で平地にあるため池の多くは窪地の周囲に堤防を築いた構造であり，「皿池」と呼ばれる（図 1.7）[18]。これらのため池の大半は江戸時代以前に造成されており[19]，中でも大阪府の狭山池は飛鳥時代に築造されたと推定されている[20]。

1.2.2　扇状地における水田環境

　扇状地とは，山地を流れる急流河川が広い平地に出た際にその流れが弱まることにより，運ばれてきた土砂が扇型に堆積してできた地形のことである。扇状地では，上流から下流にかけて扇頂，扇央，扇端に分けられる。大規模な扇状地はその透水性の高さから，水田耕作には不向きな環境といえる。しかしながら，扇端では湧水湧出箇所が豊富に存在するため，それを水源とし

た水田耕作が各所で行われる．扇端の水田の成立年代は古く，甲府盆地の縁にある御勅使川扇状地や鬼怒川扇状地の扇端などが，このような水田地帯の例として挙げられる．また，扇端では，条里水田の形態をとっていることが多い[7]．条里水田は奈良時代の区画制度である「条里制」によって小面積かつ碁盤の目状に形成された水田地帯のことである[21]．区画整理に併せて農道や用排水路が整備されたものも条里水田の特徴の一つとなる．その一方で，新潟県中越地方の八色原扇状地のように扇端の湧水の水温が低いため，水田耕作が困難だった地域も存在する[22]．なお，後述のとおり，条里水田は扇端だけではなく自然堤防帯でも見られる水田景観である．

　扇頂から扇央で水田開発が始まったのは，主に江戸時代に土木技術が発展した新田開発以降である[7]．扇状地の水田形態は，「皆田型」と「田畑混合型」に分けられ，前者は緩傾斜かつ常に流水がある河川沿いに，後者は急傾斜の水無川沿いに見られる[23]．前者では河川から安定的に用水を確保できたため，皆田化されたのに対し，後者では，夏期の渇水が顕著な水無川に用水堰や上流から大延長の用水路を造成して用水を得たものの，急傾斜であるためこれらの水利施設が洪水被害を受けやすく，水田開発が進まなかった．そのため，水田と畑地が混ざり合う景観となった（図 1.8）．

図 1.8　甲府盆地の扇状地扇頂のわずかなエリアに造成された田畑混合型の水田景観（山梨県西八代郡市川三郷町）

●第1章●水田環境とは

　富山平野の縁にある小矢部川・山田川隆起扇状地は，豊富な融雪水と斜面を利用した比較的短い農業用用水路で皆田型の新田開発に成功した代表的な地域である[24]。ただし，この場合も夏期の渇水期に水不足で悩まされることがあったようである。また，土石流で形成された小規模な扇状地（沖積錐）では，ため池の築堤によって扇状地全体で水田耕作が可能となる場合もある[25]。

1.2.3　自然堤防帯における水田環境

　自然堤防帯とは，扇状地の下流に広がる砂泥堆積物より構成される広大で平坦な地形である。自然堤防帯では，河川に沿って砂が堆積した微高地（自然堤防という）が形成される。自然堤防の背後には保水能力の高い後背湿地が形成される。後背湿地には，河川の分流や沼沢地，三日月湖など様々な湿地環境が存在する。自然堤防帯では，大河川沿いの広大な後背湿地と洪水時に供給された土砂による肥沃な土壌を利用し，大規模な水田地帯がつくられてきた[26]。その成立年代は稲作文化が伝来した縄文時代後期であるものの，最初は洪水被害を受けにくい地形に留まり，自然堤防帯で水田面積が急速に拡大したのは，大河川への築堤が盛んになり水害を受けにくくなった江戸時代以降であると考えられている[27]。ただし，自然堤防帯は本来氾濫原であるがゆえに，洪水による被害に悩まされ続け，長きにわたり強度の湿田であった。水田の水源には豊富な河川水が利用され，水田地帯の周りには用排兼用の農業用水路が網目状に形成された（**図1.9**）[23]。後背湿地の水田では棚田に比べると大面積の水田が多い。また一般的には高低差の小さい平地に位置しており，河川で取水された用水は，幹線用水路，支線用水路，末端用水路と枝分かれしながら各水田に配られる。一方で水田からの排水は末端排水路（小水路），支線排水路，幹線排水路を通り，河川などへと流れる。各水田に水口と水尻があるのが一般的であるが，新潟平野の水田地帯のように，自然堤防帯で田越し灌漑が行われていた事例も数多く存在する[28]。なお，久慈川・那珂川流域では，周囲よりもわずかに標高の高い後背湿地に条里水田が見られ，洪水被害の受けにくさや保水力の高さから，奈良時代当時の水利技術でも水田耕作が可能だったと考えられている[7]。

8

1.2 水田環境の特徴

図 1.9 三重県櫛田川流域の自然堤防帯における水田地帯。用排兼用の土水路が水田地帯に張り巡らされている。

1.2.4 デルタ（三角州）における水田環境

　緩傾斜で流速の緩やかな河口付近では，運搬されてきた土砂が堆積し，この堆積土砂を避けて河川が流れていくため，流路と土砂が放射状の広がりをみせる。こうして形成された地形がデルタ（三角州）である。デルタは，排水不良の過湿地帯であり，また臨海沖積平野の場合には海水による塩害にも悩まされることから，元来，水田耕作には不向きな場所であった。デルタでは，主に近世以降の新田開発によって築堤および用排水施設が整備され，各地に大水田地帯が形成されていった[23]。例えば佐賀平野や関東平野，新潟平野，濃尾平野（コラム１参照），琵琶湖沿岸などの大河川の下流域のデルタが代表的であり，これらの地域ではクリークと呼ばれる網の目のような水路網が見られる[29]（図 1.10）。クリークは用水源や農業用用排水路，貯水池，調整池などの機能を兼ね備えており，一年の中で非作付期にクリークの泥上げ作業を行い，その泥を水田土壌の肥料や水田のかさ上げに用いること，農作業時には舟を使ってクリーク間を移動することなどが特徴として挙げられる[29]。

9

●第 1 章●水田環境とは

図 1.10　滋賀県守山市の琵琶湖の湖岸沿いにあるクリークと水田
　　　　細かい筋状のクリークが多数見られる。
　　　　（出典：国土地理院の米軍空中写真，1948 年撮影）

1.2.5　現代（戦後）の水田環境

　第二次世界大戦以降，巨椋池や八郎潟，印旛沼，越後平野の潟湖群，有明海など日本中の過湿地帯で大規模な干拓事業が達成された。これらの過湿地帯では過去から幾度となく干拓事業が実施されていたものの，失敗に終わることが多かった。排水機の導入により，排水条件が大幅に改善されたことで，これらの過湿地帯には大規模な水田地帯が形成されていった[30]（図 1.11）。

　また，詳細は 3.1 を参照されたいが，1961 年の農業基本法の制定によって水田をはじめとする農業の生産性の向上，労働力の集約化が進められ，全国で急速に圃場整備が行われた。「圃場」とは水田や畑地などの農地を意味する。農業機械の導入による効率的な水田耕作を可能とするため，各地の水田地帯では，区画整理，大規模化，乾田化の促進，畦畔や農業用用排水路のコンクリート化，農業用用水路と農業用排水路の分離，田面と農業用排水路との落差の確保，農業用用水路の管水路（パイプライン）化などが進められた。

1.3 水田の農事暦

図 1.11 印旛沼と周辺水田（千葉県成田市）
干拓の成功により大規模かつ圃場面積の大きい
水田地帯が造成された。

特にパイプライン化は，上流から下流へと流れ下る従来の農業用水の概念を大きく覆した．揚水機（ポンプ）によって加圧した水をパイプラインに流し，上流の水田地帯へも送水することが可能となったのである．このような圃場整備により，水稲の収量は飛躍的に向上した[3]．一方で，棚田や山際などの小さな水田や，機械の導入が困難な湿田などでは急速に耕作放棄が進んだ[31]．ため池を水源としてきた水田地帯でも，ため池以外に安定的な用水が確保されたことで特に小規模なため池は役目を終え，荒廃化や，開削・埋め立てなどによる廃止が進行している[32]．

1.3 水田の農事暦

　農事暦も水田環境を捉えるうえで欠かせない重要な要素の一つである．その年の天候によって多少の違いはあるものの，毎年ほぼ決まった時期に水田は湛水され，そこで水稲が育てられる．現在，各地で見られる一般的な水田の農事暦について，田渕（1999）[3]や齊藤（2015）[33]がその詳細を記しており，ここではこれらの文献を参考に，主に水管理に着目して記述する．

① 田起こし

　春先に，田面の土壌を砕き，播種や水稲の移植に適した状態とする。

② 畦塗り（くろ塗り）

　畦畔の小さなひびやモグラなどが掘った穴を水田の泥で埋め，畦畔からの漏水を防止する。

③ 代掻き

　田植えの数日前に水田を湛水し，土壌を水中で攪拌して田面を平らにする。

④ 田植え

　代掻き後の水田に水稲の苗を移植する。

⑤ 中干し

　田植えから約 40 日後に落水し，田面にひび割れが起こる程度にまで乾燥させる。土壌への酸素供給や地耐力の向上，水稲の無効分げつを止めることが主な目的である。中干しは 1〜2 週間程度続けられる。

⑥ 間断灌漑

　中干し後に再び田面を湛水し，数日単位で湛水と落水を繰り返す。

⑦ 落水と稲刈り

　出穂から約 30 日後には落水し，田面を完全に乾燥させる。その後，水稲の収穫を行う。

⑧ 秋起こし（秋耕）

　稲刈り後の水田において，田面を荒く耕起し，稲わらを土壌にすき込む。

　なお，⑤の中干しについては江戸時代から存在したものの，特に戦後になって急速に普及した。この中干しの普及後に，⑥の間断灌漑も全国的に広まった[34]。また，地域によっては⑧の秋起こしの後に，植物の繁茂を抑制して田面を翌春まで維持するため，意図的に湛水する冬期湛水が伝統的に実施されることもある[35), 36)]。

　農事暦の一例を図 1.12 に示した。農事暦に関して，厳密には地域や品種による違いが大きいため，図 1.12 では，茨城県総合農業センターが示した水稲品種「にじのきらめき」の栽培ごよみ[37)]を参考にしている。水田自体に水がある時期は 5 月上旬から 8 月末と 4 か月程度であり，特に中干しが実

1.3 水田の農事暦

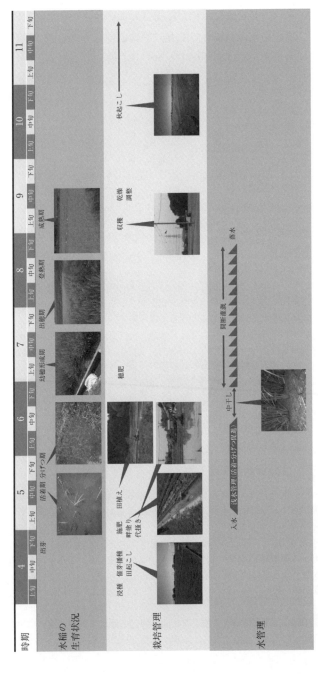

図 1.12 水稲の生育状況と農事暦。生育状況と栽培管理，水管理の様子を写真で示した。農事暦に関しては，茨城県総合農業センターの「にじのきらめき」栽培ごよみ（暫定版）[37] を参考に作成した。

13

●第1章●水田環境とは

施される水田の場合，安定的な水深が維持されるのは1か月半程度に限定される。ただし，これは乾田の場合であり，立地条件にもよるが，排水不良の湿田の場合は湧水や天水の影響で中干し時や落水後にも水田内の一部に水が残り，ほぼ一年を通して水域が維持されることもある。

《参考・引用文献》

1）水谷正一（2009）"春の小川"とは，どんな川なのか．春の小川の淡水魚─その生息場と保全（水谷正一・森淳編），pp.1-8，学報社，東京．

2）陽捷行（2017）万葉集に詠われた土壌─「あおによし」「はに」「にふ」などの由来と意味．日本土壌肥料学雑誌 88（6）：568-573．

3）田渕俊雄（1999）世界の水田 日本の水田．農山漁村文化協会，東京，220p．

4）土地利用調査について．国土交通省国土地理院ホームページ（https：//www.gsi.go.jp/kankyochiri/lum-index.html）［参照 2024-05-13］．

5）統計情報．農林水産省ホームページ（https：//www.maff.go.jp/j/tokei/）［参照 2024-05-13］．

6）水谷正一（2007）生物多様性を維持・回復するための環境基盤づくり．水田生態工学入門（水谷正一編），pp.29-34，農山漁村文化協会，東京．

7）籠瀬良明（1976）低湿地─その開発と変容．古今書院，東京，316p．

8）柿野亘（2009）谷津田の小川に生息する淡水魚とその保全．春の小川の淡水魚─その生息場と保全（水谷正一・森淳編），pp.63-90，学報社，東京．

9）中島峰広（1999）日本の棚田─保全への取組み．古今書院，東京，240p．

10）水野章二（2014）棚田の歴史．棚田学入門（棚田学会編），pp.15-26，勁草書房，東京．

11）志田麻由子（2014）棚田とはなにか．棚田学入門（棚田学会編），pp.3-14，勁草書房，東京．

12）山本早苗（2014）棚田での稲作．棚田学入門（棚田学会編），pp.44-57，勁草書房，東京．

13）柳澤祥子（2007）テビに生息する生きもの．水田生態工学入門（水谷正一編），pp.71-74，農山漁村文化協会，東京．

14）石間妙子・村上比奈子・高橋能彦・岩本嗣・高野瀬洋一郎・関島恒夫（2016）圃場整備済み水田における魚類保全を目指した江の創出手法の検討．応用生態工学 19（1）：21-35．

15）西山壮一（2000）溜池の管理・整備・保全．農業土木学会誌 68（6）：579-582．

16）一ノ瀬友博・片岡美和（2003）兵庫県北淡町の農村地域における小規模ため池群の水質と水位変動パターンについて．農村計画学会誌 22：1-6．

17）近藤文男（2005）知多半島のため池の歴史・現状・多面的機能．農業土木学会誌 73（1）：23-26．

18）内田和子（1996）兵庫県における被災ため池の特色─地形・地質，池の構造および老朽度・改修歴との関連を中心にして．地理学評論 69（7）：531-546．

参考・引用文献

19) 南埜猛・本岡良太（2016）日本における溜池の存在形態と動向―『ため池台帳』（1997年時点）をもとに．兵庫教育大学研究紀要 49：33-39.

20) 金盛弥・古澤裕・木村昌弘・西園恵次（1995）狭山池ダム・古代の堤体が語る土木技術史について．土木史研究 15：483-490.

21) 佐々木清治（1965）条里の地域性―とくに条里の規模と土地利用について．新地理 13：62-72.

22) 土田邦彦（1965）八色原扇状地の地理学的研究（第2報）八色原扇状地開発の歴史と現状．新地理 13（3）：12-27.

23) 菊地利夫（1977）新田開発（改訂増補）．古今書院，東京，538p.

24) 竹内常行（1977）富山平野における隆起扇状地の水田造成と灌漑について．地理学評論 50（4）：216-237.

25) 山田周二（2017）小規模な扇状地とその周辺における土地利用と地形との関係―大阪平野周縁部と典型的な地域との比較．新地理 65（2）：19-32.

26) 守山弘（1997）水田を守るとはどういうことか―生物相の視点から．農山漁村文化協会，東京，205p.

27) 守山弘（2008）農業・農村が守ってきた生物の生息環境．農業および園芸 83（1）：171-176.

28) 川尻裕一郎（1987）低湿水田地域における灌漑発展の基礎過程に関する研究―新潟平野を例として．農業土木試験場報告 26：1-70.

29) 元木靖（1997）日本における滞水性低地の開発―クリーク水田地域の比較歴史地理学序説．歴史地理学 39（1）：18-35.

30) 原田守啓（2019）日本における氾濫原環境の変遷．河道内氾濫原の保全と再生（応用生態工学会編），pp.23-43，技報堂出版，東京．

31) 岡島賢治（2014）棚田をまもる．棚田学入門（棚田学会編），pp.153-165，勁草書房，東京．

32) 富田啓介（2006）ため池の減少率を規定する土地利用変化―愛知県知多半島中部の事例．地理学評論 79（6）：335-346.

33) 齊藤邦行（2015）日本の米づくり今昔―競争力ある米づくりと環境保全とのバランス．にぎやかな田んぼ―イナゴが跳ね，鳥は舞い，魚の泳ぐ小宇宙（夏原由博編），pp.23-43，京都通信社，京都．

34) 堀川直紀・吉田武郎・増本隆夫（2011）中干しが灌漑地区の取水パターンへ及ぼす影響の事例分析．農村工学研究所技報 211：109-119.

35) 稲垣栄洋・高橋智紀・大石智広（2008）除草の風土（15）伝統的冬期湛水田に見られるヒエ類の抑制効果．雑草研究 54（1）：31-32.

36) 枚川信弘（2017）世界農業遺産（GIAHS）に関する考察―『会津農書』と "Walden" の視点から．総合政策論集：東北文化学園大学総合政策学部紀要 16（1）：85-115.

37) 茨城県農業総合センター（2022）「にじのきらめき」栽培ごよみ（暫定版）．（https://www.pref.ibaraki.jp/nourinsuisan/noken/documents/nijikira_koyomi.pdf）［参照 2024-05-13］．

●第1章●水田環境とは

コラム1 輪中の水田環境

　洪水防御のために周囲を囲った堤防の内側にある集落を囲堤集落という。囲堤集落は日本各地の洪水常習地帯に見られるが，特に濃尾平野におけるそれは「輪中」と称される。濃尾平野には，大きな流域を背後に持つ木曽三川（東から木曽川，長良川，揖斐川）が貫流する。輪中は木曽川より西側の南北約50 km，東西約20 kmの範囲に分布し，その数は明治初年に約80を数えた[1]。輪中の分布域は，濃尾平野の中でも低湿な環境である自然堤防帯（氾濫原）と三角州（デルタ）の地形区分にピタリと重なる。ここは，ひとたび洪水が起これば一面が長時間水浸しとなる運命を背負った土地である。そうした水害に対抗するためのハードとして，また共同体として輪中は形成されてきた。

　輪中には「堀田」と呼ばれる特徴的な水田が成立した（図1）。真っすぐに掘った土をすぐ脇に盛り土した「堀上げ田」で稲を育てた。掘った溝は櫛状に並ぶ景観をなし，水がたまって「堀潰れ」となり耕作はできない。堀田は，低湿な土地でなんとか収量を上げようと，耕作面積を減らしてでも行った苦肉の策であった。ただ，堀田は輪中の誕生とともに作られたわけではなかった。輪中ができて洪水が平地（輪中内）に溢れにくくなった江戸中期，折しも山地荒廃による大量の土砂が洪水のたびに川を流れ，川底にたまった。そのため輪中の周囲の河川では川底の高さとともに水位が上昇し，輪中内はより低湿に，場所によっては湛水して耕作できず，収量が激減した[1]。そうした状況を打破するために生まれた稲作の手段が堀田だった。

　江戸中期以降，輪中景観を代表するようになった堀田は，同時に低地の河川や氾濫原に依存して生きる多くの水生生物に対し，良質な生息場を提供したに違いない。堀潰れは，一般に生物が豊かなことで知られる土水路であった。その延長は長大で，自然状態よりもむしろ水域面積は増えたのではないだろうか。堀田が広がった時代，水生生物の総量だけでみれば自然状態を凌ぐほどであったかもしれない。

16

コラム

図1　海津市歴史民俗資料館に復元された堀田

図2　当時のままの姿を残す大垣市北方町の河間

多くの堀潰れは，輪中内の幹線水路（通り江）や周囲の河川にもつながる水域ネットワークの一部であった。水生生物は自由に往来でき，堀潰れを産卵の場，成長の場，洪水時の避難場として利用していただろう。事実，輪中内ではフナ類，ナマズ（*Silurus asotus*），モロコ類のほか，海から遡上してくるウナギ（*Anguilla japonica*）やモクズガニ（*Eriocheir japonica*）などもたくさん獲れた[2]。どうやら調理の手間の問題から，輪中に暮らす人々は日常的に淡水魚介類を食べてはいなかったようであるが，ハレの日の食材として，淡水魚介類は輪中の食文化を特徴づける存在だった[1]。

輪中の水田や水環境を考えるとき，「河間（ガマ）」の存在も忘れてはならない（図2）。河間は自噴井のことであり，輪中地帯の北部エリアにたくさんあった。輪中地帯の北側には長良川や揖斐川の扇状地がある。扇状地で地下に浸透した水が豊富な湧き水となって河間に現れた。北部エリアでは，安定して湧き出る河間の水を稲作に利用していた。水田に利用しないときでも常に水が湧いている河間は，1年を通して水温と水量が安定した独特の湧水環境を創出する。そこには，湧水環境に依存するハリヨ（*Gasterosteus aculeatus* subsp.）が生息しており，輪中の生物相をより特異で豊かなものにしていた。

輪中の水田環境も，1949年（昭和24年）の土地改良法制定以降，機械化営農に向けた圃場整備によって様変わりした（図3）。木曽三川の治水対策（川底の堆積土砂の掘削）で発生した土砂を利用して堀潰れ

●第 1 章●水田環境とは

図3 土地改良事業前後の高須輪中（岐阜県海津市）。左：1947年（昭和22年）ごろ、右：1987年（昭和62年）。左写真に見られる櫛状の黒い部分が堀潰れ（国土地理院の空中写真を使用）

は徹底的に埋め立てられ，大区画化された圃場には用排水路が整然と敷設され，大型のポンプを備えた排水機場もできた。一連の土地改良事業は1960年代（昭和40年代前半）にはほぼ完了し，輪中地帯における米の収量は劇的に増加した一方，堀田からなる輪中景観は完全に姿を消した。また，多くの河間も事業に伴い潰されたり，工業化に伴う地下水利用の増大で地下水位が低下して涸れたりし，現在に至っている。

《参考・引用文献》
1）伊藤安男（1996）変容する輪中．古今書院，東京，177p．
2）大橋亮一・大橋修・磯貝政司（2010）長良川漁師口伝—僕んたァ，長良川の漁師に生まれてよかったなぁ．人間社，名古屋，461p．

コラム2 掘り下げ田と水生動物

利根川下流域（河口から約30 km区間）の左岸側と右岸側とでは地形の特徴が大きく異なる。銚子半島を含む右岸側では段丘面が優占するが，左岸側の鹿島半島には鹿島灘沿いに広大な砂丘地帯が広がっている。右岸側段丘面の谷津地形とは異なり，一般的に砂丘地帯は，その透水能力の高さなどから水田耕作には不向きな土地条件である。しかしながら，

コラム

　鹿島灘沿いの砂丘地帯では，太田新田，須田新田，柳川新田といった江戸時代の新田開発により，「掘り下げ田」と呼称される成立年代の新しい水田景観が造成されてきた[1]。

　掘り下げ田とは，砂丘の台地上にある松林や芝地を刈り払い，地下水面と等しくなるように地表面から 30 cm～2 m 程度田面を掘り下げ，天水を用水に活用する水田のことである。造成時に掘り下げられた土砂はまわりの土揚げ場に配置され，そこには防風・防砂林として松が植えられる。そのため，田面と畔との比高が大きい（図1）。また，掘り下げ田は天水に依存した水田であることから，少しでも安定的な用水を確保するために，特に海岸部の地域では，田面よりさらに 1 m 近く掘り下げ，「タメ」と呼称されるため池を水田の隅に造成していた[2]。干ばつにより，地下水位が低下して田面から水がなくなった際にこのタメの水が活用されたと考えられている[2]。その一方で地下水位があまりにも上昇した場合には水稲への湛水被害が発生するため，多数の小排水路が掘り下げ田の周りに造成された[3]。

　この掘り下げ田であるが，かつての減反政策（2018年に廃止）の影響による耕作放棄や畑地への転換などにより，現在ではその耕作面積を激減させている[3]。また，圃場整備事業による水田耕作地の大規模化や区画整理によって，掘り下げ田の景観自体も大きく変化した[4]。例えば，

図1　典型的な掘り下げ田の様子
　　　茨城県神栖市矢田部にて 2022 年 6 月 8 日に撮影

19

●第1章●水田環境とは

　かつては天水のみに頼らざるを得なかった用水について，現在では電動ポンプによって地下水をくみ上げて利用していることがある。このように新田開発時の水田景観を維持した掘り下げ田はほとんど残されていないものの，鹿島半島において掘り下げ田自体はまだ現存しており，水田耕作が続けられている。

　掘り下げ田では，地下水面まで田面を掘り下げる特性により，周年乾きにくい湿田環境が維持されやすいのが特徴である。そのため，水稲の植えられている農繁期だけでなく，稲刈り後の農閑期にも，ゲンゴロウ類やガムシ類，コミズムシ属（*Sigara* spp.），ドジョウ（*Misgurnus anguillicaudatus*）といった多種多様な水生動物が生息している。また希少種についても，環境省レッドリスト2020で絶滅危惧Ⅱ類に指定されているマルタニシ（*Cipangopaludina chinensis laeta*）や準絶滅危惧に指定されているトウキョウダルマガエル（*Pelophylax porosus porosus*）などが生息・繁殖している。農閑期の3月には，掘り下げ田に残された浅い水域にニホンアカガエル（*Rana japonica*）が多数の卵塊を産み付ける（図2）。そして再導入されたコウノトリ（*Ciconia boyciana*）やチュウヒ（*Circus spilonotus*）などの希少種，アオサギ（*Ardea cinerea*）といった大型鳥類も掘り下げ田を採餌場所として利用する。また，農繁期にはフナ属（*Carassius* sp.）やボラ（*Mugil cephalus*）

図2　農閑期の掘り下げ田の水たまりに産み付けられたニホンアカガエルの卵塊。一部はすでに孵化している。茨城県神栖市矢田部にて2022年3月9日に撮影

図3　農繁期の掘り下げ田で採集されたボラの稚魚
茨城県神栖市矢田部にて2022年6月7日に撮影

コラム

の稚魚が見られ，利根川本川から掘り下げ田までの落差のない水域ネットワーク（コラム13参照）が維持されていることがうかがえる（図3）。

　筆者（田和）のこれまでの野外調査により，掘り下げ田は農繁期・農閑期を含めて生物多様性の高い水田景観であることが明らかになりつつある。砂丘に形成された水田景観に対しても，生物多様性の面から是非とも注目いただきたい。

《参考・引用文献》
1）菊地利夫（1951）砂丘地帯における新田開発．地理学評論24（4）：117-123.
2）中島峰広（1969）茨城県鹿島半島南部砂丘地における堀下田の経営と畑作経営．地理学評論39（2）：84-102.
3）金子良・丸山利輔（1965）鹿島南部地域における水収支と地下水．農業土木学会論文集1965（12）：30-36.
4）山本正三・森本健弘・石井英也・根田克彦（1989）茨城県波崎町における都市化および農業の近代化に伴う土地利用の変化．筑波大学人文地理学研究13：147-189.

コラム3　霞堤と水田

　霞堤の起源や定義には諸説あるが，ここでは不連続部のある多重の堤防システムを「霞堤」とする。また，多重の堤防で挟まれた土地を「霞堤遊水地」と呼ぶ（図1）。大熊（2004）[1] によれば，霞堤の機能は概ね，①外水貯留機能，②氾濫水・内水排除機能に分類される。外水貯留機能とは，河川を流下する洪水を不連続部から遊水地に導水して一時的に貯留する機能で，河川の水位上昇を防ぎ堤防決壊のリスクを下げる効果を持つ。また，氾濫水・内水排除機能は，河川から氾濫した洪水や内水を不連続部から速やかに河川に排水する機能で，長時間の浸水を防ぐ。通常，急勾配の扇状地河川（タイプ1）では氾濫水・内水排除機能が卓越し，緩勾配の平地河川（タイプ2）では外水貯留機能が卓越する。また，多くの場合，霞堤遊水地には堤内地からの排水のため小河川（または水

●第1章●水田環境とは

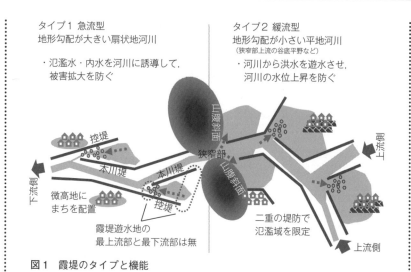

図1　霞堤のタイプと機能

路）が流れ本川に接続する。

　霞堤は現在も全国に多数残っているが，計画洪水に対する計画基準点でのピークカット効果が十分に認められないことから，霞堤遊水地は河川計画上の遊水地として位置づけられることが少ない（ゆえに堤内遊水地とも呼ばれる）。また，霞堤遊水地は，歴史的には農地（主に水田）として利用されてきたが，高度成長期以降に新興住宅地，特別養護老人ホームや特別支援学校などの福祉施設・教育施設，また，廃棄物処理場などの立地が増え，最近では太陽光パネル群に置き換わるケースも散見され，機能する霞堤は年々減っている。

　霞堤の背後地にある水田は，本川と農業用水路の連続性が高く，また，内水・外水ともに集まりやすい地形形状を持つ。そのため，攪乱頻度（冠水頻度）が比較的高いという特徴を持ち，独自の水田生態系を形成する。福井県北川の霞堤背後地の農業用水路には，アブラボテ（*Tanakia limbata*）が生息している。アブラボテは福井県レッドデータブックでは絶滅危惧II類に分類されている。図2に示すように，アブラボテはイシガイ類（Unionidae）を利用し，イシガイ類はカワムツ（*Nipponocypris temminckii*）などを利用し再生産を行う。夏期の増水などで河川と

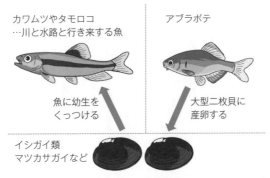

図2 魚類とイシガイ類の依存関係（図作成：泉野珠穂）

　農業用水路との連続性が高まると，カワムツなどが移動しやすくなる。すると，カワムツなどを宿主とするイシガイ類にとって好適ハビタットの選択性が向上する。そして，イシガイ類に産卵するアブラボテのハビタットも維持されることになる[2]。

　筆者（瀧）らが2020年8月に滋賀県内の霞堤遊水地の農業用水路で実施した魚類調査結果からは，河川と農業用水路の連続性ならびに圃場整備の有無（表1）によって魚類の多様度が異なることが示されている（図3）。地区別では，田上が全体で多様度が高かった。田上は圃場整備が未実施で土羽や柵渠の水路となっており，また排水樋門もなく本川との連続性が高い。大路は田上に次いで魚類の多様度が高かった。大路は，圃場整備は実施済であるが排水樋門はなく本川との連続性は高い。一方，西横は多様度が低かった。西横では，圃場整備が実施済みで本川

表1　調査エリアの分類と位置（魚類分布調査）

地点記号	圃場整備の有無（水路タイプ）	河川と農業用水路の接合	調査エリア
田上	圃場整備　未実施（土羽・柵渠）	排水樋門なし	大戸川・天神川合流付近（大津市田上）
大路	圃場整備　実施済（柵渠）	排水樋門なし	姉川・草野川合流付近（長浜市大路町）
西横	圃場整備　実施済（柵渠・三面張り）	排水樋門あり	日野川・善光寺川合流付近（竜王町西横関）

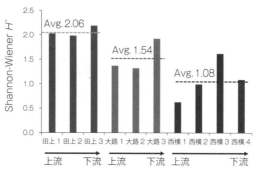

図3 霞堤遊水地内(田上・大路・西横)の農業用水路における魚類の多様度(Shannon-Wiener H')

との接合部に排水樋門も設置されている。各地区内では下流側の本川に近い場所ほど多様度が高い傾向が確認された。また，組成を見ると，田上・大路では流水性魚類・止水性魚類ともに確認されたが，排水樋門がある西横ではドジョウ(*Misgurnus anguillicaudatus*)やカダヤシ(*Gambusia affinis*)など孤立水域に生息可能な種に偏っていた。このように，農業用水路や圃場そのもののハビタットとしての質の高さとともに，農業用水路と本川の連続性の高さが，生物相の豊かさに寄与すると推察される。

霞堤背後地の農業用水路は，氾濫依存性の生物群集にとって重要な生息環境であると考えられる。流域治水が本格的に展開されるなかで，防災減災の観点のみならず生態系保全の観点からも霞堤遊水地の保全・再生が検討されることを望みたい。

《参考・引用文献》
1)大熊孝(2004)技術にも自治がある―治水技術の伝統と近代．農山漁村文化協会，東京，293p.
2)Iwamoto H, Tahara D, Yoshida T (2022) Contrasting metacommunity patterns of fish and aquatic insects in drainage ditches of paddy fields. Ecological Research 37 (5): 635-646.

第2章
生物の生息場としての水田

2.1 水田における生物多様性の成立

　水田に生息する生物は 6,000 種を超える [1]。一例として，鳥類では国内に生息する 633 種のうち 153 種が水田環境を利用する [2]。植物に至っては約 2,000 種を数える [3]。このように，水田環境は米生産の場であるとともに実に多様な生物の生息場である。

　なぜこれだけ多くの種類の生物が水田に生息するのだろうか。守山 (1997) [4] は，この理由として，水田耕作が自然攪乱の一部を代替したことで，繰り返す攪乱と植生遷移の中で維持されてきた日本の一部の生物相を生き残らせてきたこと，そして水田水域と周辺の多様な環境（農村環境）が存在してきたことを挙げている。具体的には①谷津田の成立と②沖積平野の後背湿地に形成された広大な水田が多くの生物種にとって自然湿地の代替生息場所として機能したことに集約される。①について，第1章でも述べたとおり，谷津田は水田耕作の中でも歴史の古いものである。特に豊富な湧水を活用して水田耕作が行われる谷津田では，一年を通して田面が渇きにくい「湿田」であることが多い。このような湿田では，伝統的な田植え時期である6月中旬までに上陸する両生類や羽化する水生昆虫など，北方系起源の湿地性生物種が生息可能となる（図2.1）。また，谷津田の谷頭に造成されたため池（谷池），そしてため池と水田をつなぐ水路も水深や流速，湛水期間の違いなどから水田とは異なる生物種の生息を可能にした。

●第2章●生物の生息場としての水田

図 2.1 北方系起源とされるニホンアカガエル。左側の写真のように早春期の湿田に産卵し（写真の撮影時期は 2 月末），伝統的な水田の田植え時期にあたる 6 月には，幼体となって上陸を終える。

②について，大河川の保水能力の高い後背湿地に広大な水田地帯を造成したことで，湿地性の生物にとって重要な原生的湿地環境である「後背湿地」自体は消失した。しかしながら，水田耕作における耕起や湛水，排水といった定期的な農事暦は河川氾濫原における洪水攪乱の役割を果たした。また，ため池，農業用水路，承水路，休耕田といった様々なタイプの水域の存在は，冠水頻度の違いや河川本川との連結性の違いによって形成される様々な氾濫原の湿地環境に類似した特徴を有していた。そのため，中には絶滅した種もいるであろうが，後背湿地に生息していた生物種の一部が水田をその代替生息場所して利用することができた（図 2.2）。

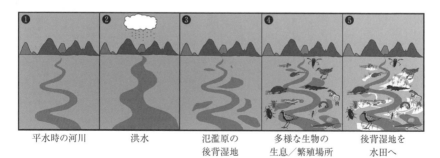

図 2.2 大河川における後背湿地の形成から水田への変遷

26

2.2 水田における生物多様性の特徴

　水田の生物多様性を理解するには，まず前提として，生物多様性の持つ3つの階層性を捉える必要があるだろう。それは，生態系の多様性，種の多様性，遺伝子の多様性に分類される[5]。

　このうち，種の多様性は空間内の生物種の多様性を示し，一般的に3つの空間スケールに分類される。α多様性は局所スケール，つまり単一の生態系内の生物群集や種の多様性を指す。β多様性は，地域内の複数の生態系間での種多様性の差異を示す。γ多様性は地域スケールであり，異なる生物群集や生態系を含む地域全体の種多様性を表す。なお，γ多様性は一般的に地方や大陸などの広い地理的スケール内の種多様性を示すことがあるが，特定の空間スケールを具体的に示すものではない。水田生態系において，α多様性の空間スケールを一枚の水田とすると，β多様性は水田や農業用水路，ため池，休耕田などを含んだある地域の水田水域，γ多様性は地方や日本全体の水田環境に置き換えることができる。

　遺伝子の多様性は，同一の種内に存在する遺伝子の差異を示す。地理的に隔離された集団間の変異と，また同一の集団内に見られる変異がある。例え

図2.3　中山間部の水田景観。畑地や民家，雑木林，山地を含めモザイク状の景観が成立する。

●第2章●生物の生息場としての水田

ば，水田水域に生息するミナミメダカ（*Oryzias latipes*）や日本固有種のア
カハライモリ（*Cynops pyrrhogaster*）には国内の地理的に隔離された生息
地ごとに遺伝的特徴の異なる複数の地域個体群が見られることがわかってい
る[6),7)]。

　生態系の多様性は，生物の生息する環境の多様性を示す。水田生態系を例
に挙げると，水田（圃場）とその周辺の農業用水路やため池，承水路，畑地，
二次林，里山，民家，草地，牧草地，茅場などがある（**図2.3**）。こうした様々な
土地利用ごとに独自の生物群集が生息し，それが水田生態系を構成している。

2.3　水田生態系の階層性

　水田生態系は様々な空間スケールで捉えることができるため，その階層性
を踏まえる必要がある。ここでは，地域間，地域内，圃場内といった3つの
空間スケールに分けてみる。まず水田生態系は立地条件や成立年代，水田の
営農形態によって大きく異なる。第1章で示したように，自然堤防帯の水
田地帯と山地の棚田では圃場面積や圃場形態，土壌の性質など環境条件の特
徴が（大きく）異なる。また，傾斜地の水田についても谷津田と棚田とで
は，山地の中での成立場所や成立年代が異なる。これらの違いによってそこ
に成立する生物群集には共通種が存在する場合はあっても同一ではないこと
が多い。その一例として，富山県西部の砺波地域における扇状地の水田地
帯と谷津田とのカエル類の生息状況が挙げられる[8)]。この地域では，どちら
の景観にも共通して多いのがニホンアマガエル（*Dryophytes japonicus*）で
あった。その他のカエル類の分布には大きな違いがあり，ニホンアカガエル
（*Rana japonica*）とヤマアカガエル（*Rana ornativentris*），モリアオガエル
（*Zhangixalus arboreus*）は谷津田に集中的に分布し，トノサマガエル（*Pelo-
phylax nigromaculatus*）とシュレーゲルアオガエル（*Zhangixalus schlegelii*）
はどちらの水田景観にも見られるものの，扇状地の水田地帯では，谷津田に
近い中山間地に両種の分布が集中していた。

　そして，水田環境に生息・生育する生物種も本来の分布域の違いによって
地域間で大きく異なることがある。例えば，水田に生息するカエル類を例に

28

とると，北海道で水田環境に生息するカエル類はニホンアマガエル一種のみであり（国内移入種はここでは考慮しない）[9]，上述の富山県西部砺波地域の水田地帯に生息するカエル類に比べて種数に大きな違いがある。

次に，ある地域の水田景観に着目した場合，そこは様々な生息地タイプによって成立している。例えば水田（圃場）やため池，湛水休耕田，農業用水路，承水路などの水域に形成される生物群集はそれぞれ異なる。水生コウチュウ目や水生カメムシ目は繁殖や生息，越冬のためにこれらの水域を使い分ける[10),11]。トンボ目では，多くの種が農業用ため池を繁殖場所として利用するものの，アキアカネ（*Sympetrum frequens*）やナツアカネ（*Sympetrum darwinianum*），ノシメトンボ（*Sympetrum infuscatum*）やアオモンイトトンボ（*Ischnura senegalensis*），アジアイトトンボ（*Ischnura asiatica*）などは田面に主に産卵し[12]，湧水のある承水路や土水路の農業用水路はオニヤンマ（*Anotogaster sieboldii*）やサナエトンボ科の産卵場所となる[13]（図 2.4）。

図 2.4 様々な水田環境において産卵・羽化するトンボ目成虫。(a) 田植え直後の水田に産卵するギンヤンマのペア。(b) 稲刈り後の水田に産卵するアキアカネのペア。(c) 春の農業用水路で羽化するキイロサナエ。(d) 谷津田の土水路の岸際で交尾するオニヤンマのペア

● 第 2 章 ● 生物の生息場としての水田

　それでは,「水田」や「休耕田」など同一の生息地タイプであれば生物群集も同じなのかというとそうではない。湛水状況や乾燥の程度，水深，植生，日照，地下水位などは圃場ごとに差異があるため，当然そこに生息する生物相も変化する。例えば，休耕田の場合，植生遷移が進んでおらず，湛水状態が維持されるような状況下では，多くの渉禽類（水際を長い脚で歩いて採餌するシギ・チドリ類やサギ類などの鳥類の総称）が採餌場所として利用し[14]，またタマシギ（*Rostratula benghalensis*）など一部の種の営巣場所にもなる[15]。植生遷移が進み，ヨシ（*Phragmites australis*）などが生い茂った休耕田は，オオヨシキリ（*Acrocephalus orientalis*）の営巣場所となる[14]。乾田（水稲田）と冬期湛水田（ハス田）では，前者にアカネ属（*Sympetrum* spp.）幼虫やニホンアマガエル幼生，ドジョウ（*Misgurnus anguillicaudatus*），後者にヒメゲンゴロウ（*Rhantus pulverosus*）幼虫，ゴマフガムシ（*Berosus signaticollis*），フナ類（*Carassius* spp.），モツゴ（*Pseudorasbora parva*），ニホンアカガエル幼生の個体数が多いなど，優占する水生動物種やその個体数の季節消長が大きく異なる[16]。

　さらに圃場一枚レベルに着目しても，時期や場所により生物の生息環境は様々な様相を見せる。一見，乾田状態で乾燥が相当に進んでいるように見える圃場でも，排水口周辺やわずかな排水不良箇所にドジョウが越冬している

図 2.5　水田の湿潤な排水不良箇所で越冬するドジョウの成魚

（図 2.5）。また，中干し期の前後で圃場内の水生動物群集の構造が変化することもある[17]。アキアカネの産卵は圃場のいたるところで行われるのではなく，稲刈り後の水田に残された水たまりと陸域の境界部などの適度な湿度を示す土壌を狙って産卵する[18]。

2.4　水田生態系に関する重要な概念

　水田生態系の持つ様々な機能がこれまでの研究で指摘されている。ここではそれらの中から特に重要な概念に着目し，生物多様性との関係性を詳しく見ていきたい。

2.4.1　中規模攪乱仮説

　Connell（1978）[19] は，熱帯林では暴風や地滑り，落雷など，サンゴ礁では台風や洪水，土砂堆積などの中程度の攪乱を受けることによって種多様性が最大になることを示した。この中規模攪乱仮説は，水田のような農地生態系にも当てはまると考えられている。つまり耕起や代掻き，湛水，中干し，施肥，除草，落水，稲刈りといった農業活動が，水田の生物群集にとって「中規模の攪乱」となりうる。実際にこの仮説を日本の水田生態系で検証した例は少ないが，兵庫県の棚田群では，適度な頻度の草刈りが実施されている伝統的な水田畦畔において，集約的管理（生産性向上のための水田の大区画化および乾田化）のもと高頻度に草刈りされる水田畦畔や，管理放棄されて草刈り頻度が極端に少ない畦畔よりも，植物や昆虫類の多様性が高くなることがわかっている[20]。また日本各地の文献を集めたメタ解析によれば，作付け中の水田や耕作放棄水田と比較して，休耕管理された水田において生物の種数や個体数が多い[21]。

2.4.2　水田生態系を支える微生物群集と複雑な食物網

　田植えのために水田に入水されると同時に，動植物プランクトンの個体数が急激に増加する[22]。この理由として，施肥により栄養塩濃度が増加することや田面が浅い開放水域であるため水温が温まりやすいこと，恒久的水域

●第2章●生物の生息場としての水田

よりも初期に捕食者が少ないことなどが考えられている[22]。水田生態系において生産者となるのは、植物プランクトンや底生藻類とバクテリアなどの微生物である[23]。藍藻や緑藻、珪藻などの植物プランクトンは光合成によって水田に有機物と窒素を供給する。また光合成によって生産された酸素は好気性生物の代謝に使われる。その結果、好気性の細菌や原生動物、センチュウ、微小甲殻類（動物プランクトン）、貧毛類（ミミズ類）などが増加する[24]。これらの生物は水中や稲わら、土壌といった様々な環境ごとに異なる群集を形成し[25]、有機物の分解や植物プランクトンなどの捕食を行う。特にワムシ類やミジンコ類などの動物プランクトンや貧毛類はそれより上位の魚類や捕食性水生昆虫、両生類幼生にとって発育段階初期の重要な餌動物となる。また、これらの捕食者は成長すると河川やため池、林地などへ移動していく。さらにこれらの水生動物の捕食者によって圃場から水田水域（1.1参照）、里山、さらに様々な環境へと物質循環が進んでいく。

　水田生態系における高次捕食者はサシバ（*Butastur indicus*）やフクロウ（*Strix uralensis*）などの猛禽類、コウノトリ（*Ciconia boyciana*）やダイサギ（*Ardea alba*）などの大型渉禽類、タヌキ（*Nyctereutes procyonoides*）やニホンイタチ（*Mustela itatsi*）などの大型食肉目であり、そこでは複雑な食物網が成立している。**図2.6**は田植え後の初夏期を想定したコウノトリを頂点捕食者とする食物網である。このように水田生態系では、ほかの生態系同様、生物間の捕食−被食関係が複雑である。例えば水田環境においてカエル類成体は一般的に「中間捕食者」と定義される。カエル類成体は昆虫類などを捕食する一方で、カエル類成体自体がヘビ類や動物食性の鳥類等の高次捕食者に捕食されるためである。しかしながら、実際にトノサマガエルを例にとると、成体はゲンゴロウ類やオサムシ類、アメンボ類を捕食するが[9]、その一方で成体や幼体はオオキベリアオゴミムシ（*Epomis nigricans*）の幼虫および成虫の捕食対象となる[26],[27]。幼生はシマゲンゴロウ（*Hydaticus bowringii*）幼虫に[28]、卵塊はヒメアメンボ（*Gerris latiabdominis*）[29]にそれぞれ捕食される。また成体は他種のカエル類を捕食することもある。このように中間捕食者とされる分類群だけに着目しても、実際には非常に複雑な食物網が成立している。

32

図 2.6 水田環境における複雑な食物網
田植え後の初夏期を想定し，コウノトリを頂点捕食者とした場合の食物網である．矢印の向きは食う・食われるの関係性を示す．両矢印が存在することに注意．例えば，ナマズの仔魚はトンボ目幼虫の採餌対象となるが，ナマズが成長した後にはトンボ目幼虫が逆に採餌対象となる．フナ類やナマズは，仔魚期から稚魚期を想定している．

2.4.3 一時的水域と恒久的水域

　一年のうち，ある一定期間だけ湛水される水域は一時的水域，周年湛水状態が維持される水域は恒久的水域とそれぞれ呼称される[30]．国外の大河川の氾濫原では，こうした2つの湿地タイプの存在が魚類[31]や両生類[32]，水生コウチュウ類[33]のβ多様性を高めることが示されている．特に一時的水域は水温の温まりやすさや大型魚類の少なさ，動物プランクトンの個体数の多さ，緩やかな陸域から水域への移行帯の存在による産卵基質の多さなどから，これらの水生動物にとって繁殖場所となりやすい[34]．

　このことを水田水域に置き換えると，水田，季節通水型（灌漑期のみ通水される）の小溝や承水路および農業用水路が一時的水域に，周年湛水の休耕田や池干しをしないため池，通年通水の農業用水路，水の涸れない承水路，河川などが恒久的水域に該当する．西城（2001）は島根県の水田地帯において一時的水域である水田と恒久的水域であるため池の水生昆虫相を比較した[11]．その結果，ため池は一部の水生昆虫類に年間を通した生息・繁殖場所を

●第2章●生物の生息場としての水田

提供する一方で，水田は一時的な生息場所としてだけではなく，多種の繁殖場所となることが示された。また，ため池は水田の水域が縮小したり消失したりする時期（中干し期や非作付期）に多種の水生昆虫の避難場所や越冬場所となることを示した。このように，水田水域における一時的水域と恒久的水域を生息・繁殖場所として時間的あるいは空間的に使い分けることはトンボ目[12]や淡水魚類[30]，鳥類[35]などでも報告されている。植物についても，水田とため池，農業用水路では成立する群落や構成種などがそれぞれ異なることがわかっている[36]。

　氾濫原に形成される湿地において，動物プランクトンの休眠卵の孵化やその群集の多様性の維持には一度水域が干上がる必要があり，恒久的水域では孵化のトリガーが阻害され，動物プランクトン群集の多様性が低下してしまう[37]。前節とも関係するが，一時的水域である水田では動物プランクトン群集の多様性が高く，またその現存量も非常に多いと考えられる（図2.7）。動物プランクトンがそれより上位の動物の餌となり，水田生態系を支えていることは間違いないが，その一方で動物プランクトンの発生時期のピークが捕食者の発育段階初期と同調しているか，捕食者の発育段階初期に採餌可能

図2.7　水田と動物プランクトン
　　　（a）田植え直後（5月中旬）の夜間の水田でじっとするドジョウのメスの周りに数多くののミジンコ類が泳いでいる。（b）水田で見られたオカメミジンコ属の一種

な大きさであるか，またその種類などが重要となってくる。例えばドジョウの場合，後期仔魚の口径は非常に小さく，ワムシ類程度しか採餌できない[38]。また，アキアカネ初齢幼虫は孵化して間もない小さなミジンコ類を採餌し，ミジンコ類の成体は採餌できない[39]。さらに一例として，代表的な動物プランクトンのカイアシ類（ケンミジンコ類）では初期のノープリウス幼生であっても，その体長の大きさや移動速度の速さなどから，ドジョウやアキアカネの初期の餌としては適さない[39), 40]。

2.4.4 IBM（総合的生物多様性管理）

第二次世界大戦後，日本を含めた世界中で病害虫防除のために化学合成農薬が水田などの農地に使用された。この結果，水稲の収量は飛躍的に増加し，農作業時間も大幅に短縮された。その一方で，化学合成農薬に抵抗性を示す特定の害虫の多発生や，それによる水稲への被害拡大が報告されるようになった。このような現象はリサージェンスと呼ばれる。害虫の多発生には，化学合成農薬によるクモなどの天敵の減少も関わっていると考えられた。またDDTなど，当時使用されていた化学合成農薬の一部は，環境中で分解されにくく，食物連鎖を通じて生物濃縮されることがわかった。そこで1970年ごろから，化学合成農薬だけに頼るのではなく，あらゆる技術を組み合わせて病害虫管理を行い持続的な農業を行うIPM（Integrated Pest Management：総合的害虫管理）が提唱されるようになった[41]。

水田の生物多様性の重要性が徐々に認識されるにつれ，日本国土の4割を占める里地・里山に絶滅危惧種の5割が生息していることも明らかになり，IPMと自然環境の保全を両立する概念が求められるようになった[42]。ここで生まれたのが桐谷圭治によるIBM（Integrated Biodiversity Management：総合的生物多様性管理）である。IBMでは，水田耕作に利益となるクモ類などの「益虫」，あるいは不利益となるウンカ類やヨコバイ類，ホソハリカメムシ（*Cletus punctiger*）などの「害虫」だけに着目するのではなく，そのどちらにも該当しない大多数の生物も含め（**図2.8**，各生物種がそれぞれに水田生態系の中でなにかしらの役割を担っていると考えるのが自然である），「すべての生物密度を，上限は経済的被害をもたらさない密度以下に，

●第2章●生物の生息場としての水田

図 2.8 水稲作における(a)害虫のツマグロヨコバイ, (b)益虫のアシナガグモ属, (c)害虫, 益虫にも該当しないマツモムシ

また下限は絶滅閾値を上回る密度に保つよう管理する」ことを目指す[42]。そのためには, 植物が本来備えている病害虫への防御機構と天敵による病害虫の個体数抑制を最大化することが必須となる。IBM は, 水田環境の生物多様性保全を目指すうえで根本となる概念である。

2.5 各水田環境の生物の生息場所としての特徴

2.5.1 湿　田

　第1章で示したとおり, かつて湿田は中山間地や扇状地の扇端, 自然堤防帯, デルタなど様々な場所で目にすることができた。湿田では常に地下水位が高いため, 田面全体が周年乾くことがない (図 2.9)。このため, 一般的に水生動植物の生息・生育に適しており, 生物多様性の高い水田環境と考えられている。湿田の場合, 中干しが実施されても排水不良箇所が形成されるため, 中干し実施時期に変態上陸していないモリアオガエルの幼生[43]やマルタニシ (*Cipangopaludina chinensis laeta*)[44] はそこで生存できる。また, 稲刈り後から翌春まで形成される圃場内の水たまりがドジョウやアカハライモリ, コシマゲンゴロウ (*Hydaticus grammicus*) やヒメゲンゴロウ (*Rhantus suturalis*) などの水生コウチュウ目, マルタニシ, 水生植物などの秋期

2.5 各水田環境の生物の生息場所としての特徴

図2.9 様々な湿田。(a) 中山間部, (b) 平野部, (c) デルタ。いずれも非作付期に撮影

以降の生息場所や越冬場所となる[44), 45)](**図2.10** a〜d)。動物食性や雑食性を示す渉禽類や水禽類についても, ケリ (*Vanellus cinereus*) やタゲリ (*Vanellus vanellus*), イカルチドリ (*Charadrius placidus*), ヤマシギ (*Scolopax rusticola*), タシギ (*Gallinago gallinago*), コガモ (*Anas crecca*) などが湿田の水生動物を採餌しながら越冬する[46), 47)](**図2.10** e)。さらに湿田は, 早春に繁殖期を迎えるアカガエル類やヒキガエル類, シュレーゲルアオガエル, 小型サンショウウオ類の産卵場所にもなる (**図2.10** f)。

先述のとおり, 湿田では水温調節や水位調節のために圃場の脇に温水路や承水路が設けられることがある (**図2.11**)。こうした水域は江, 手溝, 内溝,

図2.10 非作付期の湿田に生息する動物。(a) マルタニシ, (b) コガムシ成虫, (c) トノサマガエル成体, (d) キクモと車軸藻類, (e) タゲリの群れ, (f) ニホンアカガエルの卵塊と孵化幼生

● 第 2 章 ● 生物の生息場としての水田

図 2.11　承水路と湿田。隣接するこれらの水域は入水時期だけでなく，降雨時にもたびたび連続する。

ヌルメ，テビ，テミ，ひよせ，いで，掘り上げなど地域によって様々に呼称される。これらの水路に見られる特異的な生物相は，隣接する圃場の生物相と異なる [13), 45)]。例えば，ツチガエル属（*Glandirana* sp.）はこうした承水路を産卵場所として選好する [48)]。コガシラミズムシ（*Peltodytes intermedius*）やマダラコガシラミズムシ（*Haliplus sharpi*），コブゲンゴロウ（*Noterus japonicus*）は隣接する圃場よりも承水路で個体数が多い。その理由として，コガシラミズムシ類の餌となる藻類が多いことや，圃場よりも湛水期間が長いため安定的な水域を好むコブゲンゴロウの生息に適していることなどが考えられている [49)]。また，承水路自体も湿田の田面と同様に湧水や天水によって周年湛水されることが多く，ツチガエル属の幼生 [48)] やタイコウチ（*Laccotrephes japonensis*）[50)] の越冬場所になる。さらに，一見すると圃場と同じ種が生息しているように見えても，ドジョウやアカハライモリなど，その体長や発育段階が水田と承水路とでは異なり，生活史（生物個体の発生から死までの全過程）における成長，採餌，越冬，繁殖などの目的に合わせて季節的に両水域を使い分けることがある [45), 51)]。

2.5.2 乾　田

2.4.3 で説明したように，大河川の氾濫原に形成される湿地は一時的水域と恒久的水域に分類される．一時的水域の湿地では，立地条件や地下水位などにより，その乾燥の程度や干出期間も多様となる．水田も同様に，湿田と乾田とでは乾燥や干出に関する諸条件が大きく異なっている．

　乾田は圃場整備事業の乾田化のイメージにより，湿田に比べて生物多様性の低い水田と捉えられがちである．確かに，周年水域が維持される湿田では，乾田に比べて多様な水生生物が生息・生育できる可能性が高い．ただし，「乾田」といっても，戦前と戦後では乾燥の度合いが異なり，また，より最近整備されたものほど乾燥化が著しいと考えられている[12]．これらの圃場整備事業による乾田化の生物多様性に対する影響については，3.3 を参照されたい．ここでは，湿田に比べて乾燥しやすい乾田の生物の特徴に着目する．

図 2.12　ある乾田の様子とそこに生息する生物
　　　　(a) 非作付期（2月）の乾田．田面が相当に乾燥している．(b) 作付期（5月）の乾田．4月下旬に代掻きと田植えが実施される．(c) 5月の乾田を遊泳するニホンアマガエル幼生．(d) 5月の乾田で採餌するゴイサギ

（図 2.12 a, b）。

作付期以外は乾燥し，陸地化するような乾田であっても（図 2.12 a），水域ネットワークが保たれていれば（2.6 参照），湛水後の乾田は多種の魚類の繁殖場所および仔稚魚の成長場所となることが知られている[52]。またミズムシ科やヒメゲンゴロウ，ゴマフガムシ属（*Berosus* spp.），コガシラミズムシといった水生カメムシ目および水生コウチュウ目の生息・繁殖場所にもなる[16, 53]。トンボ目について，アカネ属幼虫は冬期湛水田（ハス田）よりも乾田（水稲田）において個体数が多いことが知られ[16]，秋期に水田で産卵するナツアカネやノシメトンボは水域のない圃場を産卵場所に選ぶ[12]。カエル類について，ニホンアマガエルでは冬期や早春期から湛水されている実験水田よりも，5 月に湛水開始した実験水田で最も個体数が多かった報告があり[54]，トウキョウダルマガエル（*Pelophylax porosus porosus*）では越冬場所として，湿田よりも乾田の乾いた土壌を選好することが示唆されている[55]。このように，乾田で見られる種の数はそれほど多くないが，開発や耕作放棄により水田自体が消滅しつつあるなか，乾田もまた一部の種の生息場所となっていることも認識しておく必要がある（図 2.12 c, d）。

2.5.3　休耕田と耕作放棄水田

休耕田とは，水稲の作付けはないが，水田に復田するために除草や耕起を前提とした管理形態を有している圃場のことである（図 2.13 a）。一方，耕作放棄水田は以前水田耕作していた圃場で過去 1 年以上水稲作付けが実施されず，今後，数年の間に水稲作付けの予定がない土地のことを示す[56]（図 2.13 b）。水稲は栽培されていないものの，特に湛水された休耕田や湧水によって水域が維持されている耕作放棄田などでは，希少種の生息・生育場となる場合があり，水田とはまた異なる生物群集が形成されることもあるため，水田環境の生物多様生保全に貢献する。例えば，水稲が十分に成長して水鳥にほとんど利用されない時期に周辺に湛水休耕田があれば，サギ類やシギ・チドリ類の採餌環境として機能する[57]（図 2.14 a）。湧水の流入する谷津に設けられた湛水休耕田は，流水域や砂泥底を好み水田ではあまり見られないシマドジョウ種群（*Cobitis biwae species complex*）の繁殖場所となる[58]。

2.5 各水田環境の生物の生息場所としての特徴

図 2.13 休耕田と耕作放棄田。(a) 平野部の休耕田。写真手前が休耕1年目で,奥が休耕から数年経過している。(b) 谷津田の耕作放棄田。遷移が進み,乾燥化している。

図 2.14 休耕田や耕作放棄田に生息する動物
(a) コチドリ,(b) ハッチョウトンボ,(c) オサムシ科の蛹

そして植物に関しては,ヨシ原を含む多様なタイプの湿地植生が成立し,シャジクモ (*Chara braunii*) やサワオグルマ (*Tephroseris pierotii*) などの希少種の生育場所となる[59),60)]。その他,トノサマガエルの産卵場所[61)],希少種を含むゲンゴロウ類やガムシ類等の水生コウチュウ類[62)],ハッチョウトンボ (*Nannophya pygmaea*)[63)] (図 2.14 b),エンマコオロギ (*Teleogryllus emma*)[64)],徘徊性クモ類[65)] などの生息場所にもなる。ただし,休耕田や耕作放棄田では,休耕・放棄年数や湛水条件,水深,流速,人為的な攪乱(管理)頻度の違いによって湿地から陸地まで様々な環境が形成されるため,生物種も大きく変化する[65),66)]。湛水休耕田であっても,ヨシ群落やガマ (*Typha latifolia*) 群落,ミゾソバ (*Persicaria thunbergii*) 群落が優占する場所よりも水田雑草群落が優占する場所においてシギ科やチドリ科の種数が多くなる[66)]。また,休耕田の乾燥化が進むにつれて,セアカヒラタゴミムシ (*Dolichus halensis*) に代表される地表徘徊性昆虫のオサムシ科の越冬成

虫および幼虫の種数と個体数が増加する[67]（図2.14 c）。

2.5.4　農業用ため池

　農業用ため池（以下，ため池）も様々な動植物の生育・生息・繁殖環境となるため，水田環境における生物多様性の高い湿地環境の一つといえる。ため池と水田の大きな環境の違いは，湛水期間の長さや水深，農繁期の水位変動であろう。ため池では，農閑期に水を抜き，底部を露出させて乾燥させる「池干し」といった水管理が行われるものの（図2.15），その頻度は地域によって年一回から数年に一回程度と幅がある。特に古くから築かれ，管理があまりなされていないため池は自然の池と区別することが難しいこともあるため，上田（1998）はため池を「水位変動が激しくとも長期間にわたって完全に干上がってしまうことは滅多にない，ある程度の永続性を持った池」と定義している[68]。一時的な止水域である水田に対し，ため池は恒久的な止水域と捉えることができる。ため池の水深は数十センチから数メートル程度と水田よりもかなり深く，田植え時期や夏期には水田へ用水を供給するため，急激に水位が低下する[10]。

図2.15　秋期に池干しのため落水中の農業用ため池（谷池型）

2.5 各水田環境の生物の生息場所としての特徴

　ため池は，例えば鳥類においては，サギ類の夏期から秋期の採餌環境や[35]，カイツブリ類の繁殖場所[69]になる（図2.16 a）。谷津田の谷池型ため池では周辺の水田よりも鳥類の種多様性が高い[70]。爬虫類や両生類では，ニホンイシガメ（*Mauremys japonica*）[71]，アカハライモリ[72]，ツチガエル（*Glandirana rugosa*）[73]，モリアオガエル[74]などの生息・繁殖場所にもなる。魚類に関しては，カワバタモロコ（*Hemigrammocypris rasborella*）[75]やニッポンバラタナゴ（*Rhodeus ocellatus kurumeus*）[76]といった希少種の生息・繁殖が報告されている。水生昆虫にとってもため池は重要である。例えば，日本に生息する約180種のトンボ類のうち，80種程度がため池を主な生息場所とする[77]。この理由の一つとして，谷津田の上流部にある谷池型のため池では，樹林に接する薄暗い環境と，水田に面した開放的な環境が混在するため，樹林性のトンボ類と開放水面を好むトンボ類の両タイプが生息できることが挙げられる[78]（図2.16 b）。多種の水生コウチュウ目や水生カメムシ目にとっても希少種を含めた重要な生息場所の一つである[10),79]（図2.16 c）。淡水貝類についても，ニッポンバラタナゴの産卵母貝となるイシガイ類をはじめ，二枚貝，巻貝を合わせて約20種の生息がため池で確認されている。これだけ多くの種の淡水貝類がため池に生息しているのは，水鳥類や魚類，水生昆虫などに付着して移動分散した結果と考えられている[80]。水生植物につい

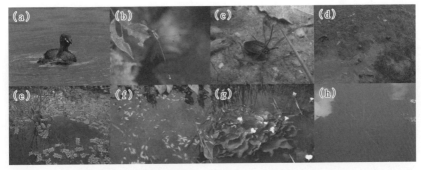

図 2.16　ため池で見られる代表的な生物
　　　　（a）カイツブリ，（b）オオアオイトトンボ，（c）ヒメゲンゴロウ，（d）オオタニシ，（e）サンショウモ，（f）ヒルムシロ属の一種，（g）ミズオオバコ，（g）スブタ属の一種

●第2章●生物の生息場としての水田

てもミズオオバコ（*Ottelia japonica*）やスブタ類など数多くの希少種が確認されている[81]。2023 年には，野生個体群が絶滅したと考えられていたムジナモ（*Aldrovanda vesiculosa*）の自生個体群の再発見が報告されるなど[82]，ため池はまさに希少な水生植物の生育地として最後の砦ともいえる状況である（**図 2.16 e〜h**）。水生植物と水生動物との関係性も深く，岸際に抽水植物の種数が多いため池では，産卵基質や隠れ家が増えるため，水生昆虫（トンボ目，カメムシ目，コウチュウ目）の多様性が高い[79]。

2.5.5　農業用水路（谷津内水路や小溝を含めて）

　元来，用水か排水かを問わず，農業用水路は多種の水生動物にとって生息・繁殖場所となる。農業用水路は水田環境の中でも限定的な流水環境であり，水源となる河川やため池，そして排水するための下流の河川と水田をつなぐ役割を果たす。また，用水路と排水路の役割を兼ねる用排兼用水路では，水田同士をつなぐ役割もある。農業用水路は，水源から近い順に幹線用水路，支線用水路，末端用水路と分けられ，その規模の大きさもこの並びとなる。河川を水源とする農業用水路を例にとると，幹線用水路は河川に連続し，末端用水路は水田の脇を流れる。支線用水路はその中間に位置する。農業用水路は元来，主に土水路だったが，圃場整備の拡大以降は三面コンクリートの水路構造へと急速に変化している。ここでは，土水路の農業用水路について説明する。

　小規模な農業用水路としてはまず谷津田の末端用水路が挙げられる。このような水路は「谷津内水路」と呼称される[83]（**図 2.17 a**）。谷津内水路では湧水によって季節を通した変動の少ない水温が維持され，谷津田の用水や排水に使用される。水路幅は大きくても 1 m 程度であり，湧水が涸れなければ一年中緩やかな流れが維持される。栃木県市貝町の事例では，谷津内水路の水深は 1 cm 未満から 10 cm 以上で，代表的な生息魚種はヌマムツ（*Nipponocypris sieboldii*），タモロコ（*Gnathopogon elongatus*），ドジョウ，シマドジョウ種群，ホトケドジョウ（*Lefua echigonia*）であった。当該地では，谷津の谷底面積や谷津内水路の水深が深いと魚類の多様性が高くなった[83]。魚類以外にも谷津内水路には，アカハライモリ[84]やヘイケボタル（*Lucio-*

44

2.5 各水田環境の生物の生息場所としての特徴

図 2.17 様々な農業用水路。(a) 谷津内水路, (b) 小溝

la lateralis)[10], オニヤンマ (*Anotogaster sieboldii*)[85], サワガニ[85] (*Geothelphusa dehaani*) など湧水あるいは緩流域を好む水生動物が生息・繁殖場所として利用する。

谷津内水路と同じく小規模な「小溝」と呼称される末端用水路も存在する。この小溝は平野部の大規模な水田地帯に見られるものであり，谷津内水路との大きな違いは水田と同様に作付期のみ湛水される一時的水域の性質を有していることである[30] (図 2.17 b)。こうした小溝は水田と幹線水路をつなぐ血管のような役割を果たしている。京都府八木町の水田地帯では，一腹卵数が多くばらまき型の産卵様式を持つドジョウ，特別天然記念物のアユモドキ (*Parabotia curtus*), スジシマドジョウ種群 (*Cobitis striata* species complex), ギンブナ (*Carassius langsdorfii*), ナマズ (*Silurus asotus*), タモロコが小溝で産卵していた[30]。また，茨城県下館市の水田地帯にある小溝では，ドジョウやフナ属，タモロコ，ナマズなどの魚類に加え，アオイトトンボ属の一種 (*Lestes* sp.), ハグロトンボ (*Calopteryx atlata*), シオカラトンボ (*Orthetrum albistyrum speciosum*), アカネ属の一種 (*Sympetrum* sp.) といったトンボ目幼虫や，タイコウチおよびタガメ (*Lethocerus deyrollei*) といった水生カメムシ目の生息も記録されている[86]。

扇状地や自然堤防帯，デルタの水田地帯における農業用水路は希少種を含め，多種の淡水魚類の生息・繁殖場所として機能する[83],[87],[88]。特に伝統的な水路形態である用排兼用水路では，水田の排水口から遡上できない場

●第２章●生物の生息場としての水田

合でも取水口から魚類が進入して繁殖できること[87]，水田で繁殖する魚種の未成魚や本来は水田で繁殖しないウグイ（*Pseudaspius hakonensis*），オイカワ（*Opsariichthys platypus*），アブラハヤ（*Rhynchocypris lagowskii steindachneri*）などの未成魚も水路から水田内に進入して成育できること[87], [88]，そして湧水の流入がある場合は，非灌漑期にも水域が確保されるため，魚類の越冬場所としても機能することなどから，魚類の多様性が高い水域環境となる。

また，農業用水路はシジミ類やイシガイ類などの二枚貝類やヒメタニシ（*Sinotaia quadrata histrica*），カワニナ類等の巻貝類の主要な生息環境にもなる。例えば，タナゴ類はイシガイ類を産卵母貝とし（詳しくは4.5.8を参照），その一方でイシガイ類の幼生（グロキディウム）はヨシノボリ類などの魚類の鰓や鰭に寄生して稚貝まで成長する。このため，土水路ではイシガイ類の個体数や種数が魚類の個体数や多様性を指標する場合がある[89]。水生植物についても，平野部の水田地帯における農業用水路が希少種を含む重要な生育環境となっている。越後平野の水田地帯では，水田や休耕田と農業用水路の水生植物相を比較した際に浮葉植物や沈水植物はほとんど土水路の農業用水路のみに出現し，またホザキノフサモ（*Myriophyllum spicatum*）やコウガイモ（*Vallisneria denseserrulata*）といった希少種が土水路の指標種として選抜された[90]。多摩川扇状地の水田地帯では，湧水湧出箇所に近い農業用水路にミズハコベ（*Callitriche palustris*）やバイカモ（*Ranunculus nipponicus*），ナガエミクリ（*Sparganium japonicum*）などの低水温を好む希少種が出現することがわかっている[91]。このように，農業用水路の存在は水田地帯全体としての水生植物の種多様性維持に寄与する。そして，農業用水路の水生植物は魚類や水生昆虫，甲殻類にとって産卵基質や隠れ家としても機能する。

2.5.6 畦　　畔

畦畔は圃場と圃場の間に土を盛って設けた仕切りであり，水田の畦畔には水没する部分から乾燥している部分まで連続的に存在する。このように異なる環境が連続的に推移する環境はエコトーン（移行帯）と呼ばれる。土の畦

2.5 各水田環境の生物の生息場所としての特徴

畔は水生コウチュウ目の蛹化場所や地表性徘徊昆虫のオサムシ科の生息・産卵・蛹化場所になる(図 2.18 a)。畔畔はカエル類にとっても生活史において重要な環境である。例えばシュレーゲルアオガエルのオスは畔畔に浅い穴を掘って広告音を発し,そこにメスを呼び込み繁殖する[92]。そしてシュレーゲルアオガエルやモリアオガエルのメスは畔畔に卵塊を産み付ける[45),92)](図 2.18 b, c)。また,ダルマガエル類やヌマガエル(*Fejervarya kawamurai*)などの越冬場所としても利用される[55),93)](図 2.18 d)。植物について,土の畔畔には,山地草原の種,湿地に生育する種,水田あるいは畑の雑草として生育する種が存在しており,管理方法の影響を受けて様々な種組成を示すのが特徴である[94]。またこれらの畔畔植生はほかの動物群の生息や繁殖にも密接に関係する。例えば適度な高さの畔畔植生があるとカルガモ(*Anas zonorhyncha*)やケリ,キジ(*Phasianus versicolor*)といった鳥類の隠れ家や営巣場所になり[95)](図 2.18 e, f),チョウ類やバッタ類の生息場所,カエル類,ヘビ類の生息場所や隠れ家としても機能する[20),94)](図 2.18 g)。さらに水生コウチュウ目のコガムシ(*Hydrochara affinis*)は畔畔に生えた植物の葉を利用して水面に浮かぶ卵のうを形成する[96)](図 2.18 h)。

棚田景観では特異的に石積みの畔畔が見られることがあり,こうした畔

図 2.18 畔畔を利用する様々な動物。(a) 畔畔を歩くミイデラゴミムシ。(b) 畔際に産み付けられたシュレーゲルアオガエルの卵塊。(c) 畔際に産み付けられたモリアオガエルの卵塊。(d) 畔畔の窪みに潜むヌマガエル成体。(e) 畔畔の上で偽傷行動をとるケリ。付近で営巣していると考えられる。(f)畔畔で休息するキジ。(g) 畔畔に潜みトノサマガエル成体を捕らえたシマヘビ。(h) 水田の水面に浮かんだコガムシの卵のう。畔畔の植物が重要な産卵基質となる。

●第2章●生物の生息場としての水田

畔では，その間隙がシマヘビ（*Elaphe quadrivirgata*）やヤマカガシ（*Rhabdophis tigrinus*）などのヘビ類の生息環境となる[97]。

2.6　水田環境と周辺環境との時間的・空間的連続性がもたらす生物多様性

　各生物種の移動能力や生理的要因の違いによって，生活史の各段階で必要な環境は変化する。水田環境を繁殖場所や生育・成育場所，採餌場所，越冬場所，休息場所，ねぐらなど，どのような目的で利用するのかも，生物種によって，また生活史の段階によって異なる。前述のように，水田や農業用水路などは，農業活動に伴って環境が大きく変化する。これに対して，利用目的に適した環境がどこかの時期になくなったり，移動・分散できる範囲内になかったりすると生活史は全うできない。このため，周辺環境も含めて水田環境の時間的・空間的な連続性が，様々な種が生活史を全うするうえで重要である。

　例えば，水生コウチュウ目や水生カメムシ目の多くの種は一時的水域である水田を繁殖場所に利用する。そこで生まれた幼虫は水田で成長し（水生コウチュウ目は畔畦で蛹化し），新成虫となる。新成虫は恒久的水域であるため池や湛水休耕田などに移動し秋期や冬期の生息・越冬場所とする[11]。また，生息する水田周辺の森林面積が水生コウチュウ目や水生カメムシ目の個体数に正の効果を与えることがあり，その理由として餌となる動物の供給量の多さや森林を越冬場所として利用することなどが挙げられている[98]。水田で羽化したトンボ目の成虫は，一部の種を除き，水田からほかの環境へ移動する。その環境は羽化場所付近の雑木林といった短距離から，山地といった長距離まで種によって様々である。これらのトンボ類は，性成熟した秋期に再び水田を訪れ，交尾・産卵する[78]。

　水田の田面で繁殖する魚類には，ドジョウやフナ属，コイ（*Cyprinus carpio*），タモロコ，メダカ属，ナマズなどが代表的である。しかし，田面だけでなく，湿田の承水路を繁殖場所とする種や小溝，農業用水路を繁殖場所とする種，繁殖ではなく稚魚の成育場所として農業用排水路を利用す

2.6 水田環境と周辺環境との時間的・空間的連続性がもたらす生物多様性

る種などそれぞれの生活史において水田環境に対する依存度も様々である。また，ドジョウを除く田面で繁殖した親魚の多くは，水田で産卵すると水田から水路や河川へと戻っていく[30]。この理由は親魚に酸欠耐性がないことや，親魚にとって水深が浅すぎることなどである。つまり，多種の魚類が水田環境で繁殖するためには，河川（あるいは海域）から田面まで，幹線用水路，支線用水路，末端用水路，承水路などの水域ネットワーク（コラム13参照）が階層的に維持されている必要がある。これらの各水域は，その湛水状況や流速から単に一時的水域と恒久的水域，止水域と流水域といった大きな枠組みで捉えられがちだが，魚類はこの水域ネットワークの複雑な階層構造を種ごとあるいは発育段階や目的ごとに使い分けており，各水域の存在が多様な魚類の生息・繁殖を可能としていることを理解する必要がある（コラム14参照）。

　カエル類について，水田周辺で生活史を完結させる種と，生息場所は水田環境周辺の森林や草地だが，繁殖期になると水田環境を繁殖場所に利用する種とに二分される（コラム6参照）。そのため，前者のタイプでは水田の湛水開始時期[99]や越冬時の水田土壌の水分条件[55]，後者のタイプでは水田周辺の森林面積の割合[99,100]，林縁部やミゾソバが優占する湿生草地の存在[101]などが各種の生息に寄与することがわかっている。承水路やため池で孵化したアカハライモリの幼生は成長して上陸すると周辺の森林などで性成熟するまで生活し，水場には寄り付かなくなる。性成熟を終えると再び水田環境を利用するようになる[102]。

　サギ類は水田環境を採餌場所として利用するものの，ねぐらや休息地，コロニーは樹林帯や山の斜面沿いの樹木，河川沿いの笹薮などに形成されるため[103]，水田環境とその周辺環境を目的によって空間的に使い分ける。また採餌場所に関しても，サギ類は農繁期に常に水田環境を利用するわけではない。水稲が茂って田面に入りにくくなったり，あるいは中干しや稲刈り前の落水によって田面に水がなくなったりすると河川域や湖沼へと採餌場所を変えることがある。そして再び稲刈り時や稲刈り後になると水田へと採餌に訪れる[2]。ケリは田植え前の田面や畦畔に営巣し，1か月程度抱卵する。そのため4月下旬から5月上旬に田植えが実施される水田では，耕起などの営農

49

●第２章●生物の生息場としての水田

活動によって巣が破壊され，孵化が失敗しやすい．その一方で，6月に田植えが実施される晩生品種の水田では，ケリの繁殖期のピークから外れているため，ヒナの孵化率が高くなる傾向が示されている[104]。

《参考・引用文献》

1）大塚泰介（2020）田んぼの小さな生物の見えざる多様性．なぜ田んぼには多様な生き物がすむのか（大塚泰介・嶺田拓也編），pp.3-22，京都大学学術出版会，京都．

2）片山直樹・熊田那央・田和康太（2021）鳥類の生息地としての水田生態系とその保全．応用生態工学 24（1）：127-138．

3）嶺田拓也（2020）田んぼに見られる植物はどこからやってきたのか．なぜ田んぼには多様な生き物がすむのか（大塚泰介・嶺田拓也編），pp.235-254，京都大学学術出版会，京都．

4）守山弘（1997）水田を守るとはどういうことか―生物相の視点から．農文協，東京，205p．

5）日鷹一雅（2020）水田生物多様性の成り立ちとその複雑性―環境と生物群集の時・空間的な因果を読み解きながら．なぜ田んぼには多様な生き物がすむのか（大塚泰介・嶺田拓也編），pp.159-185，京都大学学術出版会，京都．

6）酒泉満（2020）メダカの系統．農業および園芸 95（5）：382-388．

7）Tran DV, Tominaga A, Pham LT, Nishikawa K（2024）Ecological niche modeling shed light on new insights of the speciation processes and historical distribution of Japanese fire-bellied newt *Cynops pyrrhogaster*（Amphibia：Urodela）. Ecological Informatics 79：102443.

8）大澤啓志・勝野武彦（2001）扇状地水田地帯における水田の地形分類とカエル類の分布に関する研究．農村計画学会誌 19（4）：280-288．

9）更科美帆・吉田剛司（2015）北海道における4種の国内外来カエルの捕食による影響―胃重要度指数割合からの把握．保全生態学研究 20（1）：15-26．

10）日比伸子・山本知己・遊磨正秀（1998）水田周辺の人為水系における水生昆虫の生活．水辺環境の保全―生物群集の視点から（江崎保男・田中哲夫編），pp.111-124，朝倉書店，東京．

11）西城洋（2001）島根県の水田と溜め池における水生昆虫の季節的消長と移動．日本生態学会誌 51（1）：1-11．

12）上田哲行（1998）水田のトンボ群集．水辺環境の保全―生物群集の視点から（江崎保男・田中哲夫編），pp.93-110，朝倉書店，東京．

13）柳澤祥子（2007）テビに生息する生きもの．水田生態工学入門（水谷正一編），pp.71-74，農文協，東京．

14）Maeda T（2001）Patterns of bird abundance and habitat use in rice fields of the Kanto Plain, central Japan. Ecological research 16（3）：569-585.

15）Katayama N, Odaya Y, Amano T, Yoshida H（2020）Spatial and temporal associations between fallow fields and Greater Painted Snipe density in Japanese rice paddy landscapes. Agriculture Ecosystems & Environment 295：106892.

16) 岩田樹・藤岡正博（2006）ハス田とイネ田における冬期湛水の有無が作物成長期の水生動物相に与える影響．保全生態学研究 11 (2)：94-104.

17) 田和康太・中西康介・村上大介・沢田裕一（2014）中干しを実施しない水田でみられた水生動物群集の季節消長．環動昆 25 (1)：11-21.

18) 近藤三郎（1929）アキアカネ *Sympetrum frequense* Selys. の産卵孵化に就て．農学研究 13：320-328.

19) Connell JH（1978）Diversity in tropical rain forests and coral reefs：high diversity of trees and corals is maintained only in a nonequilibrium state. Science 199 (4335)：1302-1310.

20) Uchida K, Ushimaru A（2014）Biodiversity declines due to abandonment and intensification of agricultural lands：patterns and mechanisms. Ecological Monographs 84 (4)：637-658.

21) Koshida C, Katayama N（2018）Meta‐analysis of the effects of rice‐field abandonment on biodiversity in Japan. Conservation Biology 32 (6)：1392-1402.

22) 平誠・宝月欣二（1987）水田における施肥とプランクトン群集の種組成の関係．陸水学雑誌 48 (2)：77-83.

23) 奥田昇（2012）安定同位体を用いた水田生態系の構造と機能の評価手法．日本生態学会誌 62 (2)：207-215.

24) 浅川晋（2015）田んぼの土づくりの主役は，酸素を利用しない嫌気性の微生物．にぎやかな田んぼ（夏原由博編），pp.72-78，京都通信社，京都.

25) 村瀬潤（2020）田んぼの中の原生生物たちの暮らし．土と微生物 74 (1)：26-31.

26) 平井利明（2006）オオキベリアオゴミムシによるトノサマガエルの捕食．爬虫両棲類学会報 2006 (2)：99-100.

27) Sasakawa K（2017）Notes on the preimaginal stages of the ground beetle *Chlaenius* (*Epomis*) *nigricans* Wiedemann, 1821（Coleoptera: Carabidae）. Biogeography 19：167-170.

28) Watanabe R, Ohba SY, Yokoi T（2020）Feeding habits of the endangered Japanese diving beetle *Hydaticus bowringii*（Coleoptera：Dytiscidae）larvae in paddy fields and implications for its conservation. European Journal of Entomology 117：430-441.

29) Watanabe R, Fujino Y, Yokoi T（2020）Predation of frog eggs by the water strider *Gerris latiabdominis* Miyamoto（Hemiptera：Gerridae）. Entomological Science 23 (1)：66-68.

30) 斉藤憲治・片野修・小泉顕雄（1988）淡水魚の水田周辺における一時的水域への侵入と産卵．日本生態学会誌 38 (1)：35-47.

31) Schomaker C, Wolter C（2011）The contribution of long-term isolated water bodies to floodplain fish diversity. Freshwater Biology 56 (8)：1469-1480.

32) Hoffmann EP（2018）Environmental watering triggers rapid frog breeding in temporary wetlands within a regulated river system. Wetlands Ecology and Manage-

ment 26：1073-1087.

33) Davy-Bowker J（2002）A mark and recapture study of water beetles（Coleoptera：Dytiscidae）in a group of semi-permanent and temporary ponds. Aquatic Ecology 36（3）：435-446.

34) Williams DD, Coad BW（1979）The ecology of temporary streams III, Temporary stream fishes in Southern Ontario, Canada. Internationale Revue der gesamten Hydrobiologie und Hydrographie 64：501-515.

35) 工義尚・江崎保男（1998）ため池・水田地帯におけるサギ類の生息場所分離．日本生態学会誌 48（1）：17-26.

36) 嶺田拓也（2007）生態系配慮の基礎知識（その3）水田とため池の植物相．農業農村工学会誌 75（8）：745-750.

37) Brock MA, Nielsen DL, Shiel RJ, Green JD, Langley JD（2003）Drought and aquatic community resilience：the role of eggs and seeds in sediments of temporary wetlands. Freshwater Biology 48（7）：1207-1218.

38) 鈴木亮（1983）ドジョウ養殖の最新技術．泰文館，東京，192p.

39) 林紀男・新井裕・松木和雄（2020）アキアカネ *Sympetrum frequens* 若齢幼虫の食性．千葉生物誌 70（1）：1-9.

40) 内海訓弘（2010）ドジョウ養殖技術開発事業養殖技術普及．平成21年度大分県農林水産研究センター水産試験場事業報告，pp.263-264，大分県農林水産研究指導センター水産研究部，大分.

41) 斎藤哲夫・平嶋義宏・中島敏夫・松本義明・久野英二（1996）新応用昆虫学．朝倉書店，東京，261p.

42) 桐谷圭治（2005）農業生態系における IBM（総合的生物多様性管理）にむけて．日本生態学会誌 55（3）：506-513.

43) Zheng X, Natuhara Y, Zhong S（2021）Influence of midsummer drainage and agricultural modernization on the survival of *Zhangixalus arboreus* tadpoles in Japanese paddy fields. Environmental Science and Pollution Research 28（14）：18294-18299.

44) Nakanishi K, Takakura KI, Kanai R, Tawa K, Murakami D, Sawada H（2014）Impacts of environmental factors in rice paddy fields on abundance of the mud snail（*Cipangopaludina chinensis laeta*）. Journal of Molluscan Studies 80（4）：460-463.

45) 田和康太・中西康介・村上大介・西田隆義・沢田裕一（2013）中山間部の湿田とその側溝における大型水生動物の生息状況．保全生態学研究 18（1）：77-89.

46) 坂根干（1957）近畿地方のケリについて．鳥 14（68）：25-37.

47) 新倉三佐雄（1988）茅ケ崎市の湿田で観察された鳥類．神奈川自然誌資料 9：43-54.

48) 芦澤航・大澤啓志・勝野武彦（2013）谷戸におけるツチガエルの産卵場所選択．環境情報科学論文集 27：33-36.

49) 渡部晃平（2016）愛媛県南西部の水田における明渠と本田間の水生昆虫（コウチュウ目・カメムシ目）の分布．保全生態学研究 21（2）：227-235.

50) Ohba SY, Goodwyn PP（2010）Life cycle of the water scorpion, *Laccotrephes japonensis*, in Japanese rice fields and a pond. Journal of Insect Science 10（1）：45.

51) 田和康太・中西康介・村上大介・金井亮介・沢田裕一（2015）中山間部の湿田におけるアカハライモリ *Cynops pyrrhogaster* の生息環境選択とその季節的変化．保全生態学研究 20（2）：119-13.

52) 斉藤憲治（2013）魚は陸地で増える―その再評価．海洋と生物 35（3）：197-201.

53) Watanabe K, Koji S, Hidaka K, Nakamura K（2013）Abundance, diversity, and seasonal population dynamics of aquatic Coleoptera and Heteroptera in rice fields : effects of direct seeding management. Environmental entomology 42（5）：841-850.

54) 中西康介・田和康太（2016）水田の冬期湛水農法が水生昆虫類およびカエル類にあたえる影響．農業および園芸 91（1）：105-111.

55) 茂木万理菜・守山拓弥・中島直久（2023）トウキョウダルマガエルの越冬場の選択性―複数地区及び同一圃場内における越冬環境の比較．農業農村工学会論文集 91（1）：I_1-I_10.

56) 楠本良延・大黒俊哉・井手任（2005）休耕・耕作放棄水田の植物群落タイプと管理履歴の関係―茨城県南部桜川・小貝川流域を事例にして．農村計画学会誌 24：S7-S12.

57) Fujioka M, Armacost JW, Yoshida H, Maeda T（2001）Value of fallow farmlands as summer habitats for waterbirds in a Japanese rural area. Ecological Research 16（3）：555-567.

58) 柿野亘・林大介（2009）休耕した谷津田におけるシマドジョウの稚魚の分布．伊豆沼・内沼研究報告 3：73-80.

59) 池上佑里・西廣淳・鷲谷いづみ（2011）茨城県北浦流域における谷津奥部の水田耕作放棄地の植生．保全生態学研究 16（1）：1-15.

60) 斎藤達也・小林誠・谷友和（2018）中山間地域における耕作放棄水田の群落構造．上越教育大学研究紀要 37（2）：557-564.

61) 後藤直人・伊藤明・大庭伸也（2011）広島県尾道市御調町の中山間地谷津田地域におけるトノサマガエル *Rana nigromaculata* の生息場所利用．環動昆 22（3）：129-138.

62) 西原昇吾・苅部治紀・鷲谷いづみ（2006）水田に生息するゲンゴロウ類の現状と保全．保全生態学研究 11（2）：143-157.

63) 上田哲行・木下栄一郎・石原一彦（2004）丘陵湿地に生息するハッチョウトンボの場所利用と生息場所の保全について．保全生態学研究 9（1）：25-36.

64) 吉尾政信・加藤倫之・宮下直（2009）水田環境におけるバッタ目昆虫の分布と個体数を決定する環境要因―佐渡島におけるトキの採餌環境の管理にむけて．応用生態工学 12（2）：99-107.

65) Baba YG, Tanaka K, Kusumoto Y（2019）Changes in spider diversity and community structure along abandonment and vegetation succession in rice paddy ecosystems. Ecological Engineering 127：235-244.

66) 稲垣栄洋・大石智広・松野和夫・高橋智紀・伴野正志（2008）静岡県菊川流域における植生の異なる休耕田にみられる動植物．日本緑化工学会誌 34（1）：269-272.

67) Yamazaki K, Sugiura S, Kawamura K（2003）Ground beetles（Coleoptera : Carabidae）and other insect predators overwintering in arable and fallow fields in central Japan. Applied entomology and zoology 38（4）：449-459.

68) 上田哲行（1998）ため池のトンボ群集．水辺環境の保全—生物群集の視点から（江崎保男・田中哲夫編），pp.17-33，朝倉書店，東京．

69) 竹内健悟・吉田裕一（2006）ため池の水位変動とカイツブリ，カンムリカイツブリの生息．山階鳥類学雑誌 37（2）：153-158．

70) Deguchi S, Katayama N, Tomioka Y, Miguchi H（2020）Ponds support higher bird diversity than rice paddies in a hilly agricultural area in Japan. Biodiversity and Conservation 29（11）：3265-3285.

71) 谷口真理・佐藤由佳・角道弘文（2021）ため池及びその周辺における日本固有種ニホンイシガメの生息に影響を及ぼす環境要因の推定．農業農村工学会論文集 89（1）：I_19-I_27．

72) 山本康仁・角田裕志・滝口晃（2012）ため池におけるアカハライモリの生息環境利用．爬虫両棲類学会報 2012（2）：125-130．

73) 島田知彦・坂ախあい（2014）知多半島におけるツチガエルの生息地の一例．豊橋市自然史博物館研報 24：33-35．

74) 山田勝（2015）岡山県南部におけるモリアオガエル（カエル目アオガエル科）の産卵場所について．岡山県自然保護センター研究報告 22：17-23．

75) 赤田仁典・淀太我（2006）カワバタモロコ Hemigrammocypris rasborella における外部形態の水域間変異．魚類学雑誌 53（2）：175-179．

76) 山下真里奈・金地葵生・川田正明（2020）農業用灌漑池を活用したニッポンバラタナゴの保全．香川生物 47：13-19．

77) 高崎安郎（1994）トンボ．身近な水辺—ため池の自然学入門（ため池の自然談話会編），pp.62-73，合同出版，東京．

78) 渡辺守（2015）トンボの生態学．東京大学出版会，東京，260p．

79) Nakanishi K, Nishida T, Kon M, Sawada H（2014）Effects of environmental factors on the species composition of aquatic insects in irrigation ponds. Entomological Science 17（2）：251-261.

80) 松岡敬二（2001）ため池の淡水貝類．ため池の自然 34：9-11．

81) 嶺田拓也・石田憲治（2006）希少な沈水植物の保全における小規模なため池の役割．ランドスケープ研究 69（5）：577-580．

82) Nishihara S, Shiga T, Nishihiro J（2023）The discovery of a new locality for *Aldrovanda vesiculosa*（Droseraceae），a critically endangered free-floating plant in Japan. Journal of Asia-Pacific Biodiversity 16（2）：227-233.

83) 柿野亘（2009）谷津田の小川に生息する淡水魚とその保全．春の小川の淡水魚—その生息場と保全（水谷正一・森淳編），pp.63-90，学報社，東京．

84) 竹内将俊・岡野紹・関口周一・飯嶋一浩（2008）神奈川県秦野市内の一部谷戸水域におけるアカハライモリの生息数．神奈川自然誌資料 29：91-93．

85) Hirano Y, Kobayashi M, Hashimoto Y, Kato H, Nishihiro J（2023）Effect of local - and landscape-scale factors on the distribution of the spring-dependent species *Geothelphusa dehaani* and larval *Anotogaster sieboldii*. Ecological Research 38（1）：146-153.

86）松井明・佐藤政良（2006）水田小排水路における水路構造が水生生物に及ぼす影響. 応用生態工学 9（2）：191-201.

87）皆川明子・西田一也・藤井千晴・千賀裕太郎（2006）用排兼用型水路と接続する未整備水田の構造と水管理が魚類の生息に与える影響について. 農業土木学会論文集 244：467-474.

88）片野修・細谷和海・井口恵一朗・青沼佳方（2001）千曲川流域の3タイプの水田間での魚類相の比較. 魚類学雑誌 48（1）：19-25.

89）Negishi JN, Tamaoki H, Watanabe N, Nagayama S, Kume M, Kayaba Y, Kawase M（2014）Imperiled freshwater mussels in drainage channels associated with rare agricultural landscape and diverse fish communities. Limnology 15（3）：237-247.

90）石田真也・高野瀬洋一郎・紙谷智彦（2014）新潟県越後平野の水田地帯に出現する水湿生植物—土地利用タイプ間における種数と種組成の相違. 保全生態学研究 19（2）：119-138.

91）鈴木晴美・吉川正人・星野義延（2014）多摩川扇状地の農業水路における水生植物の分布. 植生学会誌 31（1）：95-103.

92）松井正文・前田憲男（2018）日本産カエル大鑑, 文一総合出版, 東京, 272p.

93）吉村友里・千家正照・伊藤健吾（2008）圃場整備された水田畦畔におけるヌマガエル *Fejervarya limnocharis* の越冬. 爬虫両棲類学会報 2008（1）：15-19.

94）松村俊和・内田圭・澤田佳宏（2014）水田畦畔に成立する半自然草原植生の生物多様性の現状と保全. 植生学会誌 31（2）：193-218.

95）国立研究開発法人農業・食品産業技術総合研究機構農業環境変動研究センター（2020）鳥類に優しい水田がわかる生物多様性の調査・評価マニュアル（第2刷）. 国立研究開発法人農業・食品産業技術総合研究機構農業環境変動研究センター, 茨城, 96p.

96）神宮字寛・露崎浩（2007）コガムシ *Hydrophilus affinis* Sharp の卵のう形成における水田内および畦畔雑草の利用. 雑草研究 53（2）：55-62.

97）門脇正史（1992）水田地帯に同所的に生息するシマヘビ *Elaphe quadrivirgata* とヤマカガシ *Rhabdophis tigrinus* の食物重複度. 日本生態学会誌 42（1）：1-7.

98）渡辺黎也・日下石碧・横井智之（2019）水田内の環境と周辺の景観が水生昆虫群集（コウチュウ目・カメムシ目）に与える影響. 保全生態学研究 24（1）：49-60.

99）Matsushima N, Hasegawa M, Nishihiro J（2022）Effects of landscape heterogeneity at multiple spatial scales on paddy field-breeding frogs in a large alluvial plain in Japan. Wetlands 42（8）：106.

100）Kidera N, Kadoya T, Yamano H, Takamura N, Ogano D, Wakabayashi T, Masato T, Hasegawa M（2018）Hydrological effects of paddy improvement and abandonment on amphibian populations; long-term trends of the Japanese brown frog, *Rana japonica*. Biological conservation 219：96-104.

101）片野準也・大澤啓志・勝野武彦（2001）ニホンアカガエルの非繁殖期における谷戸空間の利用特性. 農村計画学会誌 20：127-132.

102）佐藤井岐雄（1943）日本産有尾類総説. 第一書房, 東京, 539p.

103）小林平一（1948）姫路附近に於けるアマサギ及びタマシギの蕃殖. 鳥 12（57）：67-69.

●第２章●生物の生息場としての水田

104) 小丸奏・森部絢嗣・伊藤健吾・乃田啓吾（2023）農事暦の違いがケリの営巣に与える影響．農業農村工学会論文集 91（2）：I_129-I_135.

コラム4 霞ケ浦周辺のハス田：多様な鳥類が利用する通年湛水田

「水田」や「田んぼ」というと水稲田「イネ田」を指す場合が多いが，米のほかにも，水を湛えた田で栽培される作物がある。その一例が，レンコンである。レンコンはハス（Nelumbo nucifera）の地下茎のうち肥大した可食部位で，脇役ではあるが惣菜に欠かせない野菜，また，先を見通せる縁起物として一定の需要のある作物だ。インドや中国が原産とされ，日本にも古代からハスが見られ観賞用と食用（薬用）を兼ねていたが，栽培は中国から優れた食用ハスの品種が導入された明治以降に広まった。水を必要とし高温多日照を好むハスの特性から，レンコンを栽培する「ハス田」は暖温地の低湿地帯に局在しており，主な産地は茨城県，佐賀県，徳島県，愛知県，山口県などとなっている[1]。

ここでは，全国一のレンコン産地である茨城県のハス田を紹介する。同県南部の霞ケ浦周辺では，湖岸の沖積低地を中心に水はけの悪い土質を生かしたレンコン栽培が盛んで，2021年産の作付面積は1,710ha，全国の出荷量の51%を生産する[2]。大半が露地栽培で，4〜5月ごろの種レンコンの定植後，地下茎はハス田の泥中で分岐しながら放射状に伸び広がって生長し，8月ごろにかけてレンコンが肥大する（図1）。秋，

図1　霞ケ浦周辺のハス田におけるレンコンの生育過程の模式図

●第2章●生物の生息場としての水田

気温が下がると葉が枯れ地下茎の伸長が止まり，休眠期となったレンコンは泥中でいわば貯蔵状態となる。そのため，収穫期は8月ごろから，年末の出荷最盛期をピークに翌年3月ごろまで長期間にわたる[3]。収穫は，井戸や用水路から機械で水をくみ上げ，ポンプの水圧でレンコンの周りの泥を落とす「水掘り」で行われ，通年で浅く水を湛えているのが特徴である。

　このハス田地帯では多くの野鳥が観察されており，特に春と秋の渡りの時期には，「シギ・チドリ類を見たいなら霞ケ浦周辺のハス田へ」と県内外からバードウォッチャーが集まる探鳥地でもある。筆者（益子）が日本野鳥の会茨城県との共同研究により霞ケ浦周辺45か所で毎月1回のルートセンサス（ハス田主体37ルート，比較対象としてイネ田主体8ルート）を1年間行ったところ，ハス田ではイネ田と比べて年間を通じて鳥類相が多様で，シギ・チドリ類に加えてサギ類，クイナ類といった湿地性の鳥類が多く見られた[4]。両水田の違いは当然ながら秋から冬に顕著となり，乾田となるイネ田では一部の陸性鳥類（ムクドリ *Spodiopsar cineraceus*，タヒバリ *Anthus rubescens* など）が優占したのに対し，湛水状態のハス田では特定の種に偏ることなく，湿地性の鳥類や，カモ類などの水鳥も見られた[4]。

　こうしたハス田の鳥類の多様さは，レンコンの栽培特性に支えられているかもしれない。レンコンは半年以上かけて，圃場ごとに少しずつ収穫が進んでいくため，秋から冬のハス田地帯には収穫前・後の圃場が混在する（図2）。収穫前の圃場では，昆虫などを食べるモズ（*Lanius bucephalus*）や草の種子を食べるカワラヒワ（*Chloris sinica*）といった陸性の小鳥類が，地上部に残った草やハスの枯れ茎の間を行き来している。収穫後の圃場では水面が開け，水深の浅い場所ではユスリカの幼虫などを食べるシギ・チドリ類が（図3），水深のやや深い場所では魚類や甲殻類などを食べるサギ類が歩き回っている。湛水と施肥によってプランクトンや水生生物など餌資源が豊富となることに加えて，圃場単位での収穫時期のずれによってモザイク状の景観が生まれ，ハス田地帯が様々な鳥類の生息場となっていることがうかがえる。

コラム

図2　冬のハス田地帯の遠景。収穫前の圃場（田面に枯れ茎が立っており，褐色に見える）と，収穫後の圃場（水面が開けている）が混在している。地区によっては休耕田（ヨシなどが生え，淡い褐色に見える。矢印）も混じる。奥は霞ケ浦。茨城県土浦市沖宿町にて2023年2月12日に撮影

図3　収穫後のハス田圃場で採食するシギ・チドリ類（ハマシギ，セイタカシギ，コチドリ）の群れ。水深が浅く，一部で泥が露出した場所は，まるで干潟のようになり，シギ・チドリ類が好んで利用する。奥は収穫前の圃場。茨城県土浦市木田余にて2023年2月4日に撮影

　内陸淡水域の湿田・湿地が全国で減少するなか，レンコン栽培によって通年で半自然湿地の状態に維持されている霞ケ浦周辺のハス田は，こうした環境を好む湿地性の鳥類にとって特に重要であると考えられる。一方で，このハス田地帯では，鳥類による全国の農作物被害額の約1割を占める年間約2.9億円のレンコン被害が報告されている[5),6)]。その食害を引き起こしているのはカモ類やバン類のうち一部の種と見られるが[7)]，対策としてハス田に設置されている防鳥網では，食害を及ぼさ

59

●第2章●生物の生息場としての水田

ない種を含む多数の野鳥が絡まって死ぬ事故が後を絶たない。今後，農業被害の軽減と鳥類の生息環境の保全を両立し，多様な水辺の生物が息づくハス田を地域の魅力向上につなげていくことが期待される。

《参考・引用文献》

1）沢田英司（2010）（新特産シリーズ）レンコン—栽培から加工・販売まで. 農山漁村文化協会，東京，171p.

2）政府統計の総合窓口（e-Stat）統計で見る日本. 総務省ホームページ（https：//www.e-stat.go.jp/dbview?sid=0002006946）[参照 2023-11-22].

3）茨城県農業総合センター（2005）レンコン高品質安定生産のための栽培マニュアル. 茨城県農業総合サンター，水戸.

4）益子美由希・飯田直己・内田初江・山口恭弘（2022）一蓮托生—霞ケ浦周辺のハス田の鳥類1年間の記録. 日本生態学会第69回全国大会講演要旨P2-224（https：//esj.ne.jp/meeting/abst/69/P2-224.html）[参照 2024-03-01].

5）農林水産省（2022）全国の野生鳥獣による農作物被害状況について（令和3年度）. 農村振興局農村政策部鳥獣対策・農村環境課（https：//www.maff.go.jp/j/seisan/tyozyu/higai/h_zyokyo2/r3_higai.html）[参照 2023-11-22].

6）茨城県（2022）野生鳥獣による農作物被害対策に関するお知らせ. 茨城県農林水産部農村計画課（https：//www.pref.ibaraki.jp/nourinsuisan/nokan/katsei/choju.html）[参照 2023-11-22].

7）益子美由希・山口恭弘・吉田保志子（2022）泥中のレンコンはカモ類等の食害を受ける—実地試験による確認. 日本鳥学会誌 71（2）：153-169.

コラム5 水田水域を季節的に使い分ける真の水生昆虫たち

　真の水生昆虫（＝真水生種）とは幼虫期・成虫期ともに水生のグループで，国内ではカメムシ目のコオイムシ科，ミズムシ科，アメンボ科などの13科約125種が，コウチュウ目のゲンゴロウ科，ガムシ科，ヒメドロムシ科などの13科約390種が挙げられる[1,2]。真水生種のハビタットは止水から流水，濡れた岩盤から海まであらゆる水域に及ぶが，日本産種では全体の約3割にあたる105種が水田域を主要なハビタットにしていると考えられている[1,3]。水田域は一般的に中干し時や冬

季には完全に水がなくなることが多い。それでは，生涯を水域で暮らす真水生の昆虫類はどのように水田域を利用しているのだろうか。

日本の水田域における真水生昆虫類の動態については，西城[4]による研究が先駆的なものである。この研究では水田とため池が隣接する地域において春季から秋季にかけて成虫と幼虫の生息状況を調べ，各種の移動生態の特徴が類型A〜Dの4タイプに整理できることを報告している。このうち類型Aは周年ため池のみを利用する種（ヒメマルミズムシ *Paraplea indistinguenda*），類型Bは主にため池に生息するが繁殖期のみ水田を利用する種（クロゲンゴロウ *Cybister brevis*, ガムシ *Hydrophilus acuminatus*, マツモムシ *Notonecta triguttata*, ミズカマキリ *Ranatra chinensis* など），類型Cは水田とため池の両方に生息し繁殖場所として水田を利用する種（クロズマメゲンゴロウ *Agabus conspicuus*, オオコオイムシ *Appasus major* など），類型Dは主に水田に生息し繁殖場所としても水田を利用する種（タイコウチ *Laccotrephes japonensis*, コミズムシ属 *Sigara* spp.）としている（図1）。さらに，水田を繁殖場とする種では，水田から水がなくなる中干し時にその多くがため池に移動することを示している。同様の研究として渡部[5]は，明渠（＝中干し時も水のある溝）を伴う水田と，明渠を伴わない水田において5〜8月にかけて調査を行い，明渠と水田間で種組成が異なること，

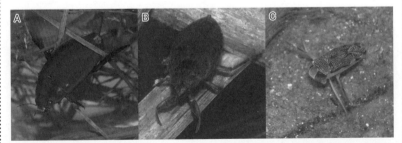

図1 水田を利用する水生昆虫。(A) 主にため池に生息し繁殖期のみ水田を利用する種（クロゲンゴロウ），(B) 水田とため池の両方に生息し繁殖場所として水田を利用する種（オオコオイムシ），(C) 主に水田に生息し繁殖場所としても水田を利用する種（エサキコミズムシ）。

明渠を伴う水田で種数が豊富であること，中干し後には明渠で個体数が
増加したことを報告している。これらの研究から，水田はおよそ5〜7
月の間に多くの真水生昆虫の重要な繁殖場として機能しており，水田か
ら水がなくなる8月以降は水がある環境に飛翔して移動している種が
多いことが明らかである。

　このようにあえて水生昆虫類が季節により水田とため池・明渠を行き
来している理由は何故であろうか。水田のように冬季に干出し春季以降
に水没するような水域を「一時的水域」というが，こうした環境は水が
入った初期の5〜6月にかけて非常に多くの微生物が発生することが知
られている [6]。これは幼虫が成長するうえで，餌が豊富にあることを意
味している。一方でこうした環境は秋から冬にかけて水がなくなってし
まうことが必然となってしまうが，この点を，水のある場所（＝恒久的
水域）に飛翔して移動するという能力によりカバーしているわけである。
しかし，恒久的水域があまり遠くでは移動しきれないという問題が生じ
るだろう。この点について渡辺ら [7] は水田の周囲2〜3km圏内に避難
場所となる水域が必要であることを報告している。

　以上のように，水田域は日本産の真水生の昆虫類の約3割が利用す
る重要な水域であるが，水田だけがあれば良いというわけではないこと
に注意する必要がある。水田が真水生の昆虫類にとって重要な環境であ
るためには，一時的水域である「水田」と恒久的水域である「ため池・
水田脇の溝・明渠（堀り上げ，いで，江などと呼ばれる）」が隣接して
存在することが必要不可欠なのである。

　真水生の昆虫類の生活史の詳細については不明な点も多く残っている。
また，水田と一口に言っても，その水が豊富にある時期・期間は多様で
ある。水田は疑似的な氾濫原湿地として，二次的自然環境として，生物
多様性保全上重要な環境である。同時に農地は農産物を生産する場とし
て産業上重要な場所である。農地である水田において，農業と生物多様
性保全を適切に両立していく方針を組み立てていくうえで，今後も真水
生の昆虫類を対象とした生態学的知見の蓄積が必要である。

コラム

《参考・引用文献》
1) 中島淳・林成多・石田和男・北野忠・吉富博之（2020）（ネイチャーガイド）日本の水生昆虫. 文一総合出版, 東京, 352p.
2) 中島淳（2023）日本産真正水生昆虫リスト. (http：//kuromushiya.com/mlist/mlist.html) [参照 2023-12-28]
3) Hayashi M, Nakajima J, Ishida K, Kitano T, Yoshitomi H（2020）Species diversity of aquatic Hemiptera and Coleoptera in Japan. Japanese Journal of Systematic Entomology 26（2）：191-200.
4) 西城洋（2001）島根県の水田と溜め池における水生昆虫の季節的消長と移動. 日本生態学会誌 51（1）：1-11.
5) 渡部晃平（2016）愛媛県南西部の水田における明渠と本田間の水生昆虫（コウチュウ目・カメムシ目）の分布. 保全生態学研究 21（2）：227-235.
6) 山元憲一（1987）水田におけるプランクトンの消長. 水産増殖 34（4）：261-268.
7) 渡辺黎也・日下石碧・横井智之（2019）水田内の環境と周辺の景観が水生昆虫群集（コウチュウ目・カメムシ目）に与える影響. 保全生態学研究 24(1)：49-60.

コラム6 田んぼのカエルに迫る危機

　カエル類は水田やその周辺で見られる代表的な生物群の1つであり，愛嬌のある姿やよく響く鳴き声から，私たちにとって馴染み深い存在である。在来種のうち，本州・四国・九州で水田や水路，ため池などを繁殖や生息に利用するのは13種・亜種（以下,「種」とする）である（表1）。このうち，2022年に新たに記載されたムカシツチガエル以外は，環境省や都道府県版のレッドデータブック（レッドリストを含む）に掲載され，絶滅が危惧されている。ナゴヤダルマガエルは滋賀県・京都府・奈良県・広島県・愛媛県の希少野生動植物保護にかかる条例（府県によって名称は異なる）で指定され，生体の捕獲などが禁止されている。ニホンアマガエルは圃場整備後の水田でもよく見かけ，ヌマガエルは分布を拡大していて関東以北において国内移入種として注目されるが，前者は東京都，後者は滋賀県および京都府のレッドデータブックに掲載されている。

　農村地域におけるカエル類の減少には,「生物多様性の4つの危機」と

63

●第２章●生物の生息場としての水田

表1　本州・四国・九州の水田周辺で見られるカエル類

	環境省 レッドリスト 2020	都道府県版 レッドデータ ブックでの 掲載数*
アズマヒキガエル *Bufo formosus*		14
ニホンヒキガエル *B. japonicus*		21
ニホンアマガエル *Dryophytes japonicus*		1
ニホンアカガエル *Rana japonica*		26
ヤマアカガエル *R. ornativentris*		16
ツチガエル *Glandirana rugosa*		18
ムカシツチガエル *G. reliquia*		0
トウキョウダルマガエル *Pelophylax porosus porosus*	準絶滅危惧	11
ナゴヤダルマガエル *P. p. brevipodus*	絶滅危惧 IB 類	15
トノサマガエル *P. nigromaculatus*	準絶滅危惧	29
ヌマガエル *Fejervarya kawamurai*		2
シュレーゲルアオガエル *Zhangixalus schlegelii*		13
モリアオガエル *Z. arboreus*		20

＊レッドリストを含む。2022 年 10 月調べ

される開発などによる生息場の減少（第１の危機），農地や里山の管理不足による生息場の劣化（第２の危機），外来生物の侵入（第３の危機），気候変動（第４の危機）などの様々な要因が複合的に関わる。加えて，カエル類は圃場整備の影響を受けやすいと考えられている。その理由として，

① 　表土を剥ぎ取ったり，整備前にあった土水路を埋めたりする際に個体が死亡する

② 　コンクリート水路に落ちた個体が脱出できず，繁殖場となる水田と生息場となる樹林地や草地などとの間を移動できなくなる

③ 　区画整理や畦畔のコンクリート化により畦畔面積が減少，あるいは畦畔の質が変化し，カエル類の隠れ場・採食場・休息場・越冬場や，畦畔の土中に産卵するシュレーゲルアオガエルの産卵場として適さなくなる

④ 乾田化により水たまりができにくくなり，早春に繁殖するアカガエル類・ヒキガエル類の産卵場や，幼生で冬を越すツチガエルの越冬場として適さなくなる

などが考えられている。ただし，圃場整備では圃場や水路，農道などの工事が一体的に行われるため，それぞれの影響の大小を厳密に評価することはできないだろう。水田周辺の構造的な変化だけではなく，営農管理と関連して，麦や大豆などへの転作によって繁殖可能な水域がなくなることや，土に潜って越冬している個体が耕耘によって負傷することも，カエル類の減少要因と考えられる。

これからの農村では，担い手への農地集積や農作業の負担軽減，営農形態の変化に対応するため，圃場の大区画化やスマート農業技術の導入，末端用排水路の管水路（パイプライン）化，農作業・水管理スケジュールの変化などが進むと予想されている。このような農村の変化は，農業生産を持続的なものとし，二次的自然である水田や水路を維持するうえで必要だろうが，カエル類も含めた生物の生息場は量的・質的に変化する可能性がある。将来的に水田や水路で導入される技術が生物に与える正・負の影響を明らかにし，負の影響がある場合には緩和策を検討することが，これからの生物生息場の保全に向けた重要な課題である。

なお，本コラムは渡部ら（2021）[1] を抜粋し，部分的に加筆・修正したものである。詳細な内容や取り上げなかった保全策，引用文献は渡部ら（2021）[1] を参照していただきたい。また，ナゴヤダルマガエルおよびトウキョウダルマガエルの現状や保全活動の詳細は，守山ら（2022）[2] を参照していただきたい。

《参考・引用文献》
1）渡部恵司・中島直久・小出水規行（2021）水田域の圃場整備におけるカエル類の生息場の保全．応用生態工学 24（1）：95-110.
2）守山拓弥・中田和義・渡部恵司編（2022）ダルマガエル─生態を知って農業で守る．農山漁村文化協会，東京，212p.

●第2章●生物の生息場としての水田

コラム7 魚類にとっての水田水域における「階層性」の重要さ

　1980年代後半から魚類の繁殖・成育の場として水田水域が注目されるようになり，農業用の排水路あるいは排水河川から水田までをネットワークでつなぐ試みがなされるようになった。近年では，農業用の排水路で確認される魚種数は受益面積に依存し[1]，かつ河川との合流点に落差がある場合とない場合とでは確認される魚種数に大きな差があることが示されている[1,2]。

　水田魚道の設置や水路内の落差工の解消により，フナ属（*Carassius* spp.），ドジョウ（*Misgurnus anguillicaudatus*），メダカ属（*Oryzias* spp.），ナマズ（*Silurus asotus*），ギバチ（*Tachysurus tokiensis*）など一部の淡水魚については，排水路から水田に遡上したり，接続された排水路の環境そのものを使ったりして再生産し，農業農村整備後も個体群の消失を免れた地域がある。その一方で，キンブナ（*Carassius buergeri* subsp. 2），ヒナモロコ（*Aphyocypris chinensis*），ヒガシシマドジョウ（*Cobitis* sp. BIWAE type C），コガタスジシマドジョウ類については，伝統的な水田水域での繁殖が確認もしくは推定されていながら，近代的な整備が完了した水田水域では繁殖の報告がなかった[3]。こうした希少種が生き残っている（た）環境は，水田と水路の落差が小さく，水域間の移動が容易で，水田も水路も同じように土で構成されていて水域の境界が曖昧な場合が多く見られる。

　近代的な農業農村整備が行われる以前の伝統的な水田水域が持つ特徴の一つに，水域の階層数の多さが挙げられる。階層性と水域ネットワークの複雑さ，水環境の多様さは互いに関連し合っている。河川次数の考え方を援用すると，用水路・排水路ともに，河川に直結する幹線水路と，水田に直結する小水路の間に支線水路が存在し，この支線水路の分岐数が階層の多寡を決める。階層数が多いことは，水路間の落差が細かく分割されるため，平均落差が小さくなることを意味する。したがって，水尻から水田，水口から水路への遡上が容易であることが推察される。ま

た，階層数が多い水田水域は近代的圃場整備事業が行われていない伝統的水田水域であることが多いため，小水路が土水路であることも多い。このことは，底質，植生が存在し，流速が多様で水路自体が魚類の繁殖場・成育場となりうることを示唆する。水路の方向も一定ではなく，水路網が複雑である。

図1に，多くの階層から成る水域のイメージを示した。これを上から見た模式図が図2であり，図1は水路④と小排水路の接続部を下流側から見たものである。この水田水域を一般的な方法で整備した場合のイメージが図3である。整備前の図1，2の範囲には水路①〜⑤，そして小排水路が存在している。小排水路のみが排水路で，ほかの5つは

図1 階層数の多い水田水域

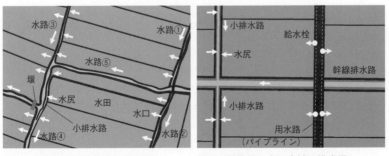

図2 整備前の水田水域の模式図　　図3 整備後の水田水域の模式図

●第2章●生物の生息場としての水田

用排兼用水路である。堰が入っていないときは，水路④に水が流れない。用排兼用水路における適用には困難があるものの，河川次数のように水路の位数を考えた場合[4]，水田に直結する水路を1とすると，中央の用排兼用水路（水路⑤）までの位数は少なくとも3あると考えられる。図3の整備後のイメージでは，魚類が利用可能な開水路は小排水路と幹線排水路のみとなり，位数は2となる。このように，整備後は階層数が減少し，シンプルな水域構造になる。

　また，整備後は排水性能を強化するため，一般に排水路は深くなる。地形条件によっては小排水路と幹線排水路の間に落差が生じる。維持管理の省力化等のため小水路までコンクリートで護岸される場合が多く，水路環境が単調になり，底面にもコンクリートが施工された場合には，底質環境も乏しくなる。こうした農業農村整備による変化が，氾濫原らしい水域環境を変容させ，氾濫原的な環境に依存した魚類の繁殖・成育を困難にしていると考えられる。しかし，階層数の多寡と魚類の生息との直接的な関係を示した研究はなく，今後の整備における適切な環境配慮を実施するためにも，階層の異なる水路環境の特徴（例えば流速，水深，水温，通水期間，底質，植生，他水域との水位差など）と魚類の生息における意味を明らかにすることが急務となっている。

《参考・引用文献》
1）米倉竜次（2018）農業排水路を魚類の移動／生息空間として再生させるための空間生態学的評価（県単）種数面積曲線による水域連続性再生事業の適地選定. 平成28年度岐阜県水産研究所業務報告：20-21.
2）米倉竜次・後藤功一・太田雅賀（2017）排水路における落差工の有無が魚類群集の種多様性に与える影響：希薄化曲線を用いた種多様性の推定. 岐阜県水産研究所研究報告 62：19-25.
3）皆川明子（2021）伝統的な水田水域と整備済みの水田水域における魚類の繁殖と保全. 応用生態工学 24（1）：111-126.
4）樽屋啓之・藤山宗・中田達・浪平篤（2015）水路の階層に基づく用水路ネットワークの機能評価手法に関する研究. 土木学会論文集B1（水工学）71（4）：Ⅰ_1333-Ⅰ_1338.

第3章
変化する水田環境

3.1　水田環境の社会的変遷

　「水田」とは，湛水設備（畦畔など）と用水を供給する設備（用水路など）を有し，湛水を必要とする作物を栽培する耕地である。湛水を必要とする作物には水稲をはじめ，レンコン，イグサ，ワサビ，クワイなどがある。ここでは，第1章で定義したように水田で最も多く栽培される水稲を事例にして，水田の歴史を振り返ってみよう。

3.1.1　稲作黎明期から古墳時代ごろまでの水田

　わが国における稲の栽培は，縄文時代の遺跡から発見されたイネのプラント・オパール（植物の根から吸収されたケイ酸が細胞壁に蓄積し形成されたガラス質の細胞体で種ごとに特異的）から縄文時代前期の6,400年ほど前まで遡ることができる[1]。稲の痕跡とともに，畦畔や水路など灌漑設備が整った最古の水田としては，佐賀県唐津市の菜畑遺跡から弥生時代早期（縄文時代晩期後半とも区分される）の紀元前930年ごろの水田遺構が発掘されている[2]。水田遺構は海岸砂丘の背後に成立した低湿地の奥まった一段高い標高2mほどの丘陵裾で見つかっており，小水路の両側に畦畔で仕切られた18㎡以上のものと89㎡以上のものを含む4区画分が確認された。菜畑遺跡をはじめとして，九州北部から中四国地方，大阪湾沿岸部にかけて，板付遺跡（福岡市）や津島遺跡（岡山市），牟礼遺跡（茨木市）など水田や井堰などの痕跡が残る縄文時代晩期の水田遺跡が発見されている。この時代の水田遺構はいずれも扇状地や氾濫原など沖積平野の主に地下水位の高い微凹地の低湿地

69

● 第 3 章 ● 変化する水田環境

に築かれ，当初の水田は利水しやすい平坦地を中心に展開されたと考えてよいだろう[3]。

弥生時代中期・後期（紀元前 3 世紀以降）に入ると，登呂遺跡（静岡市）をはじめ，各遺跡からは多くの水田遺構が発掘されている[4]。この時代になると，東北地方にも水田が拡がり，垂柳遺跡（青森県田舎館村）からは整然とした畦に囲まれた 650 以上の水田区画が発見されている（図 3.1）。このころ弥生初期（紀元前 3 世紀ごろ）の水田面積は 68 万 ha ほどと推算され

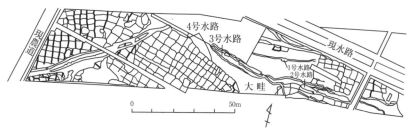

図 3.1　垂柳遺跡の水田跡（東区）（工楽・遠藤（1983）[14]を改変）

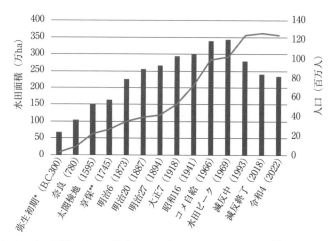

図 3.2　日本の水田面積と人口の推移。1941 年までは，安藤（1959）[16]，菊地（1977）[10]を参照，1969 年以降は農林水産省の作物統計調査を参照
　　　＊　弥生初期の水田面積は奈良時代からの推定値（年増加率で逆算）
　　　＊＊ 1745 年は正しくは延享 2 年であるが文献の記載を優先

ている（**図 3.2**）。各地の弥生時代の水田遺構からは稲籾や土器，農具のほかに，水を蓄えるための堰や水路も発掘され，この時代には水田に引水するための灌漑技術も展開していたことがうかがえる[2),5)]。しかし，多くの水田区画は数 m^2 ～数十 m^2 ほどの小面積であり，大区画の水田に安定して水を湛える高度な灌漑技術は発展していなかった。また水田遺構に残された稲株の痕跡から，弥生時代には直播栽培から苗代などで育苗した水稲苗を規則正しく移植する「田植え」も始まったとされる[6)]。

　3 世紀中ごろから始まる古墳時代には，ヤマト王権が権力を把握し，中央集権的な律令制国家が誕生し，各地で水田開発は勢いづいたと考えられ，小区画の水田が集合し，数 ha にも及ぶ水田群が形成された。古墳時代には，中国大陸から様々な文物が渡来し，家畜化された馬もこのころ，導入されたとされる。農耕馬（役畜）の登場によって，稲作の労働生産性は飛躍的に伸びたと考えられ，数百 m^2 にもわたる大型の水田区画も登場した。

　4～6 世紀の古墳時代には，沖積平野や盆地など平野全般に水田が拡がり[7)]，奈良時代には水田面積は 105 万 ha ほどまで拡大し（**図 3.2**），ため池などの灌漑施設も各地で造成されるようになった（**表 3.1**）。

表 3.1　わが国における水田基盤の変遷

時　代	主な水田開発・整備の対象	特　徴
縄文・弥生	川沿いや谷あい地の微凹地の低湿地	地下水位の高い湿田・半湿田
古墳（4～6 世紀）	山麓緩斜面	表面水型土壌の乾田・中干しの導入
古代（7～12 世紀）	沖積平野，盆地，扇状地など平野全般	組織的にため池など灌漑施設を造成，区画化・乾田化の進行
中世（13～16 世紀）	中小河川の氾濫原や谷津・谷戸部	広域での治水・利水による灌漑体系の強化
近世（17～19 世紀）	大河川の氾濫原・三角州・干潟山麓乾性地	未利用低地の乾田化と乾性地における棚田の展開
近代～（20 世紀～）	旧区画の水田，汽水性立地，東北以北の原野などの未利用地	用排分離など排水機能の強化，圃場の整形および大区画化

出典：日鷹・嶺田・大澤（2008）[15)] に基づく。

●第3章●変化する水田環境

3.1.2 中世以降の新田開発

13〜16世紀ごろにかけては，中小河川の氾濫原や谷津・谷戸部といった谷底地も水田開発の対象となり，また治水・利水による灌漑体系の強化がなされた[8]。13世紀鎌倉時代ごろより，稲刈り後に麦を播種し，翌春の田植え前に麦を収穫する水田二毛作が乾田の多い西日本から拡がっていった。水田二毛作を行うには，田を乾かすために排水性が良いことが求められ，大規模な客土や排水路の掘削などの土木技術が発達したとされる。とくに応仁の乱（1467〜77年）以降，戦国時代にかけては土塁や築城などの技術が発達したことによって，洪積台地や大中河川の沖積地の新田開発が進み，治水技術と相まって水田面積が拡大していった[9]。豊臣秀吉が実施した太閤検地（1595年ごろ）では，全国に150万haの水田が拡がっていたことが記録されている（**図 3.2**）。

また，江戸時代以降（17〜19世紀）になると，大河川のデルタ（三角州）や河口部の干潟など未利用低地の乾田化が進行した。さらに，山麓乾性地の開墾・新田開発により，各地で山麓斜面に拡がる棚田も展開されるようになった[10]。栽培技術では牛や馬による役畜耕が各地に拡がるとともに，米麦の二毛作も普及していった。

3.1.3 明治以降の水田を取り巻く変化

明治維新により成立した新政府は，明治5年（1872年）に江戸時代には禁止されていた農地の売買を解禁し，明治6年（1873年）には地租改正を実施して地主や自作農に地券を交付することによって土地所有権を与え，土地所有者の生産意識を高める施策をとった。このことにより小農が増加するとともに，都市部と農村部の地域格差が生じるようになったが，労働力の集約化による所得向上も拡大し，農地の改良や未墾地の開発が促進された[11]。加えて近世から近代にかけての相次ぐ土木技術の革新によって，水田灌漑システムの高度化が進むとともに水田面積は増加し，東北以北の原野などの未利用地が開墾され，北海道の高緯度地帯まで新田が拡がっていった（コラム8参照）。この結果，明治6年に226万haだった全国の水田面積は明治20

年（1894年）には256万ha，明治27年（1894年）には266万haと短期間に約1.2倍に増加した（図3.2）。

個々の水田では江戸時代から行われてきた地下水調整のための暗きょ技術が水甲土管（図3.3）の発明によって全国に拡がり，湿田の乾田化が進行した。さらに馬耕や正条植え（イネの苗を同じ間隔を空けてまっすぐの列が縦横揃うような植え方）での田植えがやりやすいように不整形区画の矩形への整備，小区画の水田を一枚10a（1反）ほどに合筆する改良も盛んに行われるようになったことで，単位面積当たりの生産性が飛躍的に向上した[12]。

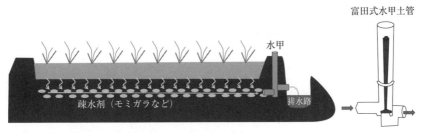

図3.3 水田排水のための暗渠の仕組みと富田式水甲土管

3.1.4 戦後の食糧増産と近代化農業

第二次世界大戦後には，食糧増産が急務となる。国は農地改革を進め，それまで大規模地主から土地を借りて耕作していた小作農に土地を分け与え，自作農家の割合は，農地改革前（1945年）に約31%だったものが，1950年に62%，1975年に84%へと急増した[13]。自分の農地となったことが生産意欲の高揚を生み，栽培技術の確立や品種改良，化学肥料，農薬の普及などとも相まって，コメの収量は終戦直後（1945～47年）の3か年平均285kg/10aから，1955～57年には369kgへと約30%増加した[13]。

一方で高度経済成長期に入ると，農村と都市の経済的格差が顕著になり，農村から都市への人の移動が加速し，1964年には出稼ぎ農民が100万人を超えるようになった。そこで国は，1969年に農地法を改正し，農業振興を

●第3章●変化する水田環境

図ることとなる。1971年には，食の欧米化に伴うコメ余り対策として，生産調整（のちの減反政策）が本格的に開始され，全国の水田面積は1969年の344.1万haをピークに減少に転じた（**図3.2**）。さらに，農業従事者が他産業従事者と均衡する所得を確保できるように，需要が見込まれる畜産や果樹，野菜等の生産の拡大や，化学肥料の多投入による生産性向上，化学合成農薬による病害虫防除体系の確立，大型機械の導入による規模拡大なども推奨されるようになる。農地の基盤整備も進み，従来は川と水路，水田が一連の水域ネットワークとして機能していた水循環についても，水田に水を引き込む用水と，水を排出する排水の分離（用排分離）が推奨され，水資源のワイズユースを目的とした循環灌漑（水の再利用）が行われるようになった。

3.1.5　国際的な変化と農村の担い手減少による耕作放棄水田の拡大

1980年代に入ると，国際化の波に乗って海外の農産物が大量に輸入されるようになり，食料自給率は50%を下回るようになる。国内外の価格差を埋めるため，国内の農業はさらなる大規模化による生産性向上を求められるようになった一方で，農村や中山間地の過疎化は深刻であり，水稲から畑作や果樹への転換や耕作放棄が加速するようになる。1993年にコメの部分的輸入が解禁されたガット・ウルグアイ・ラウンド農業合意の時点で，全国の水田面積はピーク時の約71%にあたる278.2万haまで減少している（**図3.2**）。

その後も日本の食料自給率が低下するなか，1999年には，「①食料の安定供給確保，②多面的機能の発揮，③農業の持続的な発展，④農村地域の振興」を掲げた「食料・農業・農村基本法」が制定され，農地が持つ多面的機能が政策的にも位置づけられることとなった。そして国は，2018年に正式にコメの減反政策を終了した。

3.1.6　変わる水田の意義：多面的機能への期待

2000年代に入っても，水田面積は減少し続けている。2022年時点で，1969年のピーク時に比べると約68%まで減少し，およそ150年前の明治維新後の水準に戻ったことになる（**図3.2**）。特に過疎化が深刻な地方部では，零細の高齢農家が多く，農地集約の担い手として期待される農業団体や企業

なども少ないため，平野部でも水田の耕作放棄が進んでいる。また過疎化による里山の管理不足は，野生動物と人間の境界を曖昧にし，農業被害（獣害）が深刻化し，さらに耕作放棄のきっかけを生む悪循環となっている。このため地域によっては，稲作によって生計を立てるという古代からの営みが，継続困難になっている。

他方で，地球温暖化に伴う気候変動や頻発・激甚化する集中豪雨への対応策の一つとして，田んぼダムを活用した流域治水への期待が高まっている（3.4 参照）。また，コウノトリ（*Ciconia boyciana*）やトキ（*Nipponia nippon*）の野生復帰地をはじめ，有機農法や減農薬・減化学肥料による環境保全型農業の取り組みによる生物多様性保全とコメなどの農産物のブランド化の両立を目指す地域が増えてきている。さらに全国各地で，水田を活用した「田んぼの学校」などの環境教育や食育，農業と障害者福祉の連携（農福連携）などの取り組みも広がっている。稲作と結びついた祭りは全国に数多くあり，例えば世界農業遺産 GIHAS に認定されている石川県能登半島では，稲作を守る"田の神様"を祀り，感謝を捧げる農耕儀礼「あえのこと」が残り，地域の伝統文化を色濃く受け継いでいる。このように水田での稲作は，食糧生産にとどまらない多面的な機能を備えている。農林水産省でも，2014 年に「多面的機能支払交付金」による農業・農村の有する多面的機能の維持・発揮を図るための地域の共同活動の支援を開始しており，多面的機能や地域コミュニティの維持に活用されている。

ここまで述べてきたように，水田はそれぞれの時代の技術やニーズを取り入れ，その管理方法や耕作面積も変化してきた。応用生態工学の見地から水田環境を考えるとき，人々の営みの中で変化する水田の来し方行く末を理解することが，今後も水田環境を守り，水田生物を持続的に保全していくうえで重要である。

3.2　水田の農法の変遷

3.2.1　農法について

「農法」とは一般的には田畑を耕作し，作物を栽培するための技術的方法

●第3章●変化する水田環境

や思想（考え方や解釈）を指し，水田一筆における栽培技術[17),18)]や一連の栽培技術体系[19)]まで広く使われているが，言うまでもなく水田一筆は単独で成立しているケースは少なく，空間スケールごとに配置される景観要素（地形，水田の配置，近隣の土地利用など）や水田内外に給・排水される灌漑排水システム等から少なからず影響を受けている。また，技術の発展や時代を背景とした思想性，地域性等によって個別性のある栽培技術として反映されている。さらには，前述に関わる種々の管理行為（水利施設の維持管理），農薬（除草剤や殺虫剤）・化学肥料の使用，圃場整備事業は，現在の農業の主体者である農家が選択する栽培技術を効果的・効率的に推し進めるためのプロセスに位置づけられているとして[20)]，農法に含まれている。

　本稿では，応用生態工学的な観点から，水田水域の変化，とくに水田地帯における魚類等水生生物（主に魚類，両生類，貝類）の生活史や分布に広範囲に影響を与えたと考えられる農法や，これに関わる水田の多様性の変遷について述べたい。時代の移り変わりの中で魚類等水生生物の分布や生活史の多様さがどのように変化していったのかという問いに対し，これまでのわが国における水田環境や稲作農法を比較・考察することは回答の一つになるだろうし，将来の魚類等水生生物の保全やその目標を設定するうえで少なからず原動力としても貢献できるから重要である。そして，農法の広域的な魚類等水生生物の分布への影響を考慮すると，地方，地域，流域といった規模で農法の変遷を整理することによって，わが国の水田（群）における分布状況の変化を一般的にイメージできるかもしれない。

　そこで，現在わが国の主な水田地帯を代表とする沖積平野の水田地帯に近い状態が成立したと考えられる近世（人口増加に伴い，水田面積の拡大した時代[21),22)]）から，農法の変遷について整理を試みる。また，水田水域に生息する魚類等水生生物の分布に影響を与えたと考えられる農法や水田の多様性に着目する。最後に，農法の変遷を踏まえた魚類等水生生物の保全についても言及する。

3.2.2　近世の農法

　近世の水田は現代に比べて形状や乾湿などの程度が極めて多様であった。

76

現在残されている全国の農書（1684～1871年；後述するように明治10年[1877年]までは，近世の農法が色濃いと判断し，1871年の農業自得附録を含めた）から水田の呼称名を選び，耕作条件や水田の特徴ごとに整理すると，表3.2のように合計で169もの数に上った（土質や用水源といった耕作条件の組み合わせを考慮すると，水田の種類数はさらに多数となる）。すなわち，地形・土質・場所の特徴によって64の呼称数がある。同様に，湿田系では37，乾田系では12，水質・水温・水源・水量は19，形状は23である（その他14）。水田の呼称に至っていないものの土質，水田の配置場所や地形（例えば，耕稼春秋（石川県）では「（水田において）西（の地盤）が高く東が低い土地は早稲によい。東が高く西が低い土地では中稲がよくとれる。」と記されている[23]）や風力等によっても栽培技術を変える記載もあった[23),24)]。当時の任意の地域の水田とその他の地域の水田が同条件であり，たまたま呼称が異なったというケースはあるかもしれないが，本項冒頭で主張した水田の多様さを示すには十分である。なぜなら，興味深いことに同じ農書，換言すれば同じ地域の中においても，耕作条件（地形，土質，場所，乾湿程度，水源，形状）の違いによって複数～多数の水田の呼称が記載されているからである。例えば，表3.2内にある湿田系の区分の私家農業談（富山県）に記載されている「深田」，「沼田」，「浅沼」，「古沼田」，「水窪の深田」という具合[25)]である。後述するように現在と比較すると湿田系水田が占める割合は高い。さらにこの農書では，それぞれの水田に対応した施肥方法について記載されていた。また，クリーク（水路）で有名な肥前（佐賀県千代田町）では，クリークに接する傾斜に位置する高さの低い順に「水植」，「がた」，「下段」，「上段」となり，クリークの増水時の冠水の程度の違いが示されていた[26)]。加えて，耕稼春秋（石川県金沢市）には18もの形の異なる水田が描かれており（記載理由は検地用の計算のため。基本形として掲載されているので実際には組み合わせによってもっと形の種類数は多かったはずである）[23)]，当時の多様な形状の水田群が存在していたことが想起される。また，呼称不記載のために表3.2には含めていないものの，小さなため池の周辺をより大きな円形で囲うように設けられた水田の概念図も描かれている[23)]。このように様々な特徴が反映された多様な水田の存在が明らかになったが，それだけでなく，

●第3章●変化する水田環境

前述で散見されるように多様な水田の個々に応じた多様な農法が成立していたことがうかがわれる。このことは，後述するように当時の水田，農法の解釈の多様さ，奥深さが関わっている。その詳細を示す前に，当時の一般的な農法（主に栽培技術）を概説しておく。

表3.2　近世の水田の呼称

耕作条件	呼称[注1)]	都道府県・出典（日本農書全集の巻）	補足
地形・土質・場所	階田（きざはしだ）	青森県・耕作噺（1）	山寄りや傾斜地に分布する水田。「はしご田」ともいう。
	埴田（ねばた）	青森県・耕作噺（1）	粘土分が多い水田。
	寒地（かんち）	青森県・耕作噺（1）	地温の低い水田。
	粉砂地	青森県・耕作噺（1）	砂地の水田。
	猿毛田（さるけた）	青森県・奥民図彙（1）	泥炭のある水田。
	高田	秋田県・老農置土産並びに添日記（1），福岡県・農業全書 巻之一，二（12）	高い位置の水田。水はけがよい。農業全書では，乾田に位置づけられている。
	薄田	福島県・会津農書（19），静岡県か愛知県か・百姓伝記 巻一～七（16）	岩盤の上部に耕土層がある水田，作土の薄い水田。地味でやせた水田。
	下薄田	静岡県か愛知県か・百姓伝記 巻一～七（16）	ほとんど収穫が期待できない水田であり，草すらも生えない。
	谷地田	福島県・会津農書（19）	谷あいの低湿地にある水田。
	肥過田	福島県・会津農書（19）	肥料が蓄積し易い下流側に位置する水田。
	鴈木田	福島県・会津農書（19）	雁の行列のように段々になっている水田。
	里田	福島県・会津農書（19），山口県・農業巧者江御間下ケ十ケ條井二四組四人纏御答書共二控（29）	平地の水田。
	里山田	福島県・会津農書（19）	－
	山田	福島県・会津農書（19），栃木県・農家捷径抄（22），滋賀県，農稼業事（7），広島県・賀茂郡竹原東ノ村田畠諸耕作仕様帖（41），山口県・農業巧者江御間下ケ十ケ條井二四組四人纏御答書共二控（29），徳島県・農術鑑正記（10），福岡県・農業全書 巻之十一（13）	山にある水田。

78

3.2 水田の農法の変遷

表3.2 近世の水田の呼称（つづき）

耕作条件	呼称[注1]	都道府県・出典（日本農書全集の巻）	補足
地形・土質・場所	生田	福島県・会津農書（19）	土が硬くなる水田。
	江添の通	福島県・会津農書附録（19）	用水路に沿った水田。
	水口の田	福島県・会津農書附録（19）	田越し灌漑の水田群のうち，最上流側に位置する水田。
	浅田	福島県・会津農書（19），富山県・私家農業談（6），静岡県か愛知県か・百姓伝記 巻一〜七（16）	耕土層が浅い水田。
	砂田	青森県・津軽農書 案山子物語（36），富山県・私家農業談（6），静岡県か愛知県か・百姓伝記 巻八〜十五（17），山口県・農業巧者江御間下ケ十ケ條井二四組四人纏御答書共二控（29）	砂質の水田，砂混じりの水田。
	力田	栃木県・農業自得附録（21）	高い地形にある水田。
	自田	栃木県・農業自得附録（21）	谷間や野原に位置する元は湿地だった水田。
	高キ田	栃木県・農家捷径抄（22）	高いところにあり，乾燥している水田。
	上田	富山県・私家農業談（6）	土質の良い水田。
	下田	富山県・私家農業談（6）	土質の悪い水田。
	山谷田	静岡県か愛知県か・百姓伝記 巻一〜七（16）	山間の谷に存在する水田。
	小谷田	静岡県か愛知県か・百姓伝記 巻一〜七（16）	小さい谷に存在する水田。
	大谷田	静岡県か愛知県か・百姓伝記 巻一〜七（16）	大きい谷に存在する水田。
	渋田	静岡県か愛知県か・百姓伝記 巻八〜十五（17）	土壌やその他の物質由来の渋が水面に浮ぶ水田。
	段々田	静岡県か愛知県か・百姓伝記 巻八〜十五（17）	棚田。
	あげミの地	静岡県か愛知県か・百姓伝記 巻八〜十五（17）	標高の高く，水はけのよい水田。
	こわ田	静岡県か愛知県か・百姓伝記 巻一〜七（16）	土の硬い水田。
	池端の田地	静岡県か愛知県か・百姓伝記 巻八〜十五（17）	池に接した水田。春季に降雨によって池から水が溢れ，水田の表土を流す。

79

●第３章●変化する水田環境

表 3.2 近世の水田の呼称（つづき）

耕作条件	呼称[注1]	都道府県・出典（日本農書全集の巻）	補足
地形・土質・場所	河辺の田地	静岡県か愛知県か・百姓伝記　巻八〜十五（17）	河川に接した水田。洪水時は，流路になりやすい。
	青真土の田地	静岡県か愛知県か・百姓伝記　巻八〜十五（17）	青い土壌の水田。常に水持ちがよく，養分も十分にある。
	黒ぶくの田地	静岡県か愛知県か・百姓伝記　巻八〜十五（17）	黒ボク土の水田。
	かろき田地	静岡県か愛知県か・百姓伝記　巻八〜十五（17）	土の軽い水田。
	肥ゑ過る田地	静岡県か愛知県か・百姓伝記　巻八〜十五（17）	肥えすぎた水田。
	やせ田	静岡県か愛知県か・百姓伝記　巻八〜十五（17）	やせた水田。
	カンパチ	岐阜県・農具揃（24）	上々の水田。
	ハシゴ田	岐阜県・農具揃（24）	谷間から段々に上へとつくられた水田。
	シワリ田	岐阜県・農具揃（24）	土壌が柔らかい水田。「沼田」と乾田である「サラタ」との中間の土質を持った水田。
	洞田	岐阜県・農具揃（24）	山の谷間に段々につくられた水田。
	陰地	滋賀県・農稼業事（7）	日当たりの悪い水田。
	上地	滋賀県・農稼業事（7）	肥沃で水稲生産の適地。
	虚地	滋賀県・農稼業事（7）	肥料を保持し，施肥効果が現れない水田（畑）。
	石地	滋賀県・農稼業事（7）	小石が混じっている水田。
	平田	滋賀県・農稼業事（7）	平坦地の水田。
	浜田	滋賀県・農稼業事（7）	川べりや湖岸等の湿地帯にある水田。
	石土の地，石土まじりの田地	滋賀県・農稼業事（7） 滋賀県・農稼業事（7）	小石混じりの水田（畑）。
	込所（こみしょ）	滋賀県・農稼業事（7）	冠水しやすく，泥やごみ等が入りやすい水田。
	低田	大阪府・農業余話（7）	低い水田。冠水のおそれのある水田。
	川筋	島根県・神門出雲盾縫郡反新田出情仕様書（9）	川に近い水田。
	土田	山口県・農業巧者江御問下ケ十ケ條井二四組四人纏御答書共二控（29）	粘土質土壌の水田。

3.2 水田の農法の変遷

表 3.2　近世の水田の呼称（つづき）

耕作条件	呼称[注1]	都道府県・出典（日本農書全集の巻）	補足
地形・土質・場所	中上り田	山口県・農業巧者江御間下ケ十ケ條井二四組四人纒御答書共二控 (29)	傾斜地の中位に位置する水田。
	石垣田	山口県・農業巧者江御間下ケ十ケ條井二四組四人纒御答書共二控 (29)	畦畔の外側が石垣で造られている水田（用水不足で冬季から湛水することが多い）。
	奥田	山口県・農業巧者江御間下ケ十ケ條井二四組四人纒御答書共二控 (29)	人家から離れた山間の水田。山奥田ともいう。
	石垣なしの高岸の田	山口県・農業巧者江御間下ケ十ケ條井二四組四人纒御答書共二控 (29)	急傾斜地の棚田。石垣で組んでいないため，崩れやすい。
	大川筋の水窪，谷水の落合所	徳島県・農術鑑正記 (10)	大きな河川のそばに位置し，低湿地や谷川の水が合流する付近にある水田。
	熟田	徳島県・農術鑑正記 (10)，高知県・耕耘録 (30)	土が肥えて熟成している水田。
	赤さび水の出る地	福岡県・農業全書 巻之一 (12)	赤さびた水の出る土地（水田）。
	水植（みずうえ）	佐賀県・野口家日記 (11)	クリークの岸に沿って存在する一段低い水田（畑）。「ひらき」,「さがりだ」とも呼称する。
	下段（ひくだん）	佐賀県・野口家日記 (11)	田面高さが低い水田。「低田」ともいう。
	上田（あげた）	佐賀県・野口家日記 (11)	高い段にある水田。
	がた	佐賀県・野口家日記 (11)	最も下段にある水田。ただし，「水植」よりは高い。
湿田系[注2]	水泥田	青森県・耕作噺 (1)	過湿田。
	ひどろ	秋田県・老農置土産並びに添日記 (1)	（水位や泥が）深い水田。
	萢地（やち）	青森県・奥民図彙，津軽農書 案山子物語 (1, 36)	湿地の水田。津軽地方では草などが生えた湿地をいう。
	泥田	石川県・耕稼春秋 (4)，滋賀県・農稼業事 (33)，福岡県・農業全書 (12)，大阪府・家業伝 (8)	水はけの悪い水田，冬季水田。
	ド田	大阪府・家業伝 (8)	泥田。湿田のこと。土田とも書く。フケタともいう。
	ドブ	山形県・農事常語 (18)	湿田。
	ひどろ田	山形県・農事常語 (18)	湿田。

81

●第3章●変化する水田環境

表 3.2　近世の水田の呼称（つづき）

耕作条件	呼称[注1]	都道府県・出典（日本農書全集の巻）	補足
湿田系[注2]	ヒドロ田	福島県・農民之勤耕作之次第覚書（2）	湿田。
	卑泥田	福島県・会津農書（19），地下掛諸品留書（2）	泥の深い湿田。更に泥が浅い「浅卑泥」と泥が深い「深卑泥」に区分される。
	ごみ深のひどろ田	福島県・会津農書附録（19）	水はけが悪く，年中泥状の水田。
	湿田	福島県・会津農書（19）	地底に清水が湧いて，いつも乾かない水田。
	深田	秋田県・老農置土産並びに添日記（1），福島県・農民之勤耕作之次第覚書（2），栃木県・深耕録（39），農業自得附録（21），新潟県・北越新発田領農業年中行事（25），富山県・私家農業談（6），山梨県・勧農和訓抄（62），愛知県か静岡県か・百姓伝記 巻一～七（16），滋賀県・農稼業事（7），徳島県・農術鑑正記，福岡県・農業全書 巻之一，二（12），十一（13），長崎県・郷鏡（11）	常に水の抜けない強湿田。湿田。作土の深い水田。新潟県蒲原地方では湿田しかなく，胸まで浸かる泥土の水田を深田といった。荒代掻きでは，田下駄を履いて耕した。
	沼田，ぬま田	岐阜県・濃家心得（40），農具揃（24），富山県・私家農業談（6），石川県・耕稼春秋（4），九州表虫防等聞合記（11），新潟県・北越新発田領農業年中行事（25），山口県・農業巧者江御間下ケ十ケ條井二四組四人纏御答書共二控（29）	水はけの悪い水田，強湿田。泥深い水田。なお，岐阜県甲府町では「ノマダ」と呼称する。
	窪地	新潟県・北越新発田領農業年中行事（25）	植え付け後に水をかぶったり，苗が腐りやすい悪田。ごみや汚水が入り込むので肥料は必要なく，稲の生育にさほどの支障はないが，晩稲以外の品種を作付けすることはできない。
	沼地	新潟県・北越新発田領農業年中行事（25）	
	沼田所	富山県・耕作仕様考（39）	地下水が高くて水はけの悪い水田。
	浅沼	富山県・私家農業談（6）	半湿田。
	古沼田	富山県・私家農業談（6）	古くからある半湿田。
	水窪の深田	富山県・私家農業談（6）	水たまりがある湿田。
	深沼田	石川県・耕稼春秋（4）	強湿田。
	堅沼田	石川県・耕作大要（39），耕稼春秋（4）	堅田に近い沼田の意として記載。半湿田。

3.2 水田の農法の変遷

表 3.2 近世の水田の呼称（つづき）

耕作条件	呼称[注1]	都道府県・出典（日本農書全集の巻）	補足
湿田系[注2]	摘田（つみた）・蒔田（まきた）[注3]	神奈川県・社稷準縄録（22）	用水路のない低湿地で直播する水田。
	水田（みずた）	福井県・農業蒙訓（5），奈良県・山本家百姓一切有近道（28），広島県・賀茂郡竹原東ノ村田畠諸耕作仕様帖（41），山口県・農業巧者江御間下ケ十ケ條井二四組四人纏御答書共二控（29），高知県・耕耘録（30），長崎県・郷鏡（11），福岡県・農業全書 巻之二（12），熊本県・久住近在耕作仕法略覚（33）	一般的に湿田。用水不足のため冬期も湛水しておく水田，あるいは排水の悪い湿田。晩稲用で稲のみの作付けを行う水田のことか。
	あわら，あはらの田地	静岡県か愛知県か・百姓伝記 巻八〜十五（17）	長年，芦が生えていた湿地由来の水田。
	くろ田	福井県・諸作手入之事（39）	福井県若狭地方では湿地の意。
	なま田	福井県・諸作手入之事（39）	湿田と乾田との中間の田。半湿田。
	湿地	滋賀県・農稼業事（7）	湿田。
	ねは湿（ねはしけ）	滋賀県・農稼業事（7）	粘り気の強い湿田。
	岸びくの水田	山口県・農業巧者江御間下ケ十ケ條井二四組四人纏御答書共二控（29）	畦畔の低い湿田。
	大川筋の水窪，谷水の落合所[注1]	徳島県・農術鑑正記（10）	大きな河川のそばに位置し，低湿地や谷川の水が合流する付近にある水田。深田とともに牛馬での犁き起こしが困難である旨の説明あり。
	春田[注4]	高知県・耕耘録（30），農業之覚（41）	一毛作の水田を指す場合が多いが，ここでは湿田の意味で使用。
	片春田	高知県・耕耘録（30）	半湿田。
	犁晒（すきさらし）	高知県・耕耘録（30）	冬季に湛水しないが，裏作麦の作れない半湿田。
	湿気田（しうけだ）	高知県・耕耘録（30）	二毛作田で，冬季は湿りがちな水田。
	陰気のつよき田[注1]	福岡県・農業全書 巻之二（12）	水分の多い湿田。
	牟田（むた）	鹿児島県・農業法（34）	薩摩藩では，多くが湿田であった。
	深牟田	鹿児島県・農業法（34）	水位が胸まである水田。

83

●第3章●変化する水田環境

表 3.2 近世の水田の呼称（つづき）

耕作条件	呼称[注1]	都道府県・出典（日本農書全集の巻）	補足
乾田系[注2]	堅田	青森県・耕作噺（1），津軽農書 案山子物語（36），山形県・農事常語（18），富山県・耕作仕様考（39），私家農業談（6），石川・耕稼春秋（4），九州表虫防等聞合記（11），福井県・農業蒙訓（5），山口県・農業巧者江御聞下ケ十ケ條井二四組四人纏御答書共ニ控（29）	水はけの良い水田。
	陸田（おかだ），ヲカ田	福島県・会津農書（19）	排水の良い水田。岡田とも書く。
	岡田注5)	栃木県・深耕録（39）	用排水良好な水田。灌漑用水を止めて田面が乾燥したら畑として利用できる水田。
	川原田	富山県・私家農業談（6）	川辺付近や砂利混じりの乾田。
	ほし田	福井県・諸作手入之事（39）	「干田」で落水を意味する農書もある。
	麦田	愛知県・農業家訓記（62），高知県・農業之覚（41），山口県・農業巧者江御聞下ケ十ケ條井二四組四人纏御答書共ニ控（29）	二毛作田（裏作として麦作）の乾田。
	さら田	愛知県・農業家訓記（62）	一毛作田として使う水田。
	サラタ	岐阜県・農具揃（24）	乾田であり，上田。
	干田	広島県・賀茂郡竹原東ノ村田畠諸耕作仕様帖（41）	乾田化を前提とした二毛作の水田のことか。
	くこし田	広島県・賀茂郡竹原東ノ村田畠諸耕作仕様帖（41）	
	乾田（かはきた）	高知県・耕耘録（30）	冬季の間よく土が乾いた水田。
	諸毛田（もろけた）	高知県・耕耘録（30）	二毛作以上行われる乾田。諸毛ともいう。
水質・水温・水源・水量	清水掛	秋田県・老農置土産並びに添日記（1）	扇状地の伏流水を用水にしている水田。
	川水掛	秋田県・老農置土産並びに添日記（1）	河川水を用水にしている水田。
	堤掛	秋田県・老農置土産並びに添日記（1）	ため池を用水にしている水田。
	沢水掛	秋田県・老農置土産並びに添日記（1）	谷を流れる水を用水にしている水田。

84

3.2 水田の農法の変遷

表 3.2　近世の水田の呼称（つづき）

耕作条件	呼称[注1]	都道府県・出典（日本農書全集の巻）	補足
水質・水温・水源・水量	かわき田	福島県・会津農書（19）	雨水のみを用水にしている水田。
	天水田	福島県・会津農書（19）	雨水のみを用水にしている水田。
	冷田	福島県・会津農書附録（19）	清水の湧き出る水田。稗（ひえ）の耕作には良いので「稗田」ともいう。
	卑田	福島県・地下掛諸品留書（2）	冷水がかりの水田。
	井懸りの田	静岡県か愛知県か・百姓伝記　巻一〜七（16）	用水路から灌漑する水田。
	天水懸りの水田	静岡県か愛知県か・百姓伝記　巻一〜七（16），巻八〜十五（17）	ためた雨水に依存する水田。
	ひゑたちの田	静岡県か愛知県か・百姓伝記　巻八〜十五（17）	冷水がかりの水田。
	天水場	静岡県か愛知県か・百姓伝記　巻一〜七（16），巻八〜十五（17），栃木県・農業自得附録（21）	雨水だけに依存する水田。雨水および湧き水に依存する水田。
	押し通る水田	静岡県か愛知県か・百姓伝記　巻八〜十五（17）	畔越しに水のかかる水田。
	畑田	岐阜県・農具揃（24）	畑を臨時に水田にしたために，用水施設がなく，天水に頼る水田。
	空待田（そらまちだ）	石川県・耕稼春秋（4）	雨水のみを用水にしている水田。
	冷気のある田[注1]	滋賀県・農稼業事（7）	冷水の流入もしくは湧水があるため，地中温度があまり上がらない水田。
	堤尚田（つつみなおた）	山口県・農業巧者江御間下ケ十ケ條井二四組四人纏御答書共ニ控（29）	ため池を用水源とする水田。
	冷水所（ひやみずところ）	福岡県・農業全書 巻之一（12）	冷水の湧く水田。
	天水を守る所[注1]	福岡県・農業全書 巻之二（12）	雨水だけを利用する水田。
形・大きさ	千刈田	山形県・農事常語（18）	1 町歩の水田。
	円田	石川県・耕稼春秋[注7]（4）	円形の水田。
	方田		正方形の水田。
	直田		長方形の水田。
	斜田		四角形（直角一つ有り）の水田。
	弧田		半円形の水田。

85

●第3章●変化する水田環境

表 3.2 近世の水田の呼称（つづき）

耕作条件	呼称[注1]	都道府県・出典（日本農書全集の巻）	補足
形・大きさ	三斜田	石川県・耕稼春秋[注7]（4）	三角形の水田。
	勾股田（こうげでん）		直角三角形の水田。
	二斜併田		五角形の異形の水田。
	圭田		二等辺三角形の水田。
	直減勾股田		台形の水田 。
	異形直田		長方形の両二辺はS字の水田。
	圭絣三斜田[注6]		二等辺三角形と三角形を併せた形の水田。
	梯田		台形の水田。
	梭田		ひし形の水田。
	三斜併田		三角形を二つ併せた四角形の水田。
	二斜併三斜田		四角形（直角一つ有り）二つに三角形を併せた形の水田。
	異形二斜併田		平行四辺形を二つ併せた形の水田。
	直併二覆田		楕円状の水田。
	ゴバンダ	岐阜県・農具揃（24）	畔がまっすぐに通っている水田。方形の水田。
	狭田（サナダ）	岐阜県・農具揃（24）	面積が狭い水田。または神稲を植える水田。
	千町田	岐阜県・農具揃（24）	面積の広い水田。
	小町	山口県・農業巧者江御間下ケ十ケ條井二四組四人纏御答書共ニ控（29）	狭い区画の田（畑）。
その他	ひとろ田	青森県・奥民図彙（1）	常に水を張っている水田。田拵えの際に水田の土がやわらかくなり，耕起が容易になることが指摘されており，用水を非灌漑期も含めていつでも自由に入れられるということが条件であると推察される。
	休め地	青森県・耕作噺（1）	休閑地。
	休地（きゅうち）	秋田県・老農置土産並びに添日記（1），大阪府・農業余話（7）	作付けせずに休ませておく水田。
	無た	福島県・会津農書附録（19）	何も植えていない水田。ガマ類，スゲ類，ヨシ類を植える対象とされた。
	春田[注4]	福島県・会津農書（19）	一毛作で，冬の間は休ませておく水田。

86

3.2 水田の農法の変遷

表 3.2 近世の水田の呼称（つづき）

耕作条件	呼称[注1]	都道府県・出典（日本農書全集の巻）	補足
その他	大豆田 （だいずだ）	富山県・私家農業談（6）	水はけの悪い水田で大豆，麦，菜種を輪作で利用する。
	菜園田 （しゃえんだ）	石川県・耕作大要（39）	麦を刈った後に野菜畑として利用し，翌年水田として利用する。
	物跡田	石川県・耕作大要（39）	麦や菜種を裏作する水田。
	おも田，古苗	石川県・耕作大要（39）	裏作をしない水田。「こな田」とも呼称される。
	流れ田地，なかれ田地	静岡県か愛知県か・百姓伝記 巻一～七（16），巻八～十五（17）	河川の堤防を二重に設置し，これらの間に「流れ田」を設けて一つ目の堤防が決壊した際には捨てる。なお，普段は作付けしている。
	早田	福岡県・農業全書 巻之十一（13），大阪府・農業余話（7）	早く植える水田。
	中田	福岡県・農業全書 巻之十一（13）	中植え（早田と晩田の中間期）の水田。
	晩田	福岡県・農業全書 巻之十一（13），大阪府・農業余話（7）	中植えよりも後に植える水田。
	築地	大阪府・農業余話（7）	埋め立てて開墾した水田。

注1) 同じ農書の中に同様の意味を示すと推測できるものも散見されたが（泥田，ド田［家業伝］と卑泥田，卑田［地下掛諸品留書］），原文のまま別々に表記した。
また，「大川筋の水窪，谷水の落合所」，「冷気のある田」，「陰気のつよき田」，「天水を守るところ」等のように呼称名になりきっていない水田については，当時の水田の多様性を示唆するひとつとして取り上げ，本表に含めた。

注2) 湿田の定義には，「地下水位が（田面より）40 cm より高い水田[48]」とされているが，ここでは程度を問わず乾田より湿性の水田を「湿田系」とする。また，これに対応して相対的に乾性の水田を「乾田系」とする。

注3) 語源には，種子を摘（つ）まんで播種することが由来とされる。

注4) 耕耘録（高知県）では湿田の意味で，会津農書（福島県）では冬季は休ませておく水田の意味でそれぞれ示されていたので，別々に区分した。

注5) 会津農書には，陸田（おかだ）と同義で岡田の表記解説があり，深耕録の岡田は陸田と同義とも推測されたが別に表記した。

注6) 「圭絣三斜田」の「絣」は，耕稼春秋における他の名称と見比べると「併」の意味で使用していると思われる。ここでは原文のまま表記した。

注7) 「耕稼春秋」には，水田形状が図形が描かれていたため，その形を備考で説明した。なお，ここで示された18種類の形については，あくまで基本形であり，実際にはいろいろ存在していたこと，とりわけ傾斜地では一筆を複数～多数に分割して水位を均等に保ったことが補足されていた[23]。

●第３章●変化する水田環境

　まず近世の稲作農業の基本的な手段については，耕起・耕耘・除草等を主
に人力（鍬類・鋤類・鎌類[27]，雁爪［がんづめ；中耕除草用の道具；当時，
中耕が多数回実施されていた[28]］といった手道具を使用）や役畜力（農耕馬，
牛）に依存していた（各地域の農書によると，東日本では馬が，西日本で牛
が比較的多く使われていた傾向がうかがわれる）。当時の水路のほとんどが
用排兼用であった。田植え時期は，概ね６月上旬（陽暦）に行われた。ただし，
乾田系水田を先行して田植えし，湿田系水田を後行するなど水田の種類に応
じて半月〜１か月程度前後した。このような農作業の適期を踏まえながらも
農家個人としては「進むに利有りて後るるに損多し」との指摘があるように，
少しでも早く農事暦を進めて稲の生育上の問題などが生じた際に早期に対処
できる姿勢が推奨されていた[29]。肥料については，干鰯，油粕，人糞，風
呂の水，洗濯の水，苅敷，小便，牛馬の糞，鶏糞，腐った魚，藁，灰，削草
（道路端や法面の固い場所で削った草類），木の葉，堀や川のごみ，レンゲソ
ウ（緑肥），土肥（汚水がしみ込んだ乾燥土）[29], [30], [31]といったあらゆる多
様なものが蓄積，堆積，活用され，いずれも貴重であったことから，入れす
ぎることがなかったという。当時は，肥培管理を良くすることは，水田補修
や整備よりも優先した考え方があったので，一年を通して肥料資源はどのよ
うな物でも肥料化（腐熟程度を見極めて使用）する習慣があった[29]。水田
に生息する生物への直接的な影響については，石灰を焼成した灰を入れて午
前中のうちにタニシ類，カエル類，オケラ類が斃死したという記述が全国の
農書のうち，一例確認された[25]。害虫の殺虫については，菜種油，エゴマ油，フ
グ油，サメ油，鯨油を水口から流す，ウナギ類やヤツメウナギ類の干物を水
口に埋設といった方法が記載されている[32]。例えば，鯨油の場合，標準的
には10 a当たり540〜720 mLであり，十分な効果を得るためにはその５倍
の量は必要と記載されているが，当時の油が貴重であったことと，殺虫効果が
十分に得られず，かえって害虫が近隣の水田に分散する懸念があるので，こ
の時代ではこれらの殺虫剤は無用であるとの指摘もある[32]。他方，年４回程
度実施される中耕除草のうち害虫が確認されれば，例えば２回目の除草をせ
ずに雑草を残すことで稲への被害を低めることが推奨されていた[32]。また，
くらら（根にアルカロイドを含有するマメ科の多年生草本），馬酔木（あせび），

88

蕎麦殻，小麦殻，たばこの茎を煎じた液をかけることも記載されている[33]。

　このうち興味深いことに，農書によっては同じ農法が奨励されていたり，否定されていたりする場合がある。中干しを例に述べれば，地域ごとの一般的な記述として，農事暦の中で一度も指摘されていない農書がある一方で，中干しを奨励する農書もある[29]。逆にいずれの水田でも中干ししてはならないと指摘する農書もある[33]。水田の特徴ごとに異なる時期に中干しすべきと指摘する農書もある[34]。このように近世では，現在と比べて中干しをはじめとする農法が全国一貫して徹底されていなかった印象が極めて強く，季節，稲の生育段階に応じて農法が異なることを意味しており，それゆえに特徴の異なる水田だけでなく，同じ特徴を持つ水田においても多様な農法が成立していたことがうかがわれる。

　この理由については，第一に，近現代的な土地改良事業が実施されておらず，現在のいわゆる慣行農法による水田群よりも，前述した水田の呼称数の多さから，水田一筆ごとの特徴が現代よりも際立っていたことが挙げられる（現在では，水田の個性の見極めが大事な有機農法の考え方にも近いだろう）。加えて，例えば農民之勤耕作之次第覚書（福島県猪苗代町）によれば，乾田系の水田では6月（陽暦）に，湿田系では7月（陽暦）から田植えを行い，さらに，それぞれの水田によって施肥の種類，水のかけひき方法（湛水の程度や冬期湛水の有無），耕起・耕耘の時期が異なることから最終的に通年の一連の農法は，水田一筆ごとで異なることになる。つまり，現代的な対策である湿田（群）を土地改良するという発想よりも，異なる呼称に由来される水田の特徴に応じた農法（農事暦，栽培技術）を持って一筆ごとに対処していたのである。農書ではさらに，上田（作業しやすく，生産性の高い水田）にするためには土質の改善や灌漑方法を一筆ごとに心がけることが直接言及されていたり，水田一筆ごとのとくに乾湿の程度によって異なる農法が提示されていたりすることからも[38]，少しでも上田を目指して改善しようとする意識は，一筆それぞれの特徴が現在よりも強く意識されていたことを強くうかがわせる[29],[30],[33]。もちろん，現在でも稲作は水田一筆ごとの特徴に留意されているし，農家によっては現在でも近世と同様に一筆ごとの特徴を捉えるが，多様な水田の種類の中でそれらの特徴の差異は，近世のほうが大

●第３章●変化する水田環境

きかった点を断わっておく。他方で水利灌漑システムについても同様であり，地域ごとの地形や部分で異なる水路勾配の程度に伴う流水の時間や水害の起こりやすさを受け入れ，各地域に合わせた対処にまで言及されていた。すなわち，同水系の農業水路や河川において，上流側に位置する農業水路の緩勾配に起因する降雨時の洪水によって10〜20日間水の引かない水田が存在する地域や，洪水対策を講じることが可能な地域が指摘されていた[23]。また水口に排水用の溝を造成して増水時に用水が入り過ぎないようにし，増水した水田からの排水性を高めるために水田一筆内に臨時の排水口を5，6か所設けておくことが指摘されていた[35]。これらのことは，魚類等水生生物にとって氾濫原の代替地に適した状態が頻発していたことや[35]，近代以前の水田水域の特徴の一つとして挙げられた「水路の階層性」（コラム７参照）の高さから，平水時でも水路の部分的な生息場や水田内外への移動経路が数多く存在したことがうかがえる。このように，現在と比べて水田一筆から地域の水田水域までの空間スケール別の固有性の積み重なりによって，個々に地域性ある水田水域を浮かび上がらせていたとことが想起される。

　多様な農法が成立した理由の第二に，地域，農家ごとで同じ農法に対して，期待する効果の優先順位が異なるということがある。永田（1964）[39]は，1950年関東東山農業試験場農作業研究室が実施した全国1,245戸の農家に対して代掻きの目的（均平，肥料，水もち，活着，田植え，除草）の順位をたずねたアンケート結果を取り上げた。その集計結果から，代掻きの目的の順位は地域ごと，農家ごとで異なり，代掻きの目的が多様であることが明らかになっている。言い換えれば，一つの農法には複数の期待される効果が存在し，最も期待される効果およびその優先順位が地域や農家で異なるのである。期待する効果の個別性や効果の優先順位性が生じた背景には，個別性が際立つ多様な水田の存在はもちろんのこととして，地域や農家が一つの農法を決して独立した単純なものとして適用しているのではなく，栽培技術や水管理など様々な技術体系との関連によって通年の一連の体系の中に嵌入できるか否かという考えの基に成立させていた側面があったと推察される。このことは，灌漑一つとっても，「湛水することで土壌が細粒化され，徒手による除草がしやすくなるなど水の存在が除草を補完すること，中耕作業の前提条件

90

として土壌を柔軟にしなければならないという，農法には『多目的』的な，複合的な特徴があった」と永田（1964）が先行指摘しているとおり，そもそも農法（当該技術）が単独でのみ機能するということは極めて少ないのである。このことは農書でも散見され，例えば水田の種類によって植え付け株数と株間に差をつけ，疎植にすることがウンカ類の発生を防ぐ意図とされている[37]。ただし，永田（1964）が活用したアンケートは現代初頭のものであり，代掻きなど基本的な農法の多くは，少なくとも近世以来から継承されているだろうから，個別性や優先順位性は，近世時代においてより強かったといえよう。前述での中干しについて真逆の推奨があるのも当該水田（群）の特性が極めて異なっていたり，期待する効果の個別性や優先順位が異なったりすることを示唆するものと思われる。

　このように近世においては極めて多様な水田があり，その存在は多様な農法を生み出していた。しかし一方で，それらの多様農法が適用されることで初めて多様な水田それぞれが維持されていたのだから，水田と農法との双方の関係によって，地域の多様な水田水域が維持されていたといえよう。なお，多様な農法や水田が展開された背景については，多数の農書にあるように陰陽五行説（木・火・土・金・水の五つがめぐり，循環することによってすべての現象が生成するという説）[36]・易学[23),24),35),36)]（例えば，私家農業談（富山県）では「・・山の南側，川の北側を陽の土地・・一つの村の中でも陰陽を考えて作付けの種類や栽培の仕方を工夫することは極めて大切である・・」と記されている[25)]）や耕作者の感性・経験則[40)]（その他ほとんどの農書で，筆者や老農といわれる篤農家の感性や経験則に基づいた思想が反映された書きぶりを確認することができる）に基づいた農法が推奨されていたことがうかがわれる。このため，各農家の思想を踏まえた個別の工夫や実施のタイミングなど，水田ごとに多様に働きかけた側面もあったことを考慮すれば，水田に働きかける農家の存在は極めて大きかったと推察される。

3.2.3　近代の農法

　近代に入り，明治10年代（1877年〜）では近世の在来農法の水準からほとんど変化していなかったとされるが[41)]，その後，中期ごろになるといわ

●第3章●変化する水田環境

ゆる「乾田牛馬耕」が新たな農法として普及されはじめた（コラム8参照）。
すなわち，近世でも地域によっては実施されていた牛馬力で牽引する犂（か
らすき）の形状を台形から三角形に改善して深耕しやすいようになった。こ
の耕耘作業の前提とする乾田化を推進するために耕地整備（農地の整形と
交換歩合による集積，暗渠の設置）が行われたことにより（田区改正［明治
20年代]），広範囲に乾田化が促進された。さらに明治32年（1899年）に
耕地整理法によって，区画整形と用排水路整備がより進められ，乾田化し
た1反（10a）が一筆の基本面積となった。また区画整形では畦畔を直線化
し，水田の形状が整えられはじめた。その後，灌漑排水工事が重視されるよ
うになったり[42]，排水ポンプの導入・普及が図られたりして，さらなる乾
田化が進んだ。併せて多収型品種開発，購入肥料（金肥［魚肥，植物粕，石
灰]）による多肥化といった諸栽培技術を含めて，「明治農法」と呼称される
体系が成立された[43]。ただし，この明治農法が近世の地域ごとの農法にす
べて代わったのではなく，各地域がこの明治農法の体系を受け入れる過程で
は，部分的に従来の（近世の）農法に取り入れられた点が指摘されている
[44]。また，地方・地域によって「明治農法」の導入の程度には，著しく濃淡
があり，各地の風土的条件（とくに水田の乾湿条件）や社会経済的条件（経
営規模，役畜飼育の経済性など）に影響を受けながら具体的な農法（栽培技
術）の成立に至ったことが指摘されている[38],[45],[46]。例えば，西村（1994）
は，島根県内の地域で在来農法（裏作でレンゲ草を緑肥用に栽培。一本植え
を主とした疎植）に乾田牛馬耕を組み込んだケースを紹介し[46]，伴野（1992）
は無役畜であった愛知県を対象に，明治農法の展開が同県内であっても地域
によって全く異なっていたことを指摘している[45]。すなわち，三河地方で
は明治30年代（1897年～）後半には牛馬耕の普及がかなり進展していたが，
西三河地域では馬耕が支持されず，主に牛耕であった。その理由は湿田が多
いこと（湿田では馬より牛のほうが重宝された），水田一筆の形状が未だ不
整形であったこと（地形上の制約があったと思われる），牛の購入価格より
も販売価格のほうが高く，飼料費も比較的安かったことが挙げられる。東三
河地域ではもともと馬産の地域を含んでおり，経営規模の大きい農家が多く，
馬耕が多かった。このように全く犂耕経験がない段階からある程度の水準に

普及していった地域があった一方で，経営規模が小さかったり，兼業農家の割合が高かったりした尾張では，一部を除いて全く普及しなかった[45]。他県でも同様の事例がある[38]。

明治農法に属する購入肥料による施肥の全国普及についても，近世の在来農法に基づいた自給肥料を中心とする施肥方法は各地の風土的な特徴に規定されながら，その多様さと個性も維持されていた。例えば，明治20年（1887年）の自給肥料の割合は，青森県で約100 %，福島県で約85 %と高く，近畿地方や福岡県で36.8〜58.6 %と低かった[47]。このように施肥からみても，全国において明治農法の普及にばらつきが大きかったことがうかがえる。

近世の水田水域の多様性はどうなったのか。近世より近代では乾田化が強く推進され，区画整理されたことから，わが国の水田（群）の，とくに湿田と水田形状の多様性は低下したと推察される。一方で，それでも湿田が残存するケースが各地域に少なからずあった[48]。湿田が残存した理由については，明治農法の普及が各地域に影響を及ぼした際に，都道府県当局から強く勧められたにも関わらず当該地域で全く受け入れられなかったケースが含まれており，その一因が湿田の改善が不可能であるということであった[43]。このため，明治農法由来の乾田化については，当時の技術で対処可能だった湿田系水田が乾田化され，乾田化できなかった湿田（群）は現代まで残存した。例えば，埼玉県では湿田系水田の「摘田」面積は，現代に入って1,729 ha［1951 年］から7 ha［1966 年］に減少した[48]。また，前項「近世の農法」で紹介した永田（1964）の論文にあるように，現代初頭においてもなお，同じ農法であっても期待する優先順位性は地域・農家で異なっており（つまり農法の多様性が残っており）[39]，とくに後述する現代初頭以降と比べて，全国における水田の多様性はまだ残されていたと思われる。水田の多様性については，明治農法に至った過程や内容が一様ではなかったことからも，明治農法の形式的な受け入れよりも，現場，すなわち水田一筆の状態を観る姿勢は変わらなかった側面がある。例えば，明治農法を受け入れる過程には，老農が明治農法の技術者とやりとりをして，地域や一筆に対応した例も報告されている[49]。

以上から，近代の農法下において，「明治農法」としての乾田化の普及は

●第3章●変化する水田環境

地域ごとで異なっていた。このために近世までの水田の多様性，とくに湿田の多様性も急激には消失しなかったと考えられる。これらのことを踏まえれば，魚類等水生生物の生息環境は近世から大きく変わることはなかったと推察される。

3.2.4 現代の農法

現代，すなわち1945年ごろから地方によっては数年で稲作の生産力が急速に向上した。いうまでもなく，現代初頭は第二次大戦後（以下，戦後）以降にあたる。地方，地域による差はあるだろうが，まず，東北地方の中でも，明治・大正時代も含めて水稲生産力の向上が顕著であった山形県庄内地方の農法の体系を整理した五十嵐（1959）の論文をこの現代初頭の代表事例の一つとして次に概説する[20]。

戦後，積寒法（積雪寒冷特別地域における道路交通の確保に関する特別措置法）という積雪寒冷に伴う道路交通確保を目的とした特別措置法に位置づけられた暗渠排水工事が多数実施され，1951年（昭和26年）から1954年（昭和29年）までに230 haがその受益地となった。本地方では，これによって水田の93％が暗渠施行田となった（残りは，半湿田など）。水田の耕耘は，本地方で役畜（主に，牛，馬）と機械（クランク型の動力耕耘機）が併用されていたものの，この機械の導入台数は，1950年の1台から1953年に10台（複数人で共同所有）と急増した（馬の減少についてはコラム8参照）。本機の導入により，これまでの畜力耕耘だと7.5 cm〜9 cm程度の浅耕であったのに対し，12 cm程度の深耕が可能となった。この深耕によって土壌の乾土効果をさらに高め，灌水を早めるという効果があった。また，保温折衷苗代，ビニール苗代との併用でこれまでよりも早植（5月23日ごろ）を可能とした。ただし，動力耕耘機だけではこれ以前に実施していた役畜による耕耘の全7行程（荒起―砕土－鋤返－砕土－小分－荒起－植代）を達成できず，本機導入によって主に省略された耕耘の作業行程は，2回の砕土と鋤返の3行程であった。このころの田植えは主に徒手によるもので，本地方では5月20日〜31日ごろに行われた。その後，中耕除草を手押し除草機で6回，手取り2回行われ，畜力や除草剤は用いられていなかった。肥培管理につい

ては，窒素，カリ（カリウム）といった購入肥料が増加した。加えて，肥料には化学肥料（硫安および尿素の併用）が多く，基肥として施肥した分量の2〜3割分を幼穂形成期に補肥する方法がとられた。害虫類への防除として有機塩素系の殺虫剤の一つであるベンゼンヘキサクロリド（BHC）が1回散布された。中干しは，早生で8月下旬，晩生では9月中旬に開始された（本地方では，早生［環境変化に対し，比較的安定性がある］と晩生が混在していたが，中・晩生のほうで収量が高く，後者を選択するのが多かったようだ）。五十嵐（1959）は，早植化，暗渠化，機械化，化学肥料の使用の増加，殺虫剤の使用が稲作の効率性，生産性の向上の要因として指摘している[20]。この事例で見てきたように，現代に入ると明治農法を土台に各地で生産性向上のための技術的な「萌芽」が開発・普及されるにつれ，魚類等水生生物の生息環境が量・質ともに変容し，少なくとも近世と比べて個体群や群集により大きな影響が生じる場面が急増していったと思われる。そしてこれ以降，「萌芽」のそれぞれが急速に飛躍的に発達していくことになる。ただし，これらの農法は後述するように体系として複合的に位置づけられていることを先に指摘しておく。

　例えば機械化については，1960〜70年以降になると乗用型トラクターや田植機が全国的に普及され，それぞれおおよそ200万台に達した[50]。1963年（昭和38年）より圃場整備事業が開始されたが，設計基準には稲作における機械化段階別体系の事例モデルが掲載された。圃場条件に応じた機械使用モデルの適用が推奨されている点からもわかるように[51]，圃場整備事業は大馬力の機械化を背景および前提にしている。また，圃場整備の目的には，「耕地区画の整備とともに用排水及び土層の改良，道路の整備並びに耕地の集団化等を一体的に実施する・・」とあることから農家の生活環境の一部を含めた広範囲な面的工事が内包されるようになった[51]。圃場整備事業の進展具合をグラフで見ると，昭和39年（1964年）から30a程度以上整備率の折れ線グラフがこれにあたる（**図3.4**）。すなわち，昭和38年（1963年）に始まった圃場整備事業における標準区画は，一筆の大きさが30a（100m×30m）であるとされた（昭和58年（1983年）からは50aが，近年では1〜5ha，10ha以上の巨大な区画も見られるようになった[52]）。併せて，必要な

●第3章●変化する水田環境

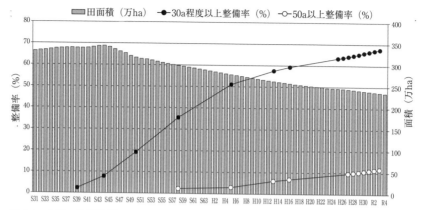

図 3.4 水田の整備状況
整備率は,農林水産省により土地利用基盤整備調査として概ね5年おきに実施されてきたもの。近年は,農業基盤情報基礎調査として毎年整理されている。30a程度以上の整備率は67.5％に達し,50a以上区画整備済割合も11.6％まで増加してきている。なお,整備率が特に高いのは北海道と北陸である。

路と排水路とを分離した（**図3.5**）。灌漑排水方式については現在までの時代の変遷や地形の違いに伴って,田越し灌漑,用排兼用,用排分離,用水路の管水路化に分類することができる（**図3.5**）[52),53)]。**図3.5**からは,新たに提示された灌漑排水方式までの変遷に伴って,パイプライン化を象徴に地域ごとの水路密度や水路の多様性が次第に低下している,とみることができよう。さらには,排水路では田面下1m程度（一般に深さは,田面下50～60cm以内とし,地下水位が高いなどの水田では,田面下1～1.2m程度の深さを持たせなければならないとされる[54)]）の深い場所に水路底面を設けることで,水田の地下水位を低下させ,農業機械の導入条件（埋没しないように）を整えることで乾田化を図った。このことによって,水田と排水路との間には大きな落差が生じた。**図3.4**の整備率の上昇には,以上のような状況がまさに現在まで進展していることがわかる。ところで,わが国で土木用積みブロックが本格的に使用されるようになったのは1954年（昭和29年）とされる。その後の1974年（昭和49年）にJIS規格にコンクリート積みブロックが規定された。箱状のボックスカルバートが普及されるようになったのは昭和40年代後半からとされる[55)]。このことから,**図3.5**の整備率が上昇する中

3.2 水田の農法の変遷

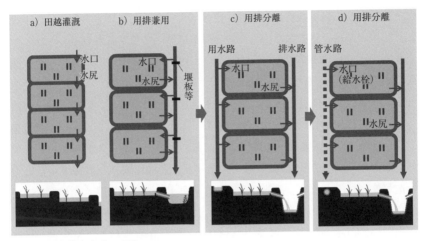

図 3.5 灌漑排水方式の変化
平野部の田越灌漑や用排兼用水路では，水田間の水位差，水田と水路との水位差が小さい．排水性能が低いために大雨の際には水没しやすく，水生生物が水田水域を移動しやすい構造となっていた．用排分離されると水利用の自由度は格段に向上し，排水性能も強化され，農業基盤としては生産を支える条件が安定するものの，水生生物が異なる水域を能動的に移動することは困難になっていった．

には，コンクリートライニングされた水利施設の設置箇所数や敷設面積の増加も反映されていると考えられる．現在では，技術書にフリューム規格が掲載され，農業水路をはじめとする水利施設のほとんどで仕上がりが滑面で，円滑な流水管理を可能にするためにコンクリート素材が使用されることになった．滑面の水路では，流水が下流に流れるのに伴ってエネルギーを蓄積していく．このために途中で落差工を設けて，エネルギーを消失させている．落差工には，階段式落差工（低落差1.0 m以下に使用），シュート式落差工（高落差1.0 m以上に使用），円筒（枡式）落差工（2.0 m以内に使用）がある[56]．この結果，水田と排水路との間だけでなく，排水路内でも複数の落差が生じ，魚類にとっての河川，排水路，水田といった水域間，さらには同水路内でも水域の連続性が消失した（コラム7参照．ただし，現在では魚道設置による対策方法はある[57]）．また，両生類にとっての水域（水田，用排水路）と陸域との連続性も失われた[58]（コラム6参照．ただし，現在では，水路上部に蓋等で被覆する対策方法はある[58]）．このような乾田化や大区画

●第３章●変化する水田環境

化を前提とした栽培技術に加えて，現代に入ってから雑草や害虫の防除手段として新たに組み込まれたいくつかの農薬について以下に触れる。

農薬のうち，殺虫剤の散布については1949年（昭和24年）ごろから散布されはじめ，主な種類はBHCやジクロロジフェニルトリクロロエタン（DDT）などの有機塩素系や，パラチオンといった有機リン系，有機水銀系のものが主に使用された。しかしながら，これらの使用はホタル類，巻貝類，ドジョウ類，カエル類なども殺傷するほどの影響があり，人的な被害まで生じたことから，1970年代に入ると，とりわけ有機塩素系，有機水銀系の殺虫剤が使われなくなり，農薬登録一覧から外された。そして，有機リン系は改良して低毒化された[59]。除草剤については，1950年（昭和25年）に最初の水田用除草剤として，2,4ジクロロフェノキシ酢酸（2,4-D）を代表とするフェノキシ系のものが登録され，コナギ（*Monochoria vaginalis*）等の水田雑草に対して使用されはじめた。次いで，1957年（昭和32年）にペンタクロロフェノール（PCP）を代表とするフェノール系の除草剤が使われ，水田雑草のとりわけノビエに効果があることで全国的に使用されたものの，1961年（昭和36年）に各地で魚毒性が問題になり，取りやめになった[60]。また，ジフェニルエーテル系のクロルニトルフェン（CNP）が除草剤，土壌改良剤として使用された。しかし，ダイオキシン類が含まれる問題や魚類（例えば，オイカワ[*Opsariichthys platypus*]，カマツカ類，コイ類，フナ類）に残留する問題[61]によって，1998年（平成10年）に農薬登録一覧から失効している。近年では，ネオニコチノイド系（例えば，イミダクロプリド），フェニルピラゾール系のフィプロニルが箱施用剤として多く使用されているが，アキアカネ（*Sympetrum frequens*）の幼虫・羽化個体に曝露すると斃死し，とくに羽化個体の羽化異常につながることが指摘されている[62]ほか，メダカ類の成長阻害や魚類の餌となる動物プランクトンの減少が指摘されている[63]。除草剤については，土壌処理型と茎葉処理型が昭和40年代（1965年〜）から併用して普及されていたが，1982（昭和57年）から茎葉兼土壌処理剤として，いわゆる「一発処理剤」が使用され，個別の処理型に置き換わるように現在まで普及している。一連の殺虫剤や除草剤が普及したプロセスには，農業改良普及員がどの水田でも一律に散布技術を指導できるという普及上の利点が

98

あったというが[60]，少なくとも農家が水田一筆の個性に着目する意識や農法は，近世と比較して希薄になったと思われる。言い換えれば，画一化した技術の普及が，農家の水田一筆の個性に着目する意識や視点を奪ったとも言えるだろう。

　以上のように水田の農法の近世から現代までの変遷を概観すると，多様な農法と水田が存在していた近世から徐々に水田の多様性（農法の多様性）が低下し，とりわけ現代に入って水田水域全体において，急速に，構造的に，基盤を含む水田および農法が変化した。そうなってくると，このことが複合的に魚類等水生生物の生息環境に負の影響を及ぼし，種の分布の縮小，消失に影響していたことが容易にイメージできよう。基盤を含む水田および農法の変化では，法則性や画一性に支えられた合理的な稲作体系として強く認識されるようになったことで，思想性や地域性に基づく近世，近代的なものの多くが非合理の位置づけのもとに排除されたのであろう。基盤や水田には，魚類等水生生物の多様な生息場，移動経路，産卵場，成育場が含まれていたので，稲作農法の合理化はすなわち魚類等水生生物を含めた水域生態系の劣化につながったと見なすことができる。一方で，現代の稲作体系は，戦後の食糧増産に大きく貢献し，そのうえで現在の水田水域の構図内に配置された水田，農業水路，河川，ため池などといった水域のモザイクの保全が指摘されている[64]。それは，各水域にはかつて一言では言い切れない，明確に水域区分に当てはまりにくいほどの多様な水域が多かったことにも通じる。魚類等水生生物の種の多様性と種ごとの個体数が担保されていたことは，先達の複数の証言からも明らかである[22]。このことは，魚類等水生生物の捕食者である「カワウソ」に関する記述が農書に頻出することにも反映されている可能性がある。例えば，カワウソ類の採餌活動は立春の指標の一つと指摘され，また苗代の管理においてカワウソ類の侵入対策が記載されている。なお，カワウソ類は農書掲載時には東北〜中部，東海，近畿，中国，九州地方に分布しており，それらの分布は餌資源である多種の魚類等水生生物の個体数が担保されていたことによるものと推察される。また，湿田系水田に「泥亀」がたくさん生息しているという記述[25]にもあるように，当時の豊かな水田水域生態系の一端が示唆されている。

●第3章●変化する水田環境

　最後に，近年の水田水域では耕作放棄と過度な開発の同時進行といった「二極化問題」が指摘されているが[65]，本稿で近世〜現代までの変遷から魚類等水生生物の保全へのメッセージを一つ拾うとすれば，少なくとも地域等の広域な空間スケールでの生息環境の多様さや環境収容力（多様な水田［多様な農法］，多様な生息場を有した水路）を増やすことであり，同種といえども個性を有しているので[66]，これまでの単一の移動分散や生活史を考慮した水田水域を再考し，外来種の分布の助長に注意しながら，必要十分な移動分散や生活史を担保する必要があるだろう。

3.3　水田環境の変化による生物多様性の変遷

　農業技術の発展に伴い，イネ（*Oryza sativa*）以外の生物の生息場としての水田環境は最近数十年の間に大きく変化した。これに伴い，水田環境における生物多様性も大きく変化した。ここでは水田環境に成立するイネ以外の植物群集に着目し，その変化に大きく影響を及ぼしてきたと考えられる除草剤と圃場整備，耕作放棄という3つの要因を取り上げ，それぞれが群集構造にもたらしてきた影響と，その変遷を概観してみる。

3.3.1　ハビタットとしての水田環境

　日本の水田では，明らかになっているだけで6,000種を超える動植物種の生息が確認されており，このうち植物は3分の1の約2,000種を占める[67]。しばしば言及されるように，水田は日本のみならず世界的に失われているハビタットである湿地の代替として機能し，様々な湿地性生物に生息場を提供してきたと考えられている[68]。この中には現在絶滅の危機に瀕している種も多数含まれており[69],[70]，水田が生物多様性を支える重要なハビタットとして機能してきたことに疑いの余地はない。ただし，水田は主に食料としてイネを生産することを目的とした農地であり，イネ以外の生物へハビタットを提供することは意図されたものではない。このために，人間はイネと競合しうる生物は積極的に除去し，さらには水田環境そのものを，それらが生息しにくい環境に改変してきた。

3.3.2 除草剤がもたらした群集構造の変化

水田耕作においては，イネの生育を阻害する主要因として雑草（ここではイネ以外の植物とする），害虫，病気の 3 つが挙げられ，それぞれに対する農薬として除草剤，殺虫剤，殺菌剤が用いられる[71]。近年，殺虫剤が水田の昆虫群集に様々な影響を及ぼしてきたことが明らかになってきているが[72]，除草剤についても同様に，イネ以外の植物群集に対して様々な影響を及ぼしてきた。水田において利用される除草剤は，1950 年に登録されたイネ科に影響を及ぼさない選択性を持つ 2,4-PA（2,4-D：2,4-ジクロロフェノキシ酢酸）水溶剤が最初である[73]。ただし，その導入初期には効果が限定的であったことや，魚類等，ほかの生物へ負の影響をもたらすことなどが指摘され，さほど利用は広がらなかった[73]。しかしその後，施用しやすい粒剤の開発や新たな薬剤の登録に伴って急速に普及し，2022 年現在でイネに対する除草剤の農薬出荷実績は，殺虫剤，殺菌剤を含めた農薬の中で数量，金額ともに最大と

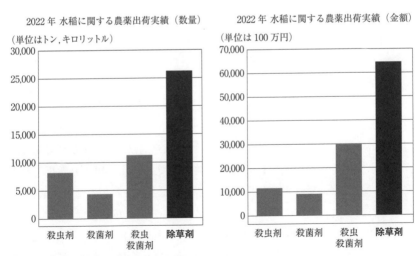

2022 農薬年度出荷実績（JCPA 農薬工学会の資料）をもとに作成
https://www.jcpa.or.jp/labo/data.html
（2023 年 1 月 30 日最終確認）

図 3.6 2022 年の水稲に関する農薬出荷実績
数量，金額ともに除草剤が飛び抜けて大きいことがわかる。

●第3章●変化する水田環境

なっている（**図3.6**）。

　除草剤の普及は，除草という農作業の大幅な軽減をもたらした半面，水田における植物群集の構造を大きく変化させた。除草剤の施用が広がりはじめた初期，1940年代から50年代にかけて，水田における主要雑草は一年生種が多かった[74]。このため，初期の除草剤は一年生種を対象としたものが多く，この時期には水田に生育する一年生種が大きく数を減らしたと考えられる。その反面，多年生種に対する除草剤の効果は限定的であった[75]。実際，除草剤が普及し，水田において平均2回の施用がなされるようになった1970年代から80年代にかけて，主要雑草に多年生種が著しく増加したことが指摘されている[74]。すなわち除草剤の普及は，水田における雑草の群集構造を，一年生種優占から多年生種優占へと変化させたと考えられる。

　多年生の雑草が増加したことを受け，多年生草本への効果が高い除草剤の開発および施用方法の検討が進んだ[76]。そして1980年代には，一発処理型と呼ばれる，多年生，一年生を問わず広葉植物に有効性が高いスルホニルウレア（SU）とイネ科に有効性が高い成分を混合させ，有効期間を延長させることで一年生，多年生ともに処理でき，施用回数も減らせるタイプの除草剤が普及した[73], [76]。これにより，水田に生育する雑草は，生活史や形質を問わず各地で数を減らしたと考えられる。しかし，除草剤の施用増加は生残した雑草個体群に変化をもたらした。それは，薬剤抵抗性の獲得である。雑草の薬剤抵抗性自体は比較的古くから確認されていたが[75], [77]，一発処理型が広く普及した1990年代半ばからは，一年生，多年生を問わず様々な雑草に薬剤抵抗性が確認されるようになった[73]。除草剤に対する抵抗性の発現は，日本の水田雑草に限らない世界的な農業課題であり[78]，現在も新規薬剤を投入後，しばらく経過すると薬剤抵抗性が確認され，薬剤の効用が低下し，新たな薬剤を投入することになるといういたちごっこが続いている。現在水田に成立している植物群集は，除草剤が導入される以前のものとは種構成はもちろん，同種であっても種生態を変化させ，群集全体の機能形質や生物間相互作用をも不可逆的に変化させている可能性がある[77], [79]。もし今，水田耕作を除草剤が普及する以前の体系に戻し，消失した種を再導入したとしても，かつて水田に成立していた植物群集は復元できないかもしれない。

3.3.3　圃場整備がもたらした群集構造の変化

　薬剤によってイネ以外の生物を除去することと同時に，人間は農作業の管理効率を高めるため，水田の物理環境を改変する圃場整備（基盤整備）を実施してきた（3.2 も参照）。一般に日本における圃場整備は土地区画の整理，水路の整備および排水性の改良が中心であり，1950 年代～60 年代から全国の農地を対象に実施されてきた[80),81)]。水田における圃場整備は，水を入れないと乾燥する状態に改変し，畑作利用も可能な汎用化をもたらす乾田化ならびに，用排水路の分離，水路や畦畔のコンクリート化など，機械化の推進や水管理効率を向上させるものが主流である[81)]（**図 3.7 a**）。

　圃場整備により農作業の機械化や集約化，効率化が進み，農業における労働生産性は大きく向上した[82)]。その反面，土地改変による湿潤な環境や陸域，水域の境界域，水田と水路の連続性，土水路の消失などを通し，水田の湿地ハビタットとしての質を大きく変化させ（**図 3.7 b**），様々な生物に影響を及ぼした[80)]。植物に対する最も大きな影響としては，乾田化によって耕作時期以外の水田は乾燥した状態になったため，通年で湿潤な環境が必要な種の生育が困難になったことが挙げられる[70),79)]。より具体的には，乾田化された水田では，湿地性植物のうち，ある程度の乾燥耐性を持つ，あるいは限られた湛水期間で生活史を完了できる種でないと生育が困難になったのである。これにより，水田を主な生育地として利用してきた湿地性植物種の多くは全国的に数を減らし，絶滅の危機に瀕した[70)]。実際，圃場整備状況と絶滅危惧植物の関係を検討した研究では，その分布パターンは全国レベルでも，県レベルでも完全に排他していることが示されている[83)]。さらに同じ研究の中で，圃場整備が絶滅危惧植物に与える負の影響は，数十年単位の長期にわたることも示唆されている[83)]。圃場整備は大規模な物理環境の改変であるため，その影響は長期的に持続するのである。

　他方，乾田化に伴い，水田および周辺には乾燥地に適応した植物種が進出してきた。大阪において圃場整備後の畦畔を調査した研究[84)]によると，整備後 5 年を経た畦畔における優占種は，ほぼすべてが非湿地性種となっていた。関東平野の広い範囲で行われたモニタリングデータを分析した研究では，

(a) 水田における圃場整備作業

(b) 圃場整備作業を経た水田（湛水前の4月に撮影）

図3.7 圃場整備が行われている水田（a）と圃場整備を経た水田（b）。圃場整備がなされることで機械化等，農作業の効率が大きく向上した反面，乾燥化，物理環境が単純化することで，生物のハビタットとしての質は大きく低下する。

　圃場整備がなされた水田地帯では，湿地性植物の多くが非湿地性種に入れ替わったことが明らかになっている[85]。圃場整備が広がった結果，水田の植物群集を構成する主要な種は，湿地に適応した様々な種から，乾燥耐性を持つ湿地性種の一部および非湿地性種へと変化したのである。

　水田における圃場整備は，食料生産の効率を大きく向上させた反面，生物多様性の保全という観点からは，負の影響ばかりをもたらしてきた要因と言ってもよいだろう。実際，圃場整備は，第五次生物多様性国家戦略2012-

2020において示されている生物多様性の危機要因のうち，第1の危機：開発など人間活動による危機要因に含まれると考えられている[81]。同様に，農林水産省生物多様性戦略では，経済性や効率性を優先した農地や水路の整備は，生物多様性へ負の影響をもたらすことがあるとしている．

3.3.4 耕作放棄がもたらす群集構造の変化

農業は食料生産を第一義的な目的とした産業であり，経済活動の一部でもあるため，除草剤の施用や圃場整備等を通して効率化されてきた．しかし，効率化を追求することは，しばしば非効率なものの切り捨てを引き起こす．近年，特に先進国で，条件不利地等における耕作放棄が増加し，様々な問題を発生させている[86]．

日本における耕作放棄地面積は，1990年代後半から急速に拡大した．統計情報によると，国内の耕作放棄地面積は1995年に約24万haであったのが，2015年には42万haに達し（**図3.8**），現在も増加しているという．

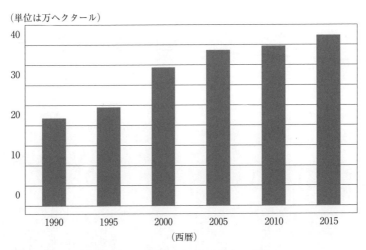

荒廃農地の現状と対策について（農林水産省）をもとに作成
https://www.maff.go.jp/i/nousin/tikei/houkiti/genzyo/PDF/Genzyo_0224.pdf
（2023年1月30日最終確認）

図3.8 1990年から2015年までの国内における耕作放棄地面積の推移．ここで示している耕作放棄地面積は，農林業センサスという統計調査に基づく数値である．

●第 3 章●変化する水田環境

　農地は農業活動という攪乱によって維持される半自然環境であるため，耕作が放棄された農地では，二次遷移プロセスによる植物群集の変化が発生する[87]。遷移とは時間に伴う変化であるため，耕作放棄地では放棄からの年数に応じて成立する植物群集が変化すると考えられる[81]。実際，複数の研究において，放棄後の年数によって生育する植物の種構成や多様性は異なることが示されている。例えば放棄からの期間が短い，あるいは数年単位で一定の農地管理行為を実施している場合は種多様性が高く[88]，放棄からの期間が長期化すると植物の種組成が単純化することを示した研究等がある[88],[89]。しかし，水田は北海道から沖縄まで，平地から高地にかけて広く存在する生態系であるため，とある地域で検出された現象が，ほかの地域においても同様であると判断することは難しい[81]。さらに農業活動という攪乱によって形成，維持されてきた水田の植物群集は，放棄によって攪乱が失われることで，農地に改変される前の自然状態に回帰していくことも起こりうるため[69]，放棄に伴う植物群集の変化を一般化することは困難である（図 3.9）。

（a）放棄された水田　　　　　　　　（b）放棄地に生育するタコノアシ

図 3.9　耕作が放棄された水田は遷移が進み，雑草が繁茂した状態になるが（a），ときに絶滅危惧植物の生育場として機能することもある（b）。写真（b）は耕作放棄地で発見された絶滅危惧植物タコノアシ

3.3 水田環境の変化による生物多様性の変遷

さらに複雑なことに，耕作放棄は除草剤が施用されてきた，圃場整備がなされた，あるいは両方の影響を受けた水田でも発生している。先述のとおり人間活動による群集の構成種や多様性の変化は，群集全体の機能や生物間相互作用を変化させる可能性がある[77]。除草剤，圃場整備によって大きく変化した水田の植物群集は，放棄による攪乱の低下に伴いどのように遷移するのであろうか。放棄された水田において発生する群集構造の変化は，二次遷移の進行だけでは説明できない可能性がある。これを今から検証することは困難であるが，少なくとも自然湿地において攪乱の頻度，強度が減少した際に発生する群集の変化とはまるで異なる変化が発生する，あるいはしている可能性は否定できない。

3.3.5　おわりに

本節では，除草剤と基盤整備，耕作放棄という3つの要因に焦点を当て，水田環境における植物群集の変遷を概説した。ここでは触れなかったが，水田の植物群集を変化させた別の外部要因として，外来生物の侵入も無視することはできない。実際，多くの水田において外来生物が侵入・定着していることが報告されている（コラム10，11参照）。外来生物の侵入による生物間相互作用の変化は，薬剤や土地改変の影響と組み合わさり，さらに複雑な群集構造の変化を引き起こしていると考えられる。

水田は人間による土地利用であり，人間活動によって形成，維持されてきた半自然環境である。このため，自然生態系では発生しない人為的な選択圧や環境変化が発生し，そこに生息する生物もそれらに影響を受けて変遷してきた。しかし，これを逆に捉えると，水田における生物群集は，人間の働きかけによって今後も変化すること，適切な働きかけを行うことで，人間が望む群集が形成するように誘導できる可能性があることを示唆する。水田における生物多様性は，応用生態工学が扱うテーマとして興味深いものであり，今後の発展が期待される。

107

●第3章●変化する水田環境

3.4 気候変動下の水田環境と役割

　現在の地球は人間活動に起因する気候変動の影響下にあり，気温の上昇，短時間での集中豪雨をはじめとする極端な自然現象の発生，それらに伴う災害の増加，海面上昇等，その影響は日々の生活の中で実感できるほどになっている。2021年に公表された気候変動に関する政府間パネル（IPCC：Intergovernmental Panel on Climate Change）第6次評価報告書（AR6）では，人間活動によって地球温暖化が発生していることに疑いの余地はないと断言され，その対策に人類が一丸となって取り組んでいく必要があることが改めて確認された。本節は，気候変動と水田の関係，気候変動が水田生態系に及ぼす影響ならびに，気候変動下における水田の役割について述べる。

3.4.1　水田における気候変動対策

　気候変動による人間社会への負の影響を低減させる方策には，その原因となる温室効果ガスの排出を削減し，吸収を促進することで大気中に存在するガス濃度の上昇を抑制し，安定化させる「緩和策」と，気候変動に伴う気温上昇等が発生することを前提とし，それに対して影響を低減，回避および，新しい環境を活用できるような社会を構築していく「適応策」の2つがある（**図3.10**）。緩和策の例として，温室効果ガスの排出を減らす省エネ技術を取り入れることなどが挙げられる。適応策の例として，増大する自然災害に対する備えを拡充することなどが挙げられる。緩和策と適応策は気候変動対策の両輪と考えられており，いずれか一方ではなく，ともに取り組んでいくことが必要とされている（**図3.10**）。

　水田は，日本の陸地面積の約66%を占める森林に次ぐ大面積を有する農地（約13%）の約半数を占め，約5%を占める宅地よりも面積が大きい主要な土地利用形態の一つである。このため，水田における気候変動対策は，緩和策，適応策ともに気候変動に伴う人間社会への負の影響を低減させるうえで重要である。水田耕作において実施される緩和策の一つに，温室効果ガスの排出を削減できる農法の確立および適用が挙げられる。水田は湛水が行わ

108

3.4 気候変動下の水田環境と役割

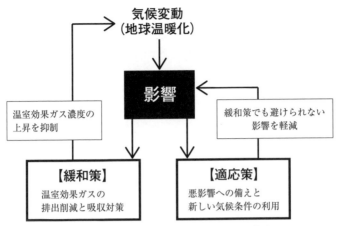

『日本の気候変動とその影響』(2012年度版)をもとに作成
https://www.env.go.jp/earth/ondanka/rep130412/report_full.pdf
(2024年1月20日最終確認)

図3.10 気候変動に対する緩和策と適応策の関係性
いずれか一方に取り組めばよいというものではなく,両輪としてともに対応していく必要がある。

れるという性質上,土壌に嫌気環境が形成されるため,メタン生成菌によるメタンの発生を促進することが知られている。メタンは同量の二酸化炭素と比べ,長期的に28倍もの温室効果をもたらす温室効果ガスであり[90],湿地と水田は大気中のメタン生成における主要な発生源とされている[91]。これに対する緩和策として,「中干し期間の延長」がある。「中干し」は苗の移植後,一定期間が経過した後に水田から水を抜いてしまうという水田耕作における一般的な管理方法で,イネの過剰分げつ抑制,土中の有害成分の除去などを目的に,水田における慣行農法の一部として実施される。一般的に中干しは1〜2週間実施されるが,これまでの研究によって,この期間を1週間程度延長することでメタンの発生が大幅に削減されることが明らかになっている[92]。2023年に中干しの延長は,水田における温暖化緩和策として,温室効果ガスの排出削減量を「クレジット」として国が認証し,取引を可能とするJ-クレジット制度の温室効果ガスの排出削減・吸収に資する技術として認証された。中干しの延長は,通常の水田耕作に容易に組み込める緩和策

●第3章●変化する水田環境

として，各地で取り入れられることが期待されている。

　一方，水田耕作における適応策として，播種日や移植日を移動させることによる高温等の回避，施肥や落水等による品質低下の回避，変化した気象条件へ対応するための品種改良等が挙げられる。品種改良においては既に多数の温暖化適応品種の開発および普及が進んでおり，2016年時点で全国の主食用作付面積の約7%を占め，年々その面積は増加している[93]。気温上昇等による被害が広がる前に管理作業を変更すること，耐性品種の作付比率を高めていくことは，気候変動に向けた適応策として有効であろう。ただし，どの適応策が効果的であるかについては地域によって異なるといった指摘もあるため[94]，複数の対策を組み合わせていくことが重要であると考えられる。

3.4.2　気候変動が水田耕作にもたらす影響

　気候変動は日本の社会に様々な影響を及ぼすと考えられているが，食料生産，特に主食であるコメ生産への影響は，社会的に最も関心が高い課題の一つである[95]。気候変動がコメ生産にもたらす最も大きな問題は，収量の低下ではなく，品質の低下と考えられている[93]。実は気候変動下におけるコメの収量は，地域性はあるものの[94]，複数の研究において増加する可能性が高いことが示唆されている。対して品質の低下は，シミュレーションおよび実験の両方において低下する可能性が高いことが示唆されている。例えば複数の気候変動シナリオ下でコメ生産を予測した研究では，総生産量は増加するものの，品質は低下する傾向が検出されている[96]。また，人工的に二酸化炭素濃度を高めた環境においてイネを栽培した実証研究では，実際に収量は増加したものの，白濁率の増加など，品質の低下が発生したことが示されている[97]。

　気候変動がコメの品質低下を招く要因は，高温など，イネに対する直接的なものだけではない。気候変動は生態系全体に影響を及ぼすため，水田に生息するほかの生物にも影響し，生物間相互作用を変化させうる[98]。コメの品質低下を招く要因の代表としてカスミカメムシ類による食害があり，応用昆虫学分野において長年研究されてきているが[99]，気候変動によってこれらカスミカメムシ類の発生時期等が変化し，農業被害の拡大に影響する可能

110

性が指摘されている[100]。例えば10年分の長期観測データおよび日別気温データを活用した研究では，現在，東北における主要害虫になっているアカスジカスミカメ（*Stenotus rubrovittatus*）は，気候変動に伴って個体数を増加させること，さらには年発生回数を増加させることを通して分布域を拡大させる可能性が示唆されている[101]。同じく東北地方において同所的に生息するアカスジカスミカメ，アカヒゲホソミドリカスミカメ（*Trigonotylus caelestialium*）を対象に行われた研究では，気候変動に伴い，2種とも

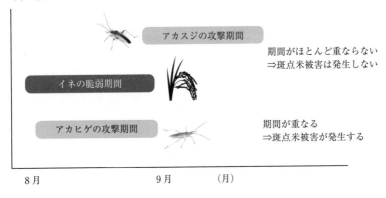

(a) 過去の気候条件下におけるカメムシ2種とイネのフェノロジー

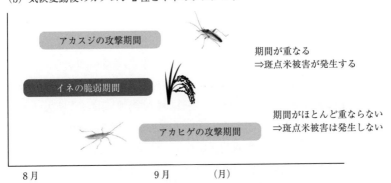

(b) 気候変動後のカメムシ2種とイネのフェノロジー

図 3.11 秋田県を対象に行われた研究において，米の品質を低下させる斑点米を発生させるアカスジカスミカメとアカヒゲホソミドリカスミカメは，気候変動に応じてフェノロジーを変化させ，一方は近年の主要害虫に，一方は主要害虫ではなくなるといった変化が発生したことが示唆されている。

●第３章●変化する水田環境

そのフェノロジーを変化させ，イネに対する加害強度も変化させる可能性が示唆されている。具体的には，過去の気候条件下において，イネの食害に対する脆弱時期にイネを積極的に加害するステージが一致していた種はアカヒゲホソミドリカスミカメであったが，気候変動によって加害ステージが一致する種がアカスジカスミカメになった可能性が示されている[102]（**図 3.11**）。気候変動は害虫だけでなく雑草や病原菌にも影響を及ぼすため，これらとイネの相互作用が変化することで，間接的にイネの収量や品質に悪影響を及ぼすことは十分に起こりうる。

3.4.3　気候変動下で期待される水田の役割：防災・減災機能

水田を含む農地は，食料生産以外にも様々な機能を持つことが知られている（3.1 参照）が，これら機能も気候変動対策に貢献することが期待されている。農地が有する多面的機能のうち，気候変動への対応として特に水田に期待されているのが，水災害に対する防災・減災機能である。近年，気候変動を一因として自然災害，特に豪雨に伴う水災害の増加が著しい。これに対応するため，生態系を活用した防災・減災（Ecosystem Based Disaster Risk Reduction：Eco-DRR）という考え方が注目されている。Eco-DRRとは，生態系が有する機能を生かして社会の災害に対する脆弱性を低減するという考え方で，農地・農村の有する多面的機能にも含まれる考え方である。先述のとおり水田は日本の主要な土地利用形態の一つであり，北海道から沖縄まで全国に広く存在していることから，水田を Eco-DRR に活用することができれば，その総面積の大きさ，導入コストの低さ等の面から，極めて有用な災害対策になることが期待できる[103]。農林水産省が拠出している「多面的機能支払交付金」（3.1，コラム 9 参照）も，農地における防災・減災機能の発揮を目的とした取り組みを支払い対象としており，豪雨時に水田に雨水を貯留する機能を高め，洪水被害を抑制・軽減する「田んぼダム」[104] や，排水効率を高めるための水路点検，泥上げ等が行われている。

これまで水田が持つ防災・減災機能は，雨水を貯留する機能を高める「田んぼダム」[104] という，堰板や調整板等の器具を水田施設に取り付ける地域レベルの取り組みを中心に検討されてきた。近年，Eco-DRR に関する注目

112

3.4 気候変動下の水田環境と役割

度の増加に伴って機能評価を行う研究が進み[105]，水田には，より広域的な防災・減災機能が存在することが明らかになってきた。例えば，既往研究において自然湿地は雨水の貯留地として機能し，防災・減災に貢献することが示されているが[106]，もともと氾濫湿地だったと思われる場所に立地する水田（図 3.12 a）は，同様の機能を発揮して洪水の発生を抑制すること[107]（図 3.12 b），同じ条件に立地する水田は，洪水発生時に溢れた水を受け入れる

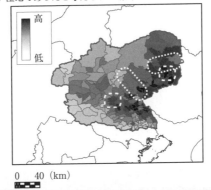

(a) 湿地であったと考えられる場所に立地する水田比率

かつて湿地だった場所に立地する水田は，水害の発生を抑制し，発生してしまった水害の被害を緩和する傾向が検出されている。

(b) 水害の発生頻度

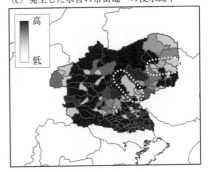

(c) 発生した水害の市街地への浸水比率

図 3.12 地形的に水がたまりやすい場所に水田が立地することで，水害の発生を抑制するとともに，水害が発生してしまった際もその被害を緩和してくれる可能性が示されている。

●第３章●変化する水田環境

遊水地としての機能を発揮し，発生した水害の被害を緩和すること[108]（**図3.12** c）などが明らかになってきた。水田を利活用した Eco-DRR は，既に存在している土地を利用できるという導入可能性の高さから，土地利用計画等に取り込める可能性が期待されている[105]。これを後押しするように，近年の水災害対策として「流域治水」という考え方が提示されるようになった。流域治水とは，河川域にとどまらず，集水域（雨水が河川に流入する地域）から氾濫域（河川等の氾濫により浸水が想定される地域）を含めて一つの流域と捉え，流域に関わるあらゆる関係者が協働して水災害対策に取り組むという考え方で，既に法整備（「特定都市河川浸水被害対策法等の一部を改正する法律」（流域治水関連法）2021 年 11 月 1 日施行）も進んでいる。気候変動下において激甚化する水災害に対し，旧来は管理範囲，責任範囲が完全に区別されていた河川域と農地域が協力して防災・減災に取り組んでいくことは，今後の防災対策として必須であり，水田はこの実現に向けた重要なパーツになると考えられる。

3.4.4　おわりに

　本節は，気候変動に伴う水田環境の変化ならびに，今後より重要になっていくであろう水田の役割について述べてきた。本節で最も強調したいことは，水田を食料生産のみを行う場として捉えていると，環境や社会の変化に対応できる機会を失うことにつながるという点である。食料生産は農業における第一義的な目的であるが，水田を含む農地が持つ食料生産以外の様々な機能は，気候変動対策にも大きく貢献する可能性がある。これを逆に捉えると，水田を特定の機能に特化してしまうことで，気候変動に対して社会を脆弱にしてしまうかもしれない。これまで人間社会は，水田が持つ食料生産機能を高めるために努力を積み重ねてきており，実際にその生産性は著しく向上した。その反面，本来的に保有していた多様な機能を喪失させてきた。この状況は，気候変動を含む環境変化に対し，水田が持つ対応力（Resilience レジリエンス）を低下させてきた面があることを改めて認識する必要がある。実際，食料生産に特化させる近代農業と多面的機能の発揮は両立が難しいと指摘されている[109]~[111]。気候変動への対応に留まらず，水田が持つ多様な機

参考・引用文献

能の重要性と意義を改めて見直すべき時期が来ている。

《参考・引用文献》

1）宮本一夫（2021）農耕の起源を探る―イネの来た道．吉川弘文館，東京，270p.

2）工楽善通（1991）水田の考古学．東京大学出版会，東京，138p.

3）藤尾慎一郎（2011）〈新〉弥生時代―五〇〇年早かった水田稲作．吉川弘文館，東京，271p.

4）岡村渉（2014）弥生集落像の原点を見直す・登呂遺跡．新泉社，東京，96p.

5）能登健（1983）小区画水田の調査とその意義 - 群馬県同道遺跡．地理 28（10）：67-74.

6）佐原真・工楽善通編（1987）探訪弥生の遺跡 西日本編．有斐閣，東京，511p.

7）玉城哲・旗手勲（1974）風土―大地と人間の歴史．平凡社，東京，332p.

8）西川治（1979）国土の開発史と保全問題．地学雑誌 89（1）：52-59.

9）古島敏雄（1967）土地に刻まれた歴史．岩波書店，東京，222p.

10）菊地利夫（1977）新田開発（改訂増補）．古今書院，東京，538p.

11）元木靖（1997）現代日本の水田開発―開発地理学的手法の展開．古今書院，東京，274p.

12）山崎不二夫（1996）水田ものがたり―縄文時代から現代まで．山崎農業研究所，東京，188p.

13）仙北富志和（2004）戦後我が国の農業・食料構造の変遷過程―農業近代化のアウトライン．酪農学園大学紀要 人文・社会科学編 29（1）：29-40.

14）工楽善通・遠藤正夫（1983）青森県垂柳遺跡での弥生水田発掘の意義．東アジアの古代文化 36：33-40.

15）日鷹一雅・嶺田拓也・大澤啓志（2008）水田生物多様性の成因に関する総合的考察と自然再生ストラテジ．農村計画学会誌 27（1）：20-25.

16）安藤精一（1959）江戸時代の農民．至文堂，東京，238p.

17）柿野亘（2007）環境に負荷を与えない農法．水田生態工学（水谷正一編），pp.35-38，農山漁村文化協会，東京．

18）涌井義郎・館野廣幸（2008）日本の有機農法．筑波書房，東京，319p.

19）野口弥彦・川田信一郎（1987）農学大辞典．養賢堂，東京，pp.1418-1419.

20）五十嵐憲蔵（1959）水稲作経営における体系技術の形成と生産性．農業技術研究所報告（23）：1-38.

21）原田信男（2006）コメを選んだ日本の歴史．文春新書，東京，pp.60-62.

22）養父志乃夫（2009）里地里山文化論―循環型社会の基層と形成．農文協，東京，pp.62-67，107-113.

23）堀尾尚志・岡光夫（1980）耕稼春秋（1707 年；土屋又三郎，石川県金沢市），日本農書全集 第 4 巻．農村漁村文化協会，東京，pp.176-180，248-260，189-191.

24）徳永光俊・宇山孝人・別所興一・西村卓・江藤彰彦（1998）勧農和訓抄（1842 年；加藤尚秀，山梨県山梨市），日本農書全集 第 62 巻．農村漁村文化協会，東京，pp.264.

25）広瀬久雄・米原寛（1979）私家農業談（1781～1788 年；宮永正運，富山県小矢部市），

●第3章●変化する水田環境

日本農書全集 第6巻. 農村漁村文化協会, 東京, pp.10, 12, 35, 56, 57, 68, 272, 291, 310, 14-57.

26) 安川巌・山田龍雄・月川雅夫・井上忠・小西正泰・牧野隆信・八木宏典 (1979) 野口家日記 (1847～1865 年；野口広助, 佐賀県千代田町), 日本農書全集 第11 巻. 農村漁村文化協会, 東京, pp.211-266.

27) 佐々木長生 (2021) 会津と砺波の棒状農具の形態と機能. 国際常民文化研究叢書 (14)：215-237.

28) 粕渕辰昭・荒生秀紀・安田弘法 (2016) 江戸時代の農書における水田の多数回中耕除草とその効果. 土壌の物理性 (132)：55-59.

29) 古島敏雄・稲見五郎・森山泰太郎・田口勝一郎・小西正泰 (1977) 耕作噺 (1776 年；中村喜時, 青森県田舎館村), 日本農書全集 第1 巻. 農村漁村文化協会, 東京, pp.44-47, 49, 57, 59, 60, 62, 73, 80.

30) 安孫子麟・守屋嘉美・梅津保一・佐藤常雄・庄司吉之助 (1983) 農事常語 (1805 年；今成吉四郎, 山形県米沢市), 日本農書全集 第18 巻. 農村漁村文化協会, 東京, pp.353-359.

31) 岡光夫 (1979) 百姓伝記8～15 巻 (1681～1683 年；著者不明, 地域不詳 [愛知県か静岡県か]), 日本農書全集 第17 巻. 農村漁村文化協会, 東京, pp.16, 21, 25, 26, 53, 81, 76, 78, 81, 82, 89, 90-92, 94, 96, 98, 107, 112, 131, 130-137.

32) 古島敏雄・稲見五郎・森山泰太郎・田口勝一郎・小西正泰 (1977) 除稲虫之法 (1856 年；高橋常作, 秋田県雄勝町), 日本農書全集 第1 巻. 農村漁村文化協会, 東京, pp.352-363.

33) 熊代幸雄・長倉保・稲葉光國・泉雅博 (1981) 農業自得附録 (1871 年；田村吉茂, 栃木県河内郡上三川町), 日本農書全集 第21 巻. 農村漁村文化協会, 東京, pp.112, 113, 116, 117, 118.

34) 古沢典夫・庄司吉之助・高倉新一郎 (1980) 農民之勤耕作之次第覚書 (1789 年；高嶺慶忠, 福島県猪苗代町), 日本農書全集 第2 巻. 農村漁村文化協会, 東京, pp.287.

35) 庄司吉之助・長谷川吉次・佐々木長生・小山卓 (1982) 会津農書 (1684 年；佐瀬与次右衛門, 福島県会津若松市), 日本農書全集 第19 巻. 農村漁村文化協会, 東京, pp.19, 20, 23, 24, 28, 29, 44, 46, 48-50, 53, 55, 56, 58, 60, 61, 63.

36) 岡光夫・守田志郎 (1979) 百姓伝記1～7 巻 (1681～1683 年；著者不明, 地域不詳 [愛知県か静岡県か]), 日本農書全集 第16 巻. 農村漁村文化協会, 東京, pp.34, 70, 73, 74, 238, 241, 271, 273, 274, 330.

37) 佐藤常雄・福井淳人・高橋伯昌・山田龍雄・神立春樹 (1982) 農業巧者江御問下ケ十ケ條并ニ四組四人總御答書共ニ控 (1841 年；伊藤惣左衛門, 山口県久賀町), 日本農書全集 第29 巻. 農村漁村文化協会, 東京, pp.214.

38) 奥西元一 (2004) 近世後期の下総地方坂川流域における稲作技術の展開. 農業史研究 (38)：49-60.

39) 永田恵十郎 (1964) 稲作灌漑の農法的性格. 水利科学 8 (1)：113-132.

40) 岡光夫・西田躬穂・山田久治・飯田文弥・小林是綱 (1981) 農事弁略 (1787 年；河野徳兵衛, 山梨県東八代郡御坂町), 日本農書全集 第23 巻. 農村漁村文化協会, 東京,

pp.319-320.

41) 勝部眞人（1994）明治 10 年代における秋田県農業の技術段階．人文学報（73）：143-175.

42) 一般社団法人農業農村整備情報総合センター（2022）水土の礎．(https：//suido-ishizue.jp/daichi/part2/03/08.html)［参照 2023-11-15］

43) 池田寿夫（2009）利根川下流域地域の水田農業．水土の知 77（6）：465-468.

44) 古田睦美・下里俊行（2016）日本近代農業史における民間農法・有機農業の位置づけをめぐる諸問題（1）―黒澤浄の事例を中心に．長野大学紀要 38（1・2）：9-20.

45) 伴野泰弘（1992）愛知県における明治農法の展開―牛馬耕の導入・普及の地域差をめぐって．社会経済史学（58）：117-145.

46) 西村卓（1994）明治農法の地域的形成と篤農農法―島根県能義郡布部村宇山栄太郎と一粒植稲栽培法．経済学研究 59（3・4）：117-145.

47) 片岡千賀之（1974）明治 20 年代初頭における肥料の消費構造．農林業問題研究（37）：71-77.

48) 籠瀬良明（1972）低湿地．古今書院，東京，p.56.

49) 須々田黎吉（1970）明治農法形成における農学者と老農との交流（1）．農村研究（31）：15-27.

50) 農林水産省（2010）土地改良事業計画設計基準 計画「農業用水（水田）」．東京，pp.95-96.

51) 農林省構造改善局（1963）土地改良事業計画設計基準 計画「ほ場整備（水田）」．東京，pp.2, 31.

52) 皆川明子（2021）伝統的な水田水域と整備済みの水田水域における魚類の繁殖と保全．応用生態工学会 24（1）：111-126.

53) 永山滋也・根岸淳二郎・久米学・佐川志朗・塚原幸治・三輪芳明・萱場祐一（2012）農業用の水路における季節と生活史段階に応じた魚類の生息場利用．応用生態工学会（15）：147-160.

54) 農林省構造改善局（1977）土地改良事業計画設計基準 計画「ほ場整備（水田）」．東京，pp.54-55.

55) 河野清（1993）コンクリート製品の歴史．土木学会論文集 466（V-19）：1-7.

56) 農林水産省構造改善局（1991）土地改良事業標準設計．東京，pp.97.

57) 農村環境整備センター・ナマズの学校・メダカ里親の会（2010）水田魚道づくりの指針．東京，71p.

58) 渡部恵司・中島直久・小出水規行（2021）水田域の圃場整備におけるカエル類の生息場の保全．応用生態工学会誌 24（1）：95-110.

59) JCPA 農薬工業会（2023）農薬は本当に必要？ Ｑ＆Ａ「以前使用されていた DDT，BHC やパラチオンはもう使われていないと聞きました．戦後から現在まで農薬はどのように変遷・進歩してきたのでしょうか．」(https://www.jcpa.or.jp/qa/a1.html)［参照 2023-12-27］

60) 宇根豊（1999）除草剤を使わないイネつくり（民間稲作研究所編）．農村漁村文化協会，東京，pp.9-27.

●第３章●変化する水田環境

61) Watanabe S, Watanabe S, Ito K (1983) Investigation on the contamination of freshwater fish with herbicides (CNP, Chlomethoxynil, Benthiocarb and Molinate). Journal of Pesticide Science 8 (1)：47-53.

62) 神宮字寛・上田哲行・五箇公一・日鷹一雅・松良俊明 (2009) フィプロニルとイミダクロプリドを成分とする育苗箱施用殺虫剤がアキアカネの幼虫と羽化に及ぼす影響. 農業農村工学会論文集 (259)：35-41.

63) Hayasaka D, Korenaga T, Suzuki K, Saito F, Sanchez-Bayo, Goka K (2012) Cumulative ecological impacts of two successive annual treatments of imidacloprid and fipronil on aquatic communities of paddy mesocosms. Ecotoxicology and Environmental Safety 80：355-362.

64) 森淳 (2011) 水路と水田の生態系配慮の持続のために. 水土の知 79 (3)：167-170.

65) 山本勝利 (2015) 農村環境と生態系利用の二極化. 農村計画学会誌 34 (3)：p.334.

66) 片野修 (1991) 個性の生態学. 京都大学学術出版会, 京都, 286p.

67) 桐谷圭治編 (2010) 田んぼの生きもの全種リスト (改訂版). 農と自然の研究所, 高知, 生物多様性農業支援センター, 埼玉, 427p.

68) Natuhara Y (2013) Ecosystem services by paddy fields as substitutes of natural wetlands in Japan. Ecological Engineering 56：97-106.

69) Osawa T, Kohyama K, Mitsuhashi H (2013) Areas of increasing agricultural abandonment overlap the distribution of previously common, currently threatened plant species. PLoS One 8 (11)：e79978.

70) 嶺田拓也 (2020) かつての水田雑草は, なぜ絶滅危惧植物になったのか. なぜ田んぼには多様な生き物がすむのか (大塚泰介・嶺田拓也編), pp.214-231, 京都大学学術出版会, 京都.

71) 伊藤操子 (2016) 世界における除草剤の歴史―その誕生・発達・変遷. 草と緑 8：3-11.

72) Hashimoto K, Kasai A, Hayasaka D, Goka K, Hayashi TI (2020) Long-term monitoring reveals among-year consistency in the ecological impacts of insecticides on animal communities in paddies. Ecological Indicators 113：106227.

73) Hamamura K (2018) Development of herbicides for paddy rice in Japan. Weed Biology and Management 18 (2)：75-91.

74) Shibayama H (2001) Weeds and weed management in rice production in Japan. Weed Biology and Management 1 (1)：53-60.

75) 植木邦和・山末祐二 (1978) 雑草における除草剤感受性の種内変異と抵抗性発現. 日本農薬学会誌 3 (4)：445-450.

76) Watanabe H (2011) Development of lowland weed management and weed succession in Japan. Weed Biology and Management 11 (4)：175-189.

77) 深野祐也・細田力・丸山紀子 (2021) 除草剤抵抗性雑草の進化生態学的研究の現状と今後の展望. 雑草研究 66 (2)：59-71.

78) Green JM (2014) Current state of herbicides in herbicide-resistant crops. Pest Management Science 70 (9)：1351-1357.

79) 石田真也・高野瀬洋一郎・紙谷智彦（2014）新潟県越後平野の水田地帯に出現する水湿生植物―土地利用タイプ間における種数と種組成の相違．保全生態学研究 19（2）：119-138.

80) Katayama N, Baba YG, Kusumoto Y, Tanaka K（2015）A review of post-war changes in rice farming and biodiversity in Japan. Agricultural Systems 132：73-84.

81) 大澤剛士（2017）人口減時代における近未来の農地利用を考える―食料生産と生物多様性，生態系サービスの持続的な両立を目指して．野生生物と社会 5（1）：17-27.

82) 國光洋二・松尾芳雄（2001）圃場整備による稲作の全要素生産性変化に関する計量分析．農林業問題研究 36（4）：265-269.

83) Osawa T, Kohyama K, Mitsuhashi H（2016）Trade-off relationship between modern agriculture and biodiversity：Heavy consolidation work has a long-term negative impact on plant species diversity. Land Use Policy 54：78-84.

84) 山口裕文・梅本信也・前中久行（1998）伝統的水田と基盤整備水田における畦畔植生．雑草研究 43（3）：249-257.

85) Osawa T, Nishida T, Oka T（2020）Paddy fields located in water storage zones could take over the wetland plant community. Scientific Reports 10（1）：1-8.

86) Benayas JMR, Martins A, Nicolau JM, Schulz JJ（2007）Abandonment of agricultural land：an overview of drivers and consequences. CAB Review：Perspective in Agriculture, Veterinary Science. Nutrition and Natural Resources 2（57）：1-14.

87) Munroe DK, van Berkel DB, Verburg PH, Olson JL（2013）Alternative trajectories of land abandonment：causes, consequences and research challenges. Current Opinion in Environmental Sustainability 5（5）：471-476.

88) 楠本良延・大黒俊哉・井手任（2005）休耕・耕作放棄水田の植物群落タイプと管理履歴の関係―茨城県南部桜川・小貝川流域を事例にして．農村計画学会誌 24：S7-S12.

89) 石塚俊也・中田誠・金子洋平・本間航介（2011）新潟県佐渡島の耕作放棄棚田における下層植物の種多様性に影響を及ぼす要因．農村計画学会誌 29（4）：454-462.

90) IPCC（2014）Climate Change 2014：Synthesis Report. Contribution of Working Groups I, II and III to the Fifth Assessment Report of the Intergovernmental Panel on Climate Change [Core Writing Team, R.K. Pachauri and L.A. Meyer（eds.）]. IPCC, Geneva, Switzerland, 151p.

91) Bousquet P, Ciais P, Miller JB, Dlugokencky EJ, Hauglustaine DA, Prigent C,Van der Werf GR, Peylin P, Brunke E-G, Carouge C, Langenfelds RL, Lathière J, Papa F, Ramonet M, Schmidt M, Steele LP, Tyler SC, White J（2006）Contribution of anthropogenic and natural sources to atmospheric methane variability. Nature 443：439-443.

92) Itoh M, Sudo S, Mori S, Saito H, Yoshida T, Shiratori Y, Suga S, Yoshikawa N, Suzue Y, Mizukami H, Mochida T, Yagi K（2011）Mitigation of methane emissions from paddy fields by prolonging midseason drainage. Agriculture Ecosystem & Environment 141：359-372.

93) 杉浦俊彦（2018）作物における気候変動の影響の顕在化と適応技術．日本土壌肥料学

雑誌 89（6）：461-467.

94）横沢正幸・飯泉仁之直・岡田将誌（2009）気候変化がわが国におけるコメ収量変動に及ぼす影響の広域評価．地球環境 14（2）：199-206.

95）西森基貴（2012）水稲栽培ごよみからみた季節変化と水稲作期移動による温暖化適応．地球環境 17（1）：69-74.

96）Ishigooka Y, Tsuneo K, Nishimori M, Hasegawa T, Ohno H（2011）Spatial characterization of recent hot summers in Japan with agro-climatic indices related to rice production. Journal of Agricultural Meteorology 67（4）：209-224.

97）Usui Y, Sakai H, Tokida T, Nakamura H, Nakagawa H, Hasegawa T（2016）Rice grain yield and quality responses to free-air CO2 enrichment combined with soil and water warming. Global Change Biology 22（3）：1256-1270.

98）Gilman SE, Urban MC, Tewksbury J, Gilchrist GW, Holt RD（2010）A framework for community interactions under climate change. Trends Ecology & Evolution 25（6）：325-331.

99）樋口博也（2010）斑点米被害を引き起こすカスミカメムシ類の生態と管理技術．日本応用動物昆虫学会誌 54（4）：171-188.

100）田渕研・市田忠夫・大友令史・加進丈二・高城拓未・新山徳光・高橋良知・永峯淳一・草野憲二・榊原充隆（2015）東北地域における斑点米カメムシ類― 2003-2013 年の発生動向と被害実態．東北農業研究センター研究報告 117：63-115.

101）Osawa T, Yamasaki K, Tabuchi K, Yoshioka A, Ishigooka Y, Sudo S, Takada MB（2018）Climate-mediated population dynamics enhance distribution range expansion in a rice pest insect. Basic and Applied Ecology 30：41-51.

102）Tamura Y, Osawa T, Tabuchi K, Yamasaki K, Niiyama T, Sudo S, Ishigooka Y, Yoshioka A, Takada MB（2022）Estimating plant-insect interactions under climate change with limited data. Scientific Reports 12（1）：10554.

103）大澤剛士・瀧健太郎・三橋弘宗（2022）河川合流の特性を活かした防災・減災（Eco-DRR）の可能性―那珂川周辺に存在する水田の利活用アイディア．保全生態学研究 27：31-41.

104）吉川夏樹（2022）グリーンインフラとしての水田の役割と田んぼダムの可能性．ランドスケープ研究 86：16-19.

105）大澤剛士（2023）気候変動適応策としての農地を利活用した防災・減災の現状と課題．地球環境，28（1）．

106）Nakamura F, Ishiyama N, Yamanaka S, Higa M, Akasaka T, Kobayashi Y, Ono S, Fuke N, Kitazawa M, Morimoto J, Shoji Y（2020）Adaptation to climate change and conservation of biodiversity using green infrastructure. River Research and Applications 36（6）：921-933.

107）Osawa T, Nishida T, Oka T（2020）High tolerance land use against flood disasters：How paddy fields as previously natural wetland inhibit the occurrence of floods. Ecological Indicators 114：106306.

108）Osawa T, Nishida T, Oka T（2021）Potential of mitigating floodwater damage to residential areas using paddy fields in water storage zones. International Journal of Disaster Risk Reduction 62：102410.

109) Power AG（2010）Ecosystem services and agriculture：tradeoffs and synergies. Philosophical transactions of the royal society B：biological sciences 365（1554）：2959-2971.

110) 大澤剛士・三橋弘宗（2017）日本の農業生態系における機能別ゾーニングの試行．応用生態工学 19（2）：211-220.

111) 大澤剛士（2017）人口減時代における近未来の農地利用を考える―食料生産と生物多様性，生態系サービスの持続的な両立を目指して．野生生物と社会 5（1）：17-27.

●第3章●変化する水田環境

コラム8 北海道東部・水稲栽培限界地の開拓と農家の暮らし

　私（岩瀬）は北海道東部の泉（現・北見市留辺蘂町泉）で農家の長男として生まれ，小学生から中学生まで農家の手伝いをしていた。水稲栽培限界地における当時の状況を概観する。

北海道東部の水稲栽培限界地

　水稲は暖かい地域の作物であるにもかかわらず，寒地の北海道でも，道南では江戸時代から，道東では明治・大正の開拓時代から栽培されていた。今では北海道は，新潟県に次ぐ米の生産地である。とはいっても，北海道の東部および北部の気候は水田に向いていない。そのような道東の北見市相内（あいのない）に，屯田兵の兵舎が設営されたのは1896年（明治29年）のことであった。昭和初期には，大雪山の石北峠下の富士見地区では，イトムカ鉱山の採掘がはじまり，無加川の奥地まで開拓されたが，母親の実家があった平里（温根湯）までが水稲栽培の限界地であった（図1）。図1では，北見市全域が作付地域として塗りつぶされているが，実際には現在，美薗（相内）より上流の泉（留辺蘂）と平里（温根湯）には水田がない。

　1927年（昭和2年）には，泉の上流で現・留辺蘂町元町に近代的な相内頭首工が完成し，屯田兵のいた相内町美薗（西17号線周辺）で大規模な圃場整備が竣工した。図2は，その翌年の代掻きの光景である。なお西17号線とは，1890年（明治23年）の殖民区画制度の名残で，基線（北見駅）から300間ごとに引かれた17番目の道路区画のことである。北海道の平地の耕作地は300間の区画を数等分に分割した単位のグリットパターンが多い。殖民区画は，のちの機械化にも有利に作用し，北海道特有の景観形成に寄与しているようである。

泉区の農業と我が家の水田

　泉区は，屯田兵のいた相内から西に10km上流にあり，水稲栽培限

コラム

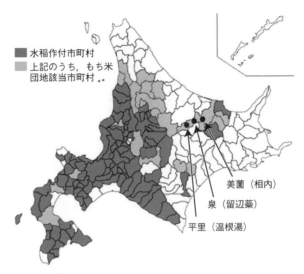

図1 北海道における水稲の作付地域（令和2年）と，本コラムで紹介する現・北見市内の各地域の位置（丸印）。北海道農政部「北海道の水田農業」[1]の「北海道における水稲の作付地域（令和2年）」の図に筆者が加筆

図2 1928年（昭和3年），美薗（相内西17号〜西18号線）で撮影された代掻きの光景。1反あたりの収量は5〜6俵（300〜360 kg）。写真提供：相内町本勝寺

界の平里（温根湯）から東に15 km下流に位置する。ほぼ一直線の狭長な谷底平野（東西5 km，南北0.5 km）を無加川，国道35号線，鉄

123

道が並走するため、耕作地は少なかった。「泉」という名のとおり、生家の脇にあった高さ約1.5mの小さな河岸段丘からは水が湧き、段丘に沿って幅50cmほどの小川となって流れていた。

作物は雑穀と豆、根菜類がほとんどであり、有名だったハッカ栽培は敗戦10年以内に終えている。水稲は、無加川から離れた玉石の少ない山沿いのわずかな区画で作られていた。我が家の畑は無加川に隣接した玉石の多い土地だったことから、小学校に入るまで水稲は作っていなかった。とにかく畑には無加川の氾濫で運ばれてきた玉石がゴロゴロとあった。畑作物の刈り取りが終わって雪が降るまでの間、毎晩暗くなるまで畑の石拾いが続いた土地である。水はけが良すぎて水田適地とは思えなかった。

小学生になるころ、親父が無加川から離れた土地を買い、水田を作りはじめた。水田は馬で畑地をかき起こし、除石から始まる。次は荒造成に入り、水を張って均平を保ちつつ水漏れを防ぐ代掻きを行う。幾度となく馬を往復させ、何日も代掻きが続く。馬が体全体から湯気を出しながら、水持ちをよくするための代掻きが続いた。当時の耕作や運搬の原動力は農家1戸当たり1～2頭飼っていた馬であった。

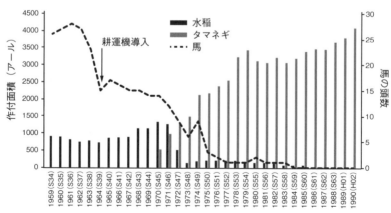

図3 泉区の馬と水稲・玉ねぎの作付け。泉区史編集委員会編『留辺蘂町泉区史 (1992)』で紹介される泉区年次別農作物作付面積及家畜頭数の表 (pp.132-134) の値を使って筆者が図化。

コラム

　水稲に欠かせない苗床づくりや苗植え作業は，春の畑作と重なるため
直播（じかまき）も併用していた。しかし，直播は多量の種籾が必要で
ある割に収量は少なく，数年後にはすべて苗利用に落ち着いた。水田に
はどこからきたのか畑では見ない生物が寄ってきた。とりわけスズメ類
の大群を追い払うのに相当の金と時間がとられ，徒労が続いた。

　泉区史に記録されている「水稲とタマネギの作付面積」データからは，
1,000 a（アール）ほどだった水田が 1970 年代前半を境に玉ねぎ畑に
置き換わった様子が見て取れる（図3）。玉ねぎの作付けはその後も右
肩上がりに増え続けたのとは対照的に，水稲は完全に廃れていった。

馬がいなくなった

　我が家には 2 頭の馬がいた。冬には 10 km 以上離れた奥山でマキ用の
樹木を伐採して馬橇（ばそり）で運んだ。冬以外は耕作と作物の運搬な
どで，馬に休む暇はなかった。過労や病気・ケガで用済みの馬は屠殺場
行きになったが，馬肉を食べたことはなかった。馬を飼うことは馬中心
の人間生活を強いることである。1 日 3 回の餌やりを休むことは許され
ない。馬のために家族の誰かは家に居ることになる。馬の餌やりは小学
生の私の役割だった。ときどき叺（かます）に入っている固まった塩を
馬に与えると，ガリガリとかじった。草を食む姿とは違うその様は，違
和感として記憶に残っている。塩分の必要性が小学生の私にはわからな
かった。

　餌を喰うと排泄物（敷き藁と馬糞）が大量に生まれ，その処理も馬飼
いの作業である。ただ，排泄物は農家にとっては貴重な堆肥であった。
排泄物は馬小屋の外に秋まで積み上げておくと発酵して堆肥となる。秋
に畑や水田にばら撒かれたり，すき込まれたりして土中生物に分解され，
土にかえる。貴重で唯一の肥料であった。排泄物の堆積場には，どこか
らやってきたのか，大量のミミズがいつの間にか棲んでいた。

　中学生だった 1964 年（昭和 39 年），我が家に耕運機がやってきて，
農耕馬は不要になった。馬を中心に回っていた生活は耕運機の出現に
よって突然様変わりをした。馬がいた時代の奈良・平安時代から昭和ま

●第3章●変化する水田環境

での風物も，馬がいなくなって実感できるようになった。

化学肥料と農薬の時代へ

　耕運機の出現前の1962年（昭和37年），レイチェル・カーソンの『沈黙の春』がアメリカで出版された。2年後に日本でも翻訳本が売り出された。ちょうど我が家に化学肥料が出回り農薬散布が始まった時期と一致する。『沈黙の春』にでてくるDDT（有機塩素系の殺虫剤）を，ブリキ製の大きな注射器を使って頭とパンツの中に噴霧された時代のことである。

　当時の化学肥料は，チッソ・リン酸・カリが別々の袋に入っていた。三種をスコップで混ぜる際に発生する粉体の飛散を受ける。私も手伝っていたので，粉体を吸ってせき込んだ覚えがある。農薬は，背負い式エンジン噴霧器に原液を薄めて使用していた。独特の農薬の匂いと，噴霧された白い霧が体にまとわりつくが，害虫には効果てきめんであった。

　高校入学前に，馬の不要で機械化営農の幕開けを感じていたが「農家を継ぐ気がない」と親父に伝えた。親父はすぐに農地の買い手を見つけ，1か月後には一家は北見市街の都市住人となった。昼夜なく働いた親父の体は，いたるところが傷んでいたので，親孝行だったかもしれない（と思いたい）。

《参考・引用文献》
1）北海道農政部，北海道の水田農業.（https：//www.pref.hokkaido.lg.jp/ns/nsk/kome/index3.html）［参照 2024-05-17］

コラム

コラム⑨ 多面的機能支払交付金

　日本の農村は，中山間地を中心に，全国平均に比して高齢化，過疎化が著しいことが指摘されている[1]。これを一因として，水田に限らず，日本の農地では耕作放棄が進んでいる（3.3 参照）。統計調査である農林業センサスによると，日本の耕作放棄面積は，2015 年時点で 42 万 ha を超えている。農林業センサスは農家による耕作の意思に基づく調査であるため，耕作が可能な状態であっても，耕作の意思がなければ耕作放棄地に含まれる。近年，農林水産省では，調査者による客観的な基準に基づき，通常の農作業では耕作が不可能である「荒廃農地」を把握する調査を実施しているが，この面積も 2020 年時点で 28 万 ha を超えている[2]。耕作放棄地，特に荒廃農地の増加は，食料安全保障の問題であると同時に，農業活動という攪乱に適応した生物種のハビタットを喪失することにもつながる（3.3 参照）。このため，現在耕作が行われていない農地であっても，定期的な草刈りや耕運を行うなど，食料生産機能を維持できる程度の管理を継続し（しばしば粗放的な管理と呼ばれる），農地の状態を，少なくとも耕作が可能な状態に維持する必要性が主張されている[3]。しかし，食料生産機能が失われた農地に対して一定の管理を継続するためには，管理行為の継続自体にインセンティブが必要であることも指摘されている[3]。

　このインセンティブとして期待されているのが，農林水産省が拠出している「多面的機能支払交付金」である。農地は，食料生産以外にも様々な機能を持つことが知られており，農林水産省はこれを「農業・農村の有する多面的機能」と定義し（3.1 参照），基本的な考え方や具体例などを提示している（図1a）。「多面的機能支払交付金」は，この多面的機能の発揮を推進する活動を支援する補助金制度である[4]（図1b）。補助の目的を多面的機能の発揮としているため，機械化や大規模集約化等，農業の近代化が困難である中山間地等でも利用しやすい点が大きな特徴である。この制度の一部である「農地維持支払交付金」は，生物調

127

https://www.maff.go.jp/j/nousin/noukan/nougyo_kinou/pdf/adult_1.pdf
（2024年1月10日最終確認）

https://www.maff.go.jp/j/nousin/kanri/tamen_siharai.html
（2024年1月10日最終確認）

図1　農林水産省が発行している農地・農村が持つ多面的機能（a）および多面的機能支払交付金（b）に関するパンフレット
それぞれの概要等がまとめられており，インターネット上で入手できる。

査や草刈り，水路の泥上げ等，農地環境の維持および，その生物多様性への貢献を視野に入れた活動を支援するものであり（例えば新潟市の事例[5]），まだ事例は多くないものの，耕作放棄の抑制，解消に貢献する事例も存在している[6]。今後この制度がますます拡充し，利用も広がっていくことで，農地の荒廃を防ぎ，いつでも耕作が可能な状態が維持されること，ならびに農業活動という攪乱に適応した様々な生物のハビタットが維持されることが期待できる。

《参考・引用文献》
1）農林水産省農村振興局農村政策課（2008）農村の現状と振興施策の展開方向．(https：//www.soumu.go.jp/main_sosiki/jichi_gyousei/c-gyousei/2001/kaso/pdf/kasokon20_02_02_s1.pdf)［参照 2024-01-10］
2）農林水産省（2021）令和2年の荒廃農地面積について．(https：//www.maff.go.jp/j/press/nousin/nihon/211111.html)［参照 2024-01-10］

コラム

3）有田博之・友正達美・河原秀聡（2000）粗放管理による農地資源保全. 農業土木学会論文集 2000（209）：707–715.

4）農林水産省，多面的機能支払交付金.（https：//www.maff.go.jp/j/nousin/kanri/tamen_siharai.html）［参照 2024-01-10］

5）新潟市（2024）多面的機能支払交付金事業.（https：//www.city.niigata.lg.jp/business/norinsuisan/noson/nogyonoson/tamennteki.html）［参照 2024-05-16］

6）農林水産省，多面的機能支払交付金事例集.（https：//www.maff.go.jp/j/nousin/kanri/jirei_syu.html）［参照 2024-01-10］

コラム 10　水田環境と外来種（水生動物）

外来種とは「人の手によりその自然分布域外に持ち込まれた生物」として定義される。意図的か非意図的かは問わず，またその持ち込まれた年代は問わない。人為によるものであることが明らかであれば，それは外来種である。この定義に照らせばわかるように，水田で育てられる作物である「イネ（*Oryza sativa*）」もまた，外来種である。しかし，稲作が問題というわけではない。外来種問題とは，侵略性のある外来種が引き起こす問題のことを指す。侵略性とは，生態系，農林水産業，人の生命・健康に悪影響を及ぼす性質のことである。つまり，外来種問題とは侵略的な外来種が引き起こす害に基づく問題のことである。侵略性のある外来種とは，環境省と農水省が共同で作成した「生態系被害防止外来種リスト」に掲載されている種ということになる。以上が前提の知識となり，そうして考えたときに，イネは侵略性のある外来種ではないし問題でもないことがわかる。その一方で，イネを栽培する水田には，侵略的な外来種が数多く見られる。水田は二次的な自然環境として生物多様性保全上重要な環境であることから，この問題を解決することは極めて重要である。

水田域においてもっとも問題となる外来種はアメリカザリガニ（*Procambarus clarkii*）である（図1A）。本種は1927年にウシガエル（*Lithobates catesbeianus*）（食用ガエル）の養殖用の餌として北アメリ

129

カ大陸から持ち込まれ，その後全国に分布を広げた。非常になじみ深い水生動物でもあり，学校の教材としても用いられてきたが，近年の研究により沈水性植物への激しい食害や，それにより間接的に水生昆虫類の個体数や種数を減らすことが明らかにされた[1)～3)]。本種は雌親が孵化まで卵保護を行うこと，夏から秋が繁殖期で早ければ孵化後5か月で繁殖可能となることが知られている[4)]。加えて，高水温に強いこと，水田の水を抜いても穴を掘ってやり過ごすことができること，陸上を歩いて移動することから，一度侵入・定着が起こると非常に根絶が難しい。また，イネを食害することや畦に穴をあけることから，農業への被害もある。そのため，2023年6月より「条件付特定外来生物」に指定され，飼育は可能であるものの，遺棄や売買は禁止されることとなった。

西日本の水田域においては，スクミリンゴガイ（*Pomacea canaliculata*）（通称：ジャンボタニシ）も非常に侵略性の高い外来種である（図1B）。本種は1980年代に食用として南アメリカ大陸から持ち込まれた。本種の繁殖期は初夏から秋で，水面上の植物や水路壁などに鮮やかなピンク色の卵塊を生む。特に小型の個体は低温に弱く，そのため寒冷地では見かけないが，西日本の低平地，特に水田地帯では極めて普通の貝類となってしまっている。本種を用いて雑草を除去する農法などが提案されているものの，そのコントロールは難しくイネを食べることもあるほか[5)]，希少な水生植物への食害も問題とされている[6)]。そのため，生態系被害防止外来種リストにおいて「重点対策外来種」に選定されている。

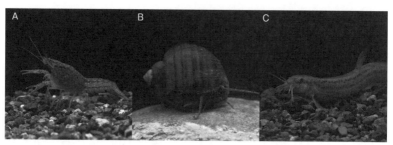

図1　水田環境で問題となる代表的な外来種（動物）
　　（A）アメリカザリガニ，（B）スクミリンゴガイ，（C）カラドジョウ

コラム

　魚類ではカラドジョウ（*Misgurnus dabryanus*）が水田域で大きな問題のある外来種である（**図１C**）。本種は 1960 年代に食用として朝鮮半島から中国大陸南部，台湾などから持ち込まれた。本種の繁殖期は主に初夏で，水田などの浅い湿地環境で繁殖する。在来のドジョウ（*Misgurnus anguillicaudatus*）との競合や交雑，水生昆虫類の捕食が報告されている[7), 8)]。そのため，生態系被害防止外来種リストにおいて「その他の総合対策外来種」に選定されている。

　また，これらに加えて水田域において問題になるのは，外来の遺伝的集団を持ち込むことによる遺伝的攪乱である。代表的なものがドジョウの外来系統で，実はドジョウは日本列島産と中国大陸産で遺伝的にも形態的にも大きく異なり，この中国大陸産の外来系統のドジョウが放流されたことで，地域によっては在来系統のドジョウが絶滅している可能性が近年明らかとなっている[9), 10)]。同様のことは水田を用いた養殖においてコイ（*Cyprinus carpio*）やフナ類（*Carassius* spp.），ホンモロコ（*Gnathopogon caerulescens*）などを放流することでも生じる。これらは明確に生物多様性の破壊につながるものであり，外来の遺伝子を持つドジョウをはじめとする魚類を水田に放流すべきではない。水田での魚類養殖に使用する種苗は，その地域の在来の遺伝的集団を用いるなど，何らかのガイドラインの策定が早急に必要である。

《参考・引用文献》

1）久保田優・照井慧・西廣淳・鷲谷いづみ（2012）福井県三方湖周辺の水路・小河川における在来沈水植物の分布に対する外来生物の影響. 保全生態学研究 17（2）：165-173.

2）Nishijima S, Nishikawa C, Miyashita T（2017）Habitat modification by invasive crayfish can facilitate its growth through enhanced food accessibility. BMC Ecology 17：37. DOI 10.1186/s12898-017-0147-7

3）Watanabe R, Ohba S（2022）Comparison of the community composition of aquatic insects between wetlands with and without the presence of *Procambarus clarkii*：a case study from Japanese wetlands. Biological Invasions 24：1-15.

4）Luong QT, Shiraishi R, Kawai T, Katsuhara KR, Nakata K（2023）Reproductive biology of the introduced red-swamp crayfish *Procambarus clarkii*（Girard, 1852）（Decapoda：Astacidea：Cambaridae）in western Japan. Journal of

131

●第3章●変化する水田環境

　　　Crustacean Biology 43（4）：1-11.
　5）小澤朗人・牧野秋雄（1989）スクミリンゴガイの生態と防除．植物防疫43（9）：
　　　502-505.
　6）日鷹一雅・嶺田拓也・徳岡美樹（2007）スクミリンゴガイ *Pomacea canalicu-lata*（LAMARCK）の侵入が水田植物相に及ぼす影響評価—松山市内における除草剤散布水田の調査事例から．農村計画学会誌26：233-238.
　7）中島淳・内山りゅう（2017）日本のドジョウ　形態・生態・文化と図鑑．山と渓谷社，東京，224p.
　8）加納光樹・斉藤秀生・渕上聡子・今村彰伸・今井　仁・多紀保彦（2007）渡良瀬川水系の農業用水路におけるカラドジョウとドジョウの出現様式と食性．水産増殖55（1）：109-114.
　9）松井彰子・中島淳（2020）大阪府におけるドジョウの在来および外来系統の分布と形態的特徴にもとづく系統判別法の検討．大阪市立自然史博物館研究報告74：1-15.
　10）東京都環境局自然環境部編（2023）東京都レッドデータブック2023—東京都の保護上重要な野生生物種（本土部）解説版．東京都環境局自然環境部，東京，879p.

コラム11　水田環境と外来種（植物）

稲作とともにやってきた植物

　前川（1943）[1]は，わが国の水田や畑を含む主に人里に見られる植物には水稲や麦類などの栽培とともに大陸から渡ってきたと思われる植物が多いとし，これらの一群を史前帰化植物と呼んだ。

　史前帰化植物は，水稲栽培とともに古墳時代ごろまでには日本各地に伝播され，現在見られる主要な水田雑草群落が形成された。それ以降も，栽培作物として，また逸出種としていくつかの植物が水田やその周辺に定着したことが知られている。例えば，現在でも冬緑性一年草の緑肥作物として利用するマメ科のゲンゲ（レンゲソウ，*Astragalus sinicus*）は，奈良時代に大陸から導入されたとされる。このようにイネの伝播以降も主に大陸との交易や交流により日本に渡来する植物はあったものの，野外に逸出して自立的に繁殖するようになったものは数少なく，さらに全

コラム

国に拡散したものは近代までほんの一部にとどまった。これは，日本列島が 1 万年以上も前に最終氷期後の海水面上昇により大陸から完全に切り離されてから地理的に隔離されていること，また中世の中葉までは交易対象国が中国など東アジア圏に限られ，また近世には一部の通商国との貿易を除き鎖国状態にあったことで海外から意図的に，また自然伝播される植物の総種類数や機会が少なかったことによる。

新帰化植物

　明治維新に伴う開国によってアメリカやヨーロッパ大陸から大量の物資が全国各地に流通しはじめると，海外に起源を持つ新たな植物も大量に侵入してきた。一般には，近代の明治期以降に侵入・定着した海外起源の植物を外来植物（新帰化植物）と呼び，史前帰化植物やゲンゲなど近代以前に伝播された種類と区別している。とくに第二次世界大戦以降，焦土と化した国土に大量の物資が輸入され，その物資に付随して多くの外来植物が各地に定着した。現在でも，園芸植物の逸出も含めて新たな外来植物の侵入が毎年のように報告されており，その数は維管束植物だけでも 1,500〜2,000 種にのぼる。「田んぼの生きもの全種リスト」[2] に掲載されているだけでも，530 種類以上の外来植物が確認されている。その内訳は，主に畦畔や畑地に生育する一年草や多年草の外来種が 9 割以上と圧倒的に多く，水田内や水路，ため池に見られる外来の湿生・水生植物はわずかとなっている。これは，畦畔や畑地と異なり，水田や水路では攪乱耐性能力に加え，冠水環境下における発芽・萌芽能力や高深水・流水環境下でも生育可能な能力が必要となるので，新たな帰化植物の侵入・定着が妨げられてきたためと考えられる。

灌漑システムを利用して拡散する新たな侵略的外来水草

　最近，アクアリウムや熱帯魚などの飼育・観賞に伴って，多くの水生植物（水草）が導入されるようになり，その一部が逸出する事例が増えてきている。逸出した外来の水草には，繁殖力が高く河川や湖沼の水辺植生や生態系に大きな影響を及ぼす草種も少なくない。生態系や人の生

●第3章●変化する水田環境

命・身体，農林水産業への被害を引き起こす侵略的外来生物として，栽培や運搬が規制され防除の対象となる「特定外来生物」に指定されている植物16種群のうち，9種が湖沼や河川に生育する水草である。この9種のうち，ナガエツルノゲイトウ（*Alternanthera philoxeroides*）やオオフサモ（*Myriophyllum aquaticum*），ルドウィギア・グランディフロラ（オオバナミズキンバイ等）などが水田内や水路，ため池などの水田周辺環境にも侵入・定着し，耕起や除草といった水田特有の管理体系下でも繁茂する事例が報告されている。南米原産ヒユ科の多年生植物であるナガエツルノゲイトウは，中空の茎が1m以上も伸長し，茎は千切れやすく節から活発に発根・分枝することで，日当たりの良い肥沃な水辺で大群落を形成する。一方，乾燥にも強く，畦畔や畑地にも定着しやすい水陸両生植物である。日本では1989年に兵庫県尼崎市の水田で初めて確認されて以来，千葉県印旛沼流域など各地で侵入の報告が相次ぎ，現在では茨城県以西の水辺で広く確認されている。国内では種子の形成が確認されておらず，繁殖は節を有する茎や地下部断片からの栄養繁殖が主である。再生力が極めて旺盛なため，数cm程度の断片からでも新たな群落を形成してしまう。印旛沼周辺の水田地帯では，河川に繁茂しているナガエツルノゲイトウの千切れた茎断片が主に灌漑水とともに用水路を経由して水田に侵入し，循環灌漑を通じて流域内の水田に拡散している[3]。近年頻発する豪雨災害による河川氾濫等でも流域内に広く拡散するおそれもあり，各地の水辺に拡がる侵略的な外来水草が水田雑草群落に今後，組み込まれる可能性は高い。

《参考・引用文献》
1）前川文夫（1943）史前帰化植物について. 植物分類地理 13：274-279.
2）桐谷圭治編（2010）田んぼの生きもの全種リスト（改訂版）. 農と自然の研究所，高知，生物多様性農業支援センター，埼玉，427p.
3）嶺田拓也・佐々木亨・市川康之・芝池博幸・高橋修・皆川裕樹・鈴木広美・山岡賢（2018）印旛沼地域に侵入・定着する外来水草ナガエツルノゲイトウ. 農業農村工学会誌 86（8）：687-690.

第 4 章
水田環境の保全と再生

4.1 水田環境における生物多様性の保全が認識されるまで

　水田は水稲栽培のための耕作地であるが，かつてはそこに生息・生育する生物を人々は食料や薬として利用してきた．例えば，産卵のために水田に進入してきたドジョウ類やナマズ（*Silurus asotus*），コイ類，フナ類などの魚類[1]，農業水路やため池に生息するシジミ類やタニシ類などの貝類[1]，水田に生息するイナゴ類などの陸生昆虫やタガメ（*Kirkaldyia deyrolli*），ゲンゴロウ類，ガムシ類，トンボ類幼虫などの水生昆虫[2]（**図 4.1**），水田に越冬のために飛来したガン・カモ類[3]，畔に生えたセリ（*Oenanthe javanica*）などの植物[4]である．また，水田と関わりのある子ども向けの歌や遊びに見られるように，生物多様性豊かな水田環境は少なくとも江戸時代ごろまでは人々にとって当たり前に存在するものだっただろう．

図 4.1　三宅恒方（1919）[2]において食料として記載されていた（a）タガメ，（b）ゲンゴロウ類成虫（写真はクロゲンゴロウ），（c）ガムシ類成虫（写真はガムシ）
　　　　タガメの卵塊，ゲンゴロウ類とガムシ類の成虫が食されていたようである．これらの水生昆虫は水田環境が主な生息場所の一つであるため，そこが食料調達の場だったと考えられる．

●第４章●水田環境の保全と再生

　水稲作は常に害虫との戦いの歴史によって成り立ってきたともいえる。江戸時代まで，稲作文化はしばしば虫害による飢饉に見舞われてきた。これに対し，人々は祈禱，注油駆除法や灯火誘殺，燻蒸，植物や動物および鉱物由来の防虫・殺虫剤，水稲の切り株や雑草の焼き払い，作付時期をずらすなどの方法で対処してきた[5], [6]。これらは害虫からいかに水稲を守るかという「保護」の意味合いが強く，戦前まで続けられてきた。しかし，戦後には化学合成農薬や化学肥料が普及することで，近代的な害虫防除が始まった[7]。

　加えて，1961年（昭和36年）に「農業基本法」が制定されたことによる全国的な圃場整備事業の拡大などにより（3.1，3.2参照），日本の食料生産性は著しく向上し，労働時間の削減が実現した。その一方，水田環境における生物多様性は損なわれ，人々と生物の結びつきも次第に希薄なものとなっていった。害虫防除の現場では，1960年代から化学合成農薬に対する危機意識が高まり，1970年代には，化学合成農薬への依存から新しい防除技術であるIPM（総合的害虫管理，第２章参照）に関する研究が始まった[7]。一方で害虫やそれらの天敵，ウイルスの媒介者，水田耕作にとっての有益性，雑草除草，水田養魚といった観点からの生態学的研究は数多く存在するものの，「生物多様性」の観点から水田環境における研究が盛んに進められたのは主に1980年代からである。例えば，水田水域の魚類群集の生活史[8]，害虫と天敵以外の水生昆虫の季節消長[9]，谷津田におけるアカネ属（*Sympetrum* spp.）の群集構造や繁殖様式[10], [11]，カエル類の繁殖生態[12], [13]などが研究された。ただし，1960年代や70年代にも水田を含む様々な景観において鳥類群集の生息状況や個体数の季節的変動を調べた研究[14], [15]も存在する。

　ここからは，水田の生物多様性が認識されるようになるまでの国内外の政策の動向について述べる。まず1992年（平成４年）の「生物多様性条約」の採択によって生物多様性保全とその持続可能な利用の指針が国際的に示された。また国内でも，1993年（平成５年）には，「絶滅のおそれのある野生動植物の種の保存に関する法律（種の保存法）」，そして「環境基本法」が施行され，生物多様性に関する注目は徐々に高まりつつあった。特に「環境基本法」では，第14条に「生態系の多様性の確保，野生生物の種の保存その

他の生物の多様性の確保が図られるとともに，森林，農地，水辺地等における多様な自然環境が地域の自然的社会的条件に応じて体系的に保全されること」と農地における生物多様性の重要性が明記された。1995 年（平成 7 年）には，「生物多様性条約」と「環境基本法」を背景に「生物多様性国家戦略（第一次戦略）」が計画され，水田環境を含めた「農村における二次的自然環境の保全」が示された。1998 年（平成 10 年）には桐谷圭治による IBM が提唱され（第 2 章参照），1999 年（平成 11 年）には農業基本法の廃止に伴い「食料・農業・農村基本法」が制定され，自然環境の保全を含む農業の多面的機能の発揮が明文化された。これに伴い，2001 年（平成 13 年）には土地改良法の改正において環境との調和についての配慮が明文化され，田面や水路を含む水田水域における生物への配慮の機運が高まった。さらに「自然再生推進法（2003 年施行）」や「景観法（2005 年施行）」でも，その対象地として里地・里山や農村景観が明記された。2008 年（平成 20 年）6 月には，「生物多様性基本法」が施行され，農地や里山の生物多様性保全が推奨された。

　また，同年 11 月にはラムサール条約第 10 回締約国会議において「湿地システムとしての水田の生物多様性の向上（通称：水田決議）」が採択された（図 4.2）。特にこの水田決議では，水田環境の人工湿地としてのシステムが地域の生活や人間の幸福を支え，水鳥，爬虫類，両生類，魚類，昆虫類等の生息場所となり，生物多様性の保全に寄与することが示された。そして締約国には，湿地保全の目的を強化し，地下水涵養や気候変動の緩和，生物多様性の保全といった様々な生態系サービスを提供する持続可能な水田の農法を確立するため，水田の動植物相やその生態的機能，湿地生態系としての水田の価値を維持してきた稲作文化に関するさらなる調査を促進することが奨励された。また，持続可能な農法の促進のみならず，水田，自然湿地および河川流域の連結性についての概念にも留意し，生物多様性，生態系サービス，水田の持続可能性を高め，農家およびほかの集落構成員の栄養状態，健康，福利の改善，ならびに水鳥個体群の保全にも貢献するような計画，農法および水管理を特定し，積極的に推進，奨励することが求められた。

●第4章●水田環境の保全と再生

図 4.2 ラムサール条約の水田決議採択後の 2012 年にラムサール条約湿地に登録された「円山川下流域・周辺水田（兵庫県）」の田結湿地。地区の住民が主体となり，休耕田を湿地化して管理している。

以上をまとめると，主に 1980 年代から水田環境の生物多様性に関する先駆的な調査研究が進められた。それらの研究や国際的な政策の潮流などもきっかけとなり，1990 年代以降に様々な水田環境の生物多様性保全に関係する政策が進められた。それらの政策がまたさらなる駆動要因となり，今日に至るまで水田環境の生物多様性を対象とした取り組みや調査研究が着実に進められている。

4.2 水田環境における生物多様性の保全・再生メニュー

水田環境の生物多様性に関する研究が広がるとともに，全国各地で生物多様性に配慮した農法や構造の導入が進められてきた（以下，生物多様性配慮型農法）。その生物多様性に関する効果検証は分類群ごとに 4.5.2 に詳しく記されているので，ご一読いただきたい。ここではその主なメニューを取り上げる。

(1) 化学合成農薬・化学肥料の制限

　化学合成農薬・化学肥料の使用制限，それらの認証といった観点から生物多様性配慮型農法を分類すると大きく3つに分けられる。それらは，「慣行栽培」，「特別栽培」，「有機栽培」である[16]。「慣行栽培」は各地域において慣行的に行われている栽培管理方法のことである。これに対し，「特別栽培」は地域の慣行栽培レベル（各地域の慣行的に行われている節減対象農薬と化学肥料の使用状況）に比べ，節減対象農薬の使用回数が50％以下かつ化学肥料の窒素成分量が50％以下で栽培される栽培管理方法を示す[17]。これらの基準が対象圃場で満たされていれば，そこで収穫された水稲が流通する際に農林水産省のガイドラインにより，「特別栽培農産物」として表示することが可能となる。また，これらの基準は2011年（平成23年）から農林水産省によって実施されている「環境保全型農業直接支払交付金」の交付対象にもなる。「有機栽培」は日本農林規格（JAS規格）により「有機JAS」の認証を受けた栽培管理方法のことである。「有機JAS」では，「農業の自然循環機能の維持増進を図るため，化学的に合成された肥料および農薬の使用を避けることを基本として，土壌の性質に由来する農地の生産力を発揮させるとともに，農業生産に由来する環境への負荷をできる限り低減した栽培管理方法を採用した圃場において生産すること」が求められる[18]。「有機JAS」認証を受けるには，対象圃場において，水稲作付け前2年以上の間，基準に適合した管理が実施されていることが前提となる。この基準では，肥料，土壌改良資材，農薬などの使用が一部の例外を除き基本的に禁止されるが，その対象は当該圃場に留まらず，当該圃場にこれらの使用禁止資材が飛来，流入しないことも条件となる。また，組み換えDNA技術（遺伝子組み換え技術）も禁止されるなど，「有機JAS」の認証条件には「特別栽培農産物」に比べてかなり厳しい制限がなされている。認証された事業者のみが「有機JASマーク」を水稲に貼ることができ，このマークがない水稲には，「有機」や「オーガニック」などの名称の表示やこれと紛らわしい表示を付すことが法律で禁止されている。

　上記の「特別栽培」や「有機栽培」の基準に加え，特定のブランド米などでは独自の基準を設定し，化学合成農薬や化学肥料の使用を制限している場

合もある．例えば，兵庫県但馬地域で実施されている「コウノトリ育む農法」では，化学肥料の使用が禁止され，農薬を使用する場合でも兵庫県地域慣行レベルの75％減，魚毒性の低いものを選ぶなど，「特別栽培」よりも厳しい基準が設定されている[19]．

(2) 中干し延期

中干し延期とは，中干しの実施時期を遅らせることによって水生動物の生息環境を維持することを狙った水管理である．温室効果ガス削減のために実施される「中干し期間の延長」とは異なる管理である．中干し延期に関しては，トンボ類幼虫の羽化期やカエル類の上陸期のピークを越える時期まで中干し実施時期を遅らせる．上述の「コウノトリ育む農法」では，7月まで中干しの実施時期を遅らせる[19]．これは，慣行田の中干し時期である6月中旬がアキアカネ (*Sympetrum frequens*) の羽化およびトノサマガエル (*Pelophylax nigromaculatus*) の上陸ピークと重なっているためである（図4.3）．その年の天候に左右されることはあるが，おおむね4月下旬から5月上旬ころに田植えを行う慣行田よりも遅い時期（5月下旬ごろ）に田植えが実施される．

図4.3 (a) 中干しが実施された慣行田に取り残されたトノサマガエル幼生（豊岡市2023年6月18日）．(b) 7月に中干しが実施されたコウノトリ育む農法水田で見られた上陸直後と考えられるトノサマガエルの幼体（豊岡市2016年7月22日）．(c) コウノトリ育む農法水田で6月上旬に羽化するアキアカネ．周辺の慣行田では数日後に中干しが始まった（豊岡市2015年6月9日）．

(3) 早期湛水

これは田植えを実施する前から水田を湛水する水管理のことである．後述する冬期湛水との違いは，主に春期以降の田植え前に湛水時期が設定される．

例えば、「コウノトリ育む農法」では、田植え時期が5月下旬のため、その1か月前の4月下旬から水田が湛水される[19]。この水管理によって、当該地域におけるシュレーゲルアオガエル（*Zhangixalus schlegelii*）などの春先から繁殖するカエル類や飛翔能力を持つ水生昆虫、トンボ類の生息・産卵場所となることが期待できる。また、特に渉禽類の旅鳥や夏鳥、留鳥にとって採餌環境となる可能性もあるだろう。作付期の早い地域の場合、3月ごろから湛水できれば、アカガエル類やヒキガエル類、小型サンショウウオ類の産卵場所となることも期待される。

(4) 冬期湛水

稲刈りが終わった後の水田を意図的に湛水する水管理のことを冬期湛水と呼称する（図4.4）。冬期湛水自体は近世以降の様々な地域における農書で奨励されていたり[20]、現在も伝統的に冬期湛水を実施している水田地帯が存在したりするなど[21]、ある程度の地域性はあるものの、元来の水田耕作における水管理の一つであった。その目的は翌年の水田用水の確保や水田の地力維持、除草、施肥などである。

近年では、生物多様性配慮型農法の観点からもこの水管理に注目が集まり、コウノトリ（*Ciconia boyciana*）の再導入拠点である兵庫県但馬地域や福井県越前市、トキ（*Nipponia nippon*）の再導入拠点である新潟県佐渡市、マガン（*Anser albifrons*）の一大越冬地である宮城県大崎市などを中心に、圃場

図4.4 冬期湛水田の様子
右側の写真では、水鳥の餌場を確保するために一部二番穂を残して湛水している。

整備後の乾田を冬期湛水する取り組みが全国に広がりつつある。この水管理により，水禽類や渉禽類の越冬・採餌環境の創出，早春期が繁殖期であるアカガエル類への産卵場所の創出などが期待される。ただしこの冬期湛水の程度や湛水期間，水深などには地域によって，あるいは地域内でもばらつきがある。用水に関しても，河川水や湧水，天水，雪解け水など様々な種類がある。特に圃場整備の完了した乾田地帯では，冬期の用水確保が困難である場合が多い。「コウノトリ育む農法」では，冬期湛水は必須要件であるものの，用水を確保できない場合には早期湛水のみの実施でも認められるようになっている。また，湛水開始時期や期間についても地域によってばらつきがある。「コウノトリ育む農法」では，12月から3月上旬まで冬期湛水が実施される。

(5) 夏期湛水

夏期湛水は麦類や菜種を収穫した後，夏期に圃場を湛水する水管理のことである[22]。山形県や栃木県，埼玉県の一部地域などで取り組まれている[22]。栃木県では，8月上旬から9月上旬を含む連続60日以上湛水状態を維持し，除草剤を使用せずに湛水後に代掻きを行う[23]。元々は，麦類の連作障害の防止や雑草防除に有効だったことから実施されていた水管理であるものの，トンボ類幼虫やゲンゴロウ類などの水生動物の生息場所，旅鳥や夏鳥，留鳥の採餌場所となる効果が期待されている[22]（図4.5）。

図4.5　夏期湛水田とサギ類（埼玉県鴻巣市）

(6) 水田内水路の創出

　水田内水路は水田の一画に土水路を創出する工法である。基本的に湿田における承水路が中干し時の水生動物の避難場所や生息・繁殖・越冬場所として機能することを踏襲したものとなっている。新潟県佐渡市のように承水路の呼称であった「江」を新たに創出した水田内水路に対して使用することもあれば[24]，兵庫県但馬地域の「マルチトープ」[25]や福井県越前市の「退避溝」[26]（**図4.6**）のように独自の呼称が付けられることもある。地域によって，あるいは地域内でも水田内水路の水深や水路幅は様々であり，作付期のみ湛水されるタイプや周年湛水状態にあるタイプも存在する。

図4.6 福井県越前市における冬期の水田内水路（退避溝）の様子。冬期湛水された圃場（写真奥側）では凍結が進むものの，退避溝（写真手前）は凍結しておらず，水生動物の越冬場所となっている。

(7) 生物多様性配慮型農業用用排水路

　生物多様性配慮型の農業用用排水路に関して，西田（2019）は，主に魚類の生息・繁殖の観点から護岸工法，水路床，水路形状の3つの工法に大別している[27]。護岸工法では，空石積みや木杭などの自然の素材を活用した護岸や魚巣ブロックが該当する。水路床については，三面コンクリート形状の回避，魚溜工（水路床の一部を切り下げて深場としたもの）の創出，水制やブロックの設置による砂州・抽水植物帯の形成が挙げられる。水路形状につ

●第4章●水田環境の保全と再生

図4.7 両生類や爬虫類が登はんできるように配慮された農業用排水路（兵庫県豊岡市）
写真中央部に，スロープを登はんするヌマガエル成体が写っている。

いては，屈曲部の創出による砂州や抽水植物帯の形成，ワンド等の創出による拡幅区間の創出が挙げられる。なお，後述のとおり，水田に遡上して繁殖する魚類へ配慮する場合は，落差解消による水域ネットワークの維持が不可欠である。また，水路床や水路形状に関するメニューについては，魚類だけでなく，二枚貝の生息に対しても効果が期待される（4.5.8参照）。さらに吸盤のない両生類や爬虫類が農業用排水路から登はんできるように，移動用スロープの設置（図4.7），コンクリート側面の複雑化（図4.7）などが取り入れられている。

（8）水田魚道や改良堰による水域の落差解消（水域ネットワークの創出）

　水田魚道は，圃場整備後の水田において農業用排水路と圃場との落差を解消するための生物多様性配慮型工法である。主に水田で繁殖する魚類が農業用排水路から田面に進入できるようにすることを狙ったものである。構造にもよるが，魚類以外にも，エビ類やカニ類，巻貝類，カメ類などの遡上も期待できる。水田魚道の構造は水田一枚ごとに階段状の魚道を敷設する「一筆型魚道」と支線排水路自体の水位を堰板によって田面近くまで堰上げる「排水路堰上式魚道」の2つに大別される[28]（図4.8，コラム14も参照）。一筆

4.2 水田環境における生物多様性の保全・再生メニュー

図 4.8 一筆型魚道（左：兵庫県豊岡市）と排水路堰上式魚道（右：滋賀県野洲市）

型魚道の材質は木製，コンクリート製，コルゲート管など様々である。排水路堰上式魚道では，この排水路に面したすべての水田の落差が解消される。いずれの水田魚道も排水枡（排水口と田面との接続部）の構造を対象魚類の成魚が通過できるように配慮する必要がある。また材質にもよるが，水田魚道では土砂堆積や排水不良，漏水，老朽化などがしばし起こるため，維持管理が必須となる。

水田魚道の敷設とともに重要なのが，農業用排水路と河川との落差解消である。樋門を階段式にしたり，河川の落差工に魚類が遡上可能な改良堰を敷

図 4.9 農業用排水路と河川における落差解消の一例。左：農業用排水路と河川との間にある樋門を階段式に改良して魚類が遡上できるようになっている。右：河川の全断面式魚道

145

●第4章●水田環境の保全と再生

設したりするなど（図4.9），河川域（あるいは海域）から水田水域までの水域ネットワークを創出するために総合的な生物多様性配慮工法を組み合わせる必要がある。

(9) 休耕田・耕作放棄田の湿地化

　水生動植物や鳥類の生息・生育場所や水田との補完的な生息場所を創出するために，休耕田や耕作放棄水田を周年または一定期間湛水し，湿地化することがある（図4.10）。こうした自然再生湿地は「ビオトープ」や「水田ビオトープ」などと呼称され，日本各地で創出されている（4.5.2，4.5.5，4.5.7参照）。休耕田や耕作放棄水田を湛水湿地化しておくことで，復田が容易になるといった水田耕作上のメリットもある。用水については，冬期湛水と同様に河川水や湧水，天水，雪解け水など様々な種類があるものの，圃場整備の完了した乾田では，用水確保が困難である場合が多い。

図4.10　休耕田を周年湛水した水田ビオトープ

(10) そ の 他

　畦畔の適度な植生管理や，既存の湿田，承水路，小溝，用排兼用の土水路の維持，農業用ため池の維持・管理等も水田環境における生物多様性保全への配慮につながる。また，挿し木によるモリアオガエル（*Zhangixalus arbo-*

reus）の産卵場所の創出や畦畔における鳥類の止まり木の設置なども該当するだろう。

4.3 保全・再生の考え方

水田環境における生物多様性の保全・再生を考えるうえで，「自然再生」の定義が参考となる。2003年（平成15年）に施行された「自然再生推進法」では，自然再生事業の実施に関して，①良好な自然環境が現存している場所においてその状態を積極的に維持する行為としての「保全」，②自然環境が損なわれた地域において損なわれた自然環境を取り戻す行為としての「再生」，③自然環境がほとんど失われた地域においてその地域の自然生態系を取り戻す行為としての「創出」，④再生された自然環境の状況をモニタリングし，その状態を長期間にわたって維持するために必要な管理を行う行為としての「維持管理」を明記している[29]。この考え方を水田環境に当てはめると，(1) 現存する伝統的な水田環境の保全，(2) 圃場整備実施後における生物多様性配慮型水田の再生・創出，(3) 生物多様性配慮型水田の維持管理となるだろう。

(1) 現存する伝統的な水田環境の保全

第2章で示した現存する生物多様性の高いと考えられる伝統的な水田環境を積極的に維持するものである。これらをサポートする制度として，「世界農業遺産（GIAHS）」や「日本農業遺産」の認定が挙げられる。どちらも「社会や環境に適応しながら何世代にもわたり継承されてきた独自性のある伝統的な農林水産業と，それに密接に関わり育まれた文化，ランドスケープ，シースケープ，農業生物多様性などが相互に関連して一体となった，将来に受け継がれるべき重要な農林水産業システムを認定する制度」である[30]。また，「中山間地域等直接支払交付金」や「森林・山村多面的機能発揮対策交付金」などの活用も選択肢の一つとなる。4.1で述べたとおり，水田環境の生物多様性についてはその重要性が認識されてからまだ日が浅い。そのため，現存する伝統的な水田環境の有する生物多様性保全効果を定量的に評価していく

●第４章●水田環境の保全と再生

ことが求められる。

（2）圃場整備実施後の水田環境における生物多様性配慮型水田の再生・創出

　4.2で示したような生物多様性配慮型農法・工法を実施し，対象地の生物多様性保全に貢献する生息・繁殖場所を再生・創出していくものである。ここでは，「環境保全型農業直接支払交付金」や「多面的機能支払交付金（コラム９参照）」，河川域における自然再生事業との連携，各自治体の助成事業などが役立つ。対象地においてどのような生物多様性配慮型農法・工法が必要あるいは実現可能か，また対象となる種や群集，群落によって一時的な生息場所が必要なのか，あるいは繁殖場所や周年の生息場所が必要なのかによっても再生・創出すべき環境のスケールや求められる条件も異なる。この点については，4.5で示す保全・再生の実践例が参考になるので，是非そちらを参照されたい。

（3）生物多様性配慮型水田の維持管理

　生物多様性配慮型農法・工法によって水田環境を再生・創出した際，特に初期には，保全対象の分類群や群集の出現，個体数の増加，分類群数や種数の増加など，生物多様性に対する顕著な効果が認められることが多い。しかしながら，この初期効果によって生物多様性配慮型水田の導入が成功したと判断するのは適切ではない。継続的にモニタリングを行っていくこと，そしてそれらの生物多様性配慮型水田の機能を維持・管理し，その効果を持続させていくことが必要となってくる。この際には，コラム12に示した「順応的管理」の考え方が基本となるだろう。

　最後に，水田面積そのものが減少している現在（3.1参照），生物多様性保全に関して慣行田が果たす役割を理解するために，定量的な調査・評価を実施しておくことも重要である。日本の大河川の氾濫原における後背湿地が水田へと姿を変え，水田は多くの湿地性生物の生息環境として機能してきた。その水田が消失することは，氾濫原の代替生息場所の消失を意味する。また，水田環境の生物多様性に対し慣行田にはネガティブなイメージが一般的に持たれやすいが，条件によっては生物多様性の高い慣行田も存在する[31]。常

148

に科学的なアプローチによって水田の生物多様性の保全・再生につながる調査・評価を実施する必要があるだろう。

4.4　保全に役立つマニュアルとその活用

　水田環境における生物多様性の保全・再生に有用なマニュアルの代表的なものをいくつか紹介する。4.5.1 や 4.5.9 において詳しく記述されているが，農研機構の刊行している「鳥類に優しい水田がわかる生物多様性の調査・評価マニュアル」や「魚が棲みやすい農業水路を目指して〜農業水路の魚類調査・評価マニュアル〜」が有用である。

　前者は主に水田で調査を実施する際のマニュアルであり，「環境保全型農業等の環境に配慮した取り組みが水田における生物多様性の保全・向上に及ぼす効果を，指標生物を用いて評価するために，その調査法・評価法を解説したもの」である。タイトルにある「鳥類」だけを対象としたものではなく，動物食性の大型渉禽類を頂点捕食者と捉え，魚類，甲殻類，クモ類，トンボ類，水生昆虫類，カエル類，植物も対象としている。また，地域ごとに異なる指標生物が選定されていることも大きな特徴であり，北海道・沖縄を除く全地域の平地および山地で適用可能となるようにまとめられている。各指標生物に対する詳細な識別法や調査方法とその実施時期，評価方法，具体的な生物多様性配慮型のメニューが記載されており，専門的な知識がなくても活用できるようにまとめられている。後者については，その詳細が 4.5.9 に丁寧に記述されているので，そちらを一読いただきたい。

　滋賀県立大学環境科学部が発刊している「水田地域における生態系保全のための技術指針」も有用なマニュアルである。本書は主に魚類を対象としたものであるが，水田環境に生息する各魚類の生活史において必要な水域ネットワークがすべて包含された配慮指針が示されている。例えば排水路堰上式魚道の水位差をどの程度に保てばよいかなど，具体的な配慮事項が詳細に記されているため，各地域の生物多様性配慮型の農業水路における順応的管理にも生かしやすい。

　関東エコロジカル・ネットワーク推進協議会の発刊している「多様な生物

●第４章●水田環境の保全と再生

のすむ地域づくりのための田んぼの動物量調査の手引き」や「コウノトリの
餌生物量調査マニュアル［農地版］」は水生動物，哺乳類，両生類，爬虫類，
陸生昆虫類を対象としており，この２冊を併せれば，水田，畔畔，農業用水
路の調査内容をカバーできる構成となっている。実際の調査風景や手書きで
記入した野帳などが豊富に示されており，実地向けのマニュアルとなって
いる。ただし，10 mm 以上の体長の動物群が調査対象となっていたり，調
査の実施時期もコウノトリの採餌利用に合わせて設定されていたりするなど，
本書はあくまで「コウノトリの餌生物量の評価」といった視点で構成されて
いる。そのため，本マニュアルを活用する際には，各自の目的に合わせて調
査方法を工夫する必要があるだろう。

　ここで紹介したマニュアルは包括的なものであるが，特定の分類群に関する
調査を実施する際には，農業土木学会誌 70 巻 9 号から 71 巻 7 号まで 10 回に
わたって連載された「農業土木技術者のための生き物調査」が有用である。こ
の連載では，第 1 回から順に水生昆虫，鳥類，水生大型甲殻類，陸生昆虫，淡
水産貝類，爬虫類，淡水魚，両生類，陸上草本植物，水生植物それぞれにつ
いて，調査計画の立案，調査の目的に合わせた実施適期やその具体的な方法，
調査実施時の留意点，調査結果のまとめ方の具体例などが記されている。

4.5　保全と再生の実践

4.5.1　環境保全型農業がもたらす生物多様性の保全効果
　　　　　―全国規模の野外調査

（1）背　　景

　集約的な農業生産技術の普及は，食料の生産性向上を通じて私たちに大き
な恩恵をもたらした。しかし近年，農地の生物多様性の損失や，それに伴う
生態系サービスの劣化（例えば害虫発生を抑える天敵や花粉を運ぶ昆虫の減
少）は，年々深刻なものとなっている。持続的な農業生産を実現するために
は，生物多様性を保全し，その恩恵を最大限に活用できる農業生産方式を明
らかにする必要がある。

　農林水産省は，地球温暖化防止や生物多様性保全などに効果の高い営農活

動を支援するため，2011年に「環境保全型農業直接支払交付金」制度を制定した。この制度では，化学肥料・化学合成農薬を原則5割以上低減する栽培方法（特別栽培）を対象としている。さらに，化学肥料・化学合成農薬を原則使用しない有機栽培も支援対象となっている。こうした特別栽培や有機栽培は，生物多様性の保全にどれほど有効なのだろうか？既に欧米の畑地生態系では，有機栽培がもたらす生物多様性の保全効果が，多くの研究によって明らかになりつつある[32]。一方，アジアに特徴的な水田生態系においては，一部の無脊椎動物（クモ・昆虫類など）を除けば，そうした科学的な知見が十分ではなかった。

(2) 目　的

水田の有機・特別栽培をはじめとする環境保全型農業が，生物多様性（植物，無脊椎動物，両生類，魚類，鳥類）に与える影響を明らかにするため，全国を対象とした大規模な野外調査を行った。

(3) 調査・解析方法

農林水産省の委託研究として始まったこのプロジェクトは，2013年から2017年まで行われた。日本各地の大学や研究所にいる研究者に協力を呼びかけた。その結果，北は山形，南は福岡までの6地域から28サイトを選定した（**図4.11**）。各サイトにおいて，農家の許可を得たうえで，慣行栽培と有機・特別栽培の水田をそれぞれ複数選定した。延べ1,000筆を超える水田を調査対象とした。

初年度は，研究者たちの議論や予備調査を経て，調査方法を選定・統一した。次年度以降は，その調査方法を用いて，在来植物の種数，アシナガグモ属（*Tetragnatha*）のクモの個体数，アカネ属（*Sympetrum*）のトンボの個体数，水生コウチュウ類（Coleoptera）の個体数，トノサマガエル属（*Pelophylax*）のカエルの個体数，ニホンアマガエル（*Dryophytes japonicus*）の個体数，ドジョウ科（Cobitidae）の個体数，水鳥類の種数・個体数を調査した。詳しい調査方法は「鳥類に優しい水田がわかる生物多様性の調査・評価マニュアル」[34]に掲載した。

●第4章●水田環境の保全と再生

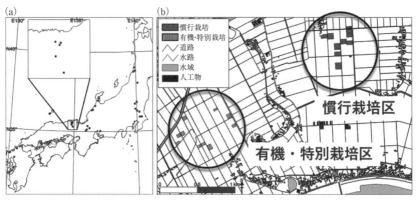

図 4.11 (a) 全国 28 か所の調査サイト。(b) 調査サイト内の慣行栽培水田と有機・特別栽培水田の例。Katayama et al.（2019）[33] の図1を許可を得て加工

　生物データは一般化線形混合モデルを用いて解析した。目的変数は各生物の種数または個体数，説明変数は栽培方法（慣行・特別・有機）および個別の管理方法（農薬の強度の目安としての使用成分回数，畦管理の強度の目安としての畔の草丈，輪作・裏作の有無，水田に水を張った日など）とした。AICc に基づくモデル選択を行い，各変数の相対的重要性を判断した（解析方法の詳細は文献[33]を参照）。

(4) 有機・特別栽培の効果

　解析の結果，有機・特別栽培は多くの生物群の種数または個体数と関連が見られた。有機栽培は，慣行栽培と比較して，シャジクモ（*Chara braunii*）など絶滅が危惧される植物の種数，アシナガグモ属のクモの個体数，アカネ属のトンボの個体数，トノサマガエル属のカエル個体数が多い傾向にあった（**図 4.12**）。特にクモの個体数は慣行栽培の約2倍，トンボの個体数は約5倍と大きな差が見られた。さらにサギ類（Ardeidae）などの水鳥類の種数・個体数も，景観内に有機栽培の実施面積が増えるほど増える傾向にあった（**図 4.13**）。これらの結果は，有機栽培が多くの生き物を増やすために有効な取り組みであることを強く示唆した。一方，特別栽培では有機栽培ほどの顕著な効果は見られなかったものの，慣行栽培と比較して，植物の種数とク

4.5 保全と再生の実践

生物群	栽培方法間の比較	個別の管理法の影響
レッドリスト植物	慣行 < 特別 < 有機	除草剤の成分回数が少ないほど多い
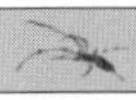 アシナガグモ属	慣行 < 特別・有機	特定の薬剤を施用しないと多い
 アカネ属	慣行 < 有機	特定の薬剤を施用しないと多い 輪作・裏作をしないと多い
 トノサマガエル属	慣行・特別 < 有機	畦畔の植生高が高いほど多い
ニホンアマガエル	特別 < 慣行	畦畔の植生高が高いほど多い
 ドジョウ科	差なし	輪作・裏作をしないと多い 早く湛水するほど多い
 水鳥	有機栽培の水田が多い地域ほど多い	なし
 陸鳥	差なし	なし

図 4.12 解析結果の要約。有機栽培，次いで特別栽培は慣行栽培よりも複数の生物群の種数または個体数が多かった。個別の管理法の影響は生物群ごとに異なった。農研機構プレスリリースも参照[35]

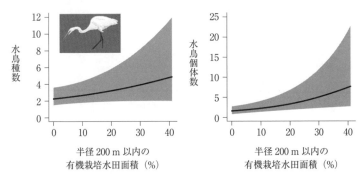

図 4.13 水鳥と有機栽培の水田面積率の関係
有機栽培の水田が多い地域ほど，サギ類などの水鳥類の種数・個体数が多かった。Katayama et al.（2019）[33] の図 5 を許可を得て加工

モの個体数が高い傾向が見られた（**図 4.12**）。ただし，ニホンアマガエルの個体数は特別栽培よりも慣行栽培のほうが多い傾向が見られた（原因は不明）。これらの結果は，有機・特別栽培が生物多様性の保全に有効であることを示すと同時に，慣行栽培で個体数が多くなる生物種も存在することから，生物多様性の保全には農法の多様性が重要であることも示唆した。

●第４章●水田環境の保全と再生

　個別の管理の影響は，生き物ごとに様々だった（**図 4.12**）。農薬の影響が
特に大きいと思われるのは，植物，クモ，トンボだった。植物の種数は，除
草剤の成分回数（有効成分の種類数を足し合わせた数）が少なくなるほど増
加する傾向が見られた。クモやトンボは，特定の苗箱殺虫剤を使用しない水
田，すなわち苗を水田に移植する前の育苗用の箱に入れられた状態で，ネオ
ニコチノイド系やフィプロニル系の殺虫剤を使用しなかった水田では，個体
数が多い傾向が見られた。有機栽培と一部の特別栽培では，これらの農薬を
使用しないために，植物や虫が多いと考えられた。一方で，農薬以外の管理
の影響が大きい生物群もいた。ニホンアマガエルやトノサマガエル属のカ
エルは，畦の草丈が 10 cm 以上の水田に多かった。ドジョウ科の個体数は，
輪作・裏作をしない水田や，湛水開始時期が早い水田に多かった。輪作・裏
作は，トンボの個体数とも関連しており，麦作などによる乾燥化や土壌の攪
乱が，卵や越冬個体数の生存率を低下させるためだと考えられた。これらの
生き物は，慣行栽培であっても，畦管理や水管理などの工夫次第で，保全で
きる可能性がある。

(5) 課　　題

　環境保全型農業は生き物を増やすことのできる重要な取り組みだが，農家
にとってデメリットもある。とりわけ有機栽培は，除草剤を使わないために
雑草が繁茂しやすく，除草の手間がかなり大きくなり，収量も低下しやすい。
加えて病害虫の問題もある。実際に，前述の全国調査でも，慣行栽培と比較
して有機栽培の収量は平均約 30% 低下していた。一方，特別栽培の収量は
平均約 12% 低下していた[33]。

　現在の科学技術では，有機栽培のこうしたデメリットを完全に抑えること
は難しい。しかし近年では，有機栽培で生産性を安定させる方法も研究され
ている[36]。ICT の発展に伴い，水管理や畦畔管理の自動化・機械化も少し
ずつ進みつつある。生物多様性の保全効果をできるだけ損なわずに，収量を
増加し，労働量を減らすような技術体系を確立させることが，環境保全型農
業をさらに普及させるために必要となるだろう。

　また，生物多様性を保全することによる高付加価値化にも注目したい。実

際，「生きものマーク米」などの生物に配慮したお米（生きものブランド米）は，そうでないお米として比較して約2割程度の付加価値がつくことが知られている[37]。こうした高付加価値化によって，減収をある程度は補うことができる可能性がある。最新のアンケート調査によると，自然体験や保全活動を経験したことがある人ほど，生物多様性に配慮したお米を購入したいという意欲が高まったことがわかった[38]。したがって，地域の保全活動とお米作りが一体化することで，販売が促進される可能性がある。

　気候変動や世界情勢の変化に伴い，農薬や肥料のコストは今後さらに増加する可能性もある。不確実な将来に対して，対応可能なオプションを増やすという意味でも，化学農薬・肥料の使用を最小限に抑えながら，食料を安定的に生産する技術体系を確立することには意義がある。そのためにも，生物多様性がもたらす恵みである生態系サービスをより深く理解し，農業に活用することが求められる。

4.5.2　環境保全型農業がもたらす生物多様性の保全効果
―既往研究のシステマティックレビュー

(1) 背　　景
　環境保全型農業直接支払交付金制度では，有機栽培のほかにも，水田に冬に水を張る冬期湛水や，水田内の素掘りの承水路（江）の設置など，生物多様性の保全に効果のあると思われる複数の取り組みを支援している。しかし，これらの取り組みは，実際に生物多様性の保全にどの程度有効なのだろうか。日本では，こうした環境保全型農業と生物多様性の関係について，無脊椎動物を中心に複数の事例研究が行われてきた。しかし，これらの知見が体系的に収集・整理されておらず，その有効性が十分に明らかにされてこなかった。

(2) 目　　的
　水田の様々な環境保全型農業が，生物多様性（植物，無脊椎動物，両生類，魚類，鳥類）に与える影響を明らかにするため，国内の研究事例のレビューを行った。

(3) 調査・解析方法

　文献レビューは少数の研究者で進めた。近年の科学分野におけるレビュー研究では、「システマティックレビューおよびメタアナリシスのための優先的報告項目（PRISMA 声明）」に準ずるシステマティックレビューを行うことが一般的となっている。そこで本研究も PRISMA フロー図を作成し（**図 4.14**），文献の収集プロセスを詳細に記録した。

　既往研究の収集は，3種類の方法で行った：1) CiNii を用いた和文検索，2) Web of Science を用いた英文検索，および 3) 関連図書の検索である。いずれも査読付き論文と査読なし文献（図書，報告書および学会大会の講演要

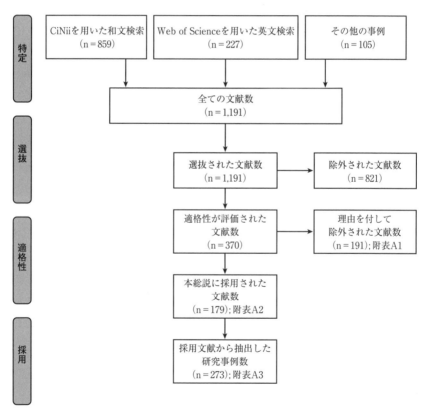

図 4.14　本研究の PRISMA フロー図
　　　　片山ほか（2020）[39] の電子附録図を転載。附表は出典を参照

旨）の両方を対象とした。英語・日本語文献の両方を収集した。

　和文の検索には，以下のキーワードを用いた：① 水田，② 生物関連の単語として，生物多様性，植物，虫，クモ，無脊椎動物，両生類，カエル，爬虫類，魚，鳥，哺乳類または脊椎動物，および ③ 農法関連の単語として保全型，配慮型，修復型，有機農法，有機農業，無農薬，特別栽培，減農薬，冬期湛水，江，IPM，ビオトープ，不耕起，畦，中干し，夏期湛水または魚道。英文の検索は，上記の単語を英訳して行った（詳しくは片山ほか（2020）[39] の電子附録を参照）。

　その結果，1,191 件の文献が該当した。各論文のタイトルと要旨を確認し，関連があると思われる文献は 370 件だった。本文を精査し，実際に生き物の種数または個体数を，慣行栽培の水田と，8 種類の取り組み（有機栽培，冬期湛水，特別栽培，江の設置，ビオトープ，中干し延期，魚道の設置，畦の管理）のいずれかを実施する水田で調査している文献を採用した。最終的に 179 件の文献が採用され，そこから 273 個のデータが抽出された。

　得られたデータを，取り組みの種類ごと，生物群ごとに整理した。上述の 8 種類の取り組みと，5 種類の生物群（植物，無脊椎動物，両生類，魚類，鳥類）に注目した。それぞれの組み合わせ（例えば有機栽培 × 植物）において，保全効果の「信頼度」を以下の 4 段階で評価した。この基準は恣意的だが，将来的なメタ解析との整合性を考慮して決定した（詳しくは文献[39]）。

十分に確立している　　：事例数が 5 以上あり，8 割以上の事例で傾向が一致
確立しているが不完全：事例数が 4 以下で，すべての事例で傾向が一致
競合する解釈あり　　　：事例数が 5 以上で，8 割未満の事例で傾向が一致
事例不足　　　　　　　：上記以外

(4) 環境保全型農業と生物多様性の関係

　環境保全型農業と生物多様性の関係を実際に調べた研究を集めた結果，179 の文献から 273 の研究事例が得られた。得られた 273 の研究事例を使い，8 種類の取り組みと 5 種類の生物群の組合せごとに，生物多様性への効果とその信頼度を整理した（**図 4.15**）。その結果，いずれかの取り組みを行

● 第４章 ● 水田環境の保全と再生

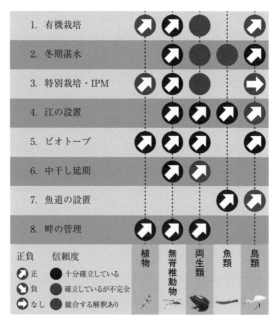

図 4.15 273件の研究事例を、8種類の取り組みごと、5種類の生き物グループごとに整理した結果。
上向きの矢印は、取組みによって種数や個体数が増えることを示す。濃い色は、事例数が豊富で、傾向が一貫していることを示す。片山ほか（2020）[39]の図1を転載。農研機構プレスリリースも参照[40]

うことで、行わない場合と比べて、生き物の種数や個体数が増えやすいことがわかった。なかでも、江の設置やビオトープの取り組みは、様々な生き物グループに共通して有効であった。また生物群の中では、無脊椎動物の事例が多く、どの取り組みでも種数や個体数が増えやすかった。これらの結果は、有機・特別栽培だけでなく、江の設置などの様々な取り組みを行うことで、水田の生物多様性が保全できることを示唆している。またこれらの取り組みを評価する指標としては、無脊椎動物が特に適していることを示唆する。

(5) 課　題

　今後は、メタ解析などのより定量的評価を行うことで、それぞれの取り組

みの効果の違いをより深く議論することができるだろう。その際は，より詳しい種群や機能群ごとの効果の違いも評価することが望ましい。それは，今後の環境保全型農業を考えるうえで重要な知見になるはずである。

それに加えて，環境保全型農業が収量などの農業生産性に与える影響や，生物多様性を保全することで得られる生態系サービスについて，さらに目を向けていく必要がある。現時点で，農業生態系を取り巻く生態系サービスについては，まだ断片的な知見しか得られていないのが現状と言えるだろう。その中でも，特に重要な生態系サービスの1つとして，天敵がもたらす害虫の防除サービスが挙げられる。例えば栃木県塩谷町では，殺虫剤を使用しない水田では，周辺の慣行栽培の水田と比較して，アシナガグモ属（*Tetragnatha*）などのクモの数が多い一方，イネ害虫の1種であるヒメトビウンカ（*Laodelphax striatellus*）の数は少なかった[41]。両者の間には負の相関が見られ，クモが害虫抑制に貢献している可能性が示唆された。

こうした天敵の活用に注目しているのは，日本だけではない。中国・タイ・ベトナムの3か国で同時に行われた実験によると，畦に（各地域に適した）蜜源植物を植えることで，寄生バチやクモなどの天敵が誘引され，ヒメトビウンカを減らせることが示された[42]。その結果，農家は殺虫剤の散布回数を平均3回から1回に減らし，収量・収益ともに向上させることができた。

ただし，こうした生態系サービスがいつでも，どんな水田でも有効だとは限らない。例えば，同じ有機栽培を行っても，対象とする生物が増えやすい水田もあれば，そうでない水田もある。なぜなら，生物の種数や個体数は農法だけでなく，景観や気候にも影響されるからだ。先のクモの例では，栃木県塩谷町は，周辺を森林に囲まれた里山的な農業景観である。こうした景観では，周囲の森林からクモの餌となる飛翔性昆虫が水田にもやってくることで，クモの個体数を底上げさせた可能性がある[43]。このために，地域的にクモの数が多く，害虫防除が十分に機能したのかもしれない。加えて，降水量などの気象条件も，クモの個体数を左右する重要な要因だとされている[44]。こうした生態系サービスの状況依存性を理解し，地域ごとの特性を生かすことも重要である。

害虫防除以外にも，生き物がもたらす生態系サービスは多種多様で，解明

されていないことのほうがはるかに多いかもしれない。その謎に迫ることは，21世紀の農地生態学における最も重要な課題の1つと言える。

4.5.3 市民と連携した耕作放棄水田の活用

(1) 対象地と事例の背景

　印旛沼（千葉県）には複数の河川が流入しており，それらの河川は「谷津」と呼ばれる小規模な一次谷を水源としている（**図4.16**）。谷津の谷底部は湧水で涵養され，かつては水田として活用されていた。空中写真の読み取りからは，第二次世界大戦直後の時点では印旛沼流域に谷津は約1,000か所あり，それらのすべてにおいて稲作が行われていたことが確認されている。しかし1960年代ごろからは，稲作が行われる主要な場所は谷津から印旛沼周辺などの平野へと移行し，谷津の水田（谷津田）の多くは耕作放棄されるようになった。この背景には，印旛沼周辺の低平地における治水・排水事業の進行と，農業の機械化の進行がある。稲作が行われなくなった谷津では，建設残土や廃棄物によって埋め立てられ，宅地やソーラー発電施設等へ転換された場所も多い。2010年代にはすでに約半数の谷津が埋め立てられた。しかしまだ，約500か所の谷津が印旛沼流域内に残存している。

　谷津は雨水を貯留しやすい地形であり，下流域に対する治水機能を発揮しうる。特に，谷底に人工的な排水路が設置されておらず，水田や湿地を経由してゆっくり水が流れる構造になっていると，治水機能は高まる。また水質

図4.16 印旛沼流域の谷津の例。谷底部が湿潤でありカサスゲが優占している谷津の例（左），乾燥化しセイタカアワダチソウが優占している谷津の例（右）

浄化の面で重要な機能を持つ。印旛沼流域では台地上に畑地に施用された肥料に由来する栄養塩の対策が，河川や湖沼の富栄養化問題を軽減するうえで重要な課題となっている。台地に降った雨水は地下に浸透し，その地下水の一部は谷津で湧出する。台地上の畑地に由来する栄養塩は地下水へと移行するため，周辺に農地が多い谷津では谷底部で地上に出る湧水の栄養塩濃度が高い。谷津の谷底が水田のような浅く広い湿地になっていると，脱窒や浮遊物質の沈降などの作用により水の栄養塩の除去が進み，下流の河川や湖沼への負荷が軽減されやすい。

このように谷津には治水や水質浄化といった多面的機能のポテンシャルがあり，畔のように水をためる構造があるとそれらの機能は向上しうる。さらに湧水がつくる湿地，水路，田面といった複合的な湿地環境は，多様な動植物に生息場所を提供する。

現在，谷津の地形を維持し管理するうえでの「稲作」という動機が大幅に低下した一方，治水，水質浄化，生物多様性保全といった生態系機能の必要性は高まっている。流域に残存する谷津の地形をいかにして未来に残せるか。さらには生態系機能の維持・向上をもたらす管理の「動機」を，農業のみに依存しない新しい形に移行できるか。これが課題である。

(2) 目　　的

印旛沼流域では，複数の市民団体が谷津をフィールドにした活動を行っている。活動の目的は活動主体によって異なり，全体として多様性がある。例えば千葉県富里市にある谷津で活動する「NPO 富里のホタル」は，ホタルが飛び交う風景に代表される里山の景観を子どもの「原風景」となるように残していくことを目的とし，谷津の耕作放棄水田の湿地化や市民によるコメ作り，周辺樹林の管理を進めている。印西市内の谷津で耕作放棄水田を再び開墾している「NPO いんざい子ども劇場」は，「子どもの豊かな心と想像する力を育む場作り」を目的とする活動の一環として，谷津での田んぼづくりを行っている。また船橋市内では，市内の高校の生物部が，耕作放棄水田を湿地化させる活動を行っており，ここでは生物調査などの自然環境調査が主要な目的となっている。

●第４章●水田環境の保全と再生

　谷津の生態系管理を行う主体は，市民団体（NPO・NGO）だけではない。企業による管理も始まっている。清水建設（株）は自然の機能を活用して地域の環境・社会・経済の価値を向上させる「グリーンインフラ＋（PLUS）」の活動の一環として，富里市内の谷津で耕作放棄水田と周辺樹林の生態系管理・活用を展開している。これは地域貢献という側面だけでなく，「リビングラボ」として企業の技術開発としての側面も持つ取り組みである。

　このように谷津の耕作放棄水田を活用する目的は相互に異なっている。上記のとおり印旛沼流域には谷津が多数存在し，その一部では様々な市民団体や企業が地権者の了解のもとに活動している。

　ここで見られる「活動目的の多様性」は，谷津の環境を残していくうえで重要な意味を持つと考えられる。かつて谷津は「稲作」という共通の目的に利用されてきた。しかし農業の近代化と農家の減少に伴い，稲作における谷津のニーズは一斉に低下した。その結果，谷津の耕作放棄が一気に進み，埋め立てられる場所も増加した。谷津という環境を利用する主体の目的が共通していると，社会情勢の変化の影響も共通したものになりやすい。管理の目的が多様であることで，活動場所や活動箇所数は変化するものの，一斉になくなるということは避けやすくなると考えられる。

　ただし現状では何らかの目的で利活用されている谷津は流域全体のごく一部に過ぎず，かつての「稲作」が別の目的に置き換わったといえる状況ではない。さらに利活用の目的は多様化しても，谷津の耕作放棄水田の土地利用計画上の位置づけや土地所有の形態は共通しており，その意味で，共通した変化を遂げるリスクがある。

（3）実施体制

　活動場所となる谷津の耕作放棄水田の多くは，農家が個人で所有する農地である。市民団体や企業による活動は，土地所有形態を変更せず，地権者の許可を得て実施している。団体が行っている作業，すなわち畦や水路の補修や，かつて農家・地権者が水田として利用していた場所を再び水田あるいは湿地として維持する活動は，農地の樹林化などを防ぎ，農地の維持に貢献する行為である。農家が所有する農地を別の目的に転用しているのではなく，

4.5 保全と再生の実践

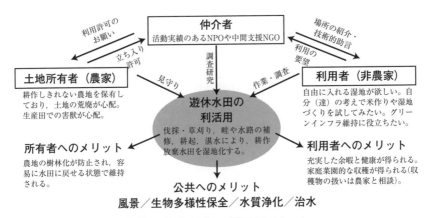

図4.17 耕作放棄水田や休耕田（遊休水田）の利活用のスキーム

また土地の所有権を移管したり正式な貸借の契約を結んだりしているわけでもない。いわば，農家による農地維持の活動を「手伝っている」状態にある。

しかしながら，地権者である農家にとっては，先祖伝来の貴重な農地で，農業経験が浅いあるいはほとんどない団体や親子連れが活用することを認めるのは容易ではない。農家と利用者の信頼関係が不可欠である。印旛沼流域では，地域で長期にわたって谷津を活用し農家と深い信頼関係を構築してきた市民団体や，すでに耕作放棄水田の復田を地域で実践してきた研究者が仲介することで，農地の活用を認めてもらっているケースが多い（図4.17）。

耕作放棄水田の所有者である農家との信頼関係を維持するためには，いくつもの点で配慮が不可欠である。もともとの畦の位置を確認しつつ耕作放棄水田の手入れをするなど，（たとえイネの作付けは行わなくとも）「農地の維持」と位置づけられるような利用の仕方をすることや，ある程度大きな規模の作業をする場合には地権者に事前に相談することは重要である。また地権者がその場所を所有していることで，税金や農業用水の賦課金の負担が生じていることも理解し，その負担の仕方についても相談が必要である。さらに稲作をして米が収穫できた場合，それは原則として地権者のものであるという認識も忘れてはならない。

農地において行ってよい活動の範囲を理解し，地権者や先人に対する感謝

●第4章●水田環境の保全と再生

と敬意を持って活動することで，利用者（非農家）にとっては日常生活や都市公園などの緑地では経験できない「農地へのかかわり」を経験できるというベネフィットがあり，地権者にとっては土地の荒廃が防げるというベネフィットがある。そして，こられが噛み合った活動の結果として，治水，水質浄化，生物多様性保全，地域の風景の維持といった公のベネフィットがもたらされる（**図4.17**）。印旛沼流域の耕作放棄水田・休耕田活用は，この形を目指している。

谷津を活用している団体の間の情報交換の一部は，里山グリーンインフラネットワークが担っている。里山グリーンインフラネットワークは，千葉県を主な対象地域として「自然を賢く活かした豊かな地域づくり」という理念に関心を持つ個人・研究者や団体がつくるネットワークである。メンバーは非固定で，メーリングリストに登録された個人や団体に，およそ月に一度の頻度で開かれる里山グリーンインフラ勉強会の開催情報や，国の関連施策などの情報が共有されるだけの緩やかな連携体である。谷津を活用している市民団体や企業，関係する行政機関の関係者には，里山グリーンインフラ勉強会に参加する方が多く，そこで相互の活動内容や関連して行われた研究成果，新しい政策動向などが共有されている。

(4) 実施内容

谷津の耕作放棄水田で実施されている活動内容は，植物の伐採・刈り取り，埋もれていた土水路の手入れ，畦の補修などである（**図4.18**）。また耕作が行われていた時代にコンクリート柵渠やU字溝などの人工的な排水路が設置され，かつての田面の乾燥化をもたらしている場合には，これらの排水路を土のうなどで塞いで地下水位を上げる措置をとる場合もある。これらの結果，谷底面での湿地環境や水田の構造が回復した場所において，稲を植える場合もあるし植えない場合もある。

また谷津の斜面林の間伐を進めている場所も多い。斜面林は，薪炭林として活用されていたころは落葉広葉樹の疎林だった場所が多い。現在ではスダジイ（*Castanopsis sieboldii*）やシラカシ（*Quercus myrsinaefolia*）などの常緑樹が繁る暗い樹林になっている場合や，モウソウチク（*Phyllostachys het-*

図 4.18 耕作放棄水田の湿地化作業の風景
（左：親子中心の団体，右：高校の生物部による活動）

erocycla）が優占する高密度な竹林になっている場合が多い。これらの樹林を手入れすることで，林床や谷底部の光環境の改善や，複層林化による土砂流出の防止や地下水涵養機能の向上などの効果が期待できる。

　近年では，斜面や谷底部で伐採した竹や樹木をバイオ炭化する取り組みも併せて行われることが多い。刈り取って乾燥させた植物を，50 cm ほど掘り下げた窪地や炭化器の中で焼くと炭（バイオ炭）になる。炭の材料にする植物体は，成長の過程で大気中の二酸化炭素を吸収しており，これを分解されにくい炭の状態にすることで，温室効果ガスの隔離につながる。バイオ炭は農地の土壌改良剤として需要があり，さらに農地に施用することで J- クレジットとして販売できる。J- クレジットは，温室効果ガスの吸収・隔離量をクレジットして国が認定し，売買できる制度である。この取り組みはまだ連携が開始されたばかりだが，うまくつながれば，二酸化炭素を排出する企業がバイオ炭をクレジットとして購入し，その資金の一部が樹林地の管理活動に還元される仕組みが構築できるものと考えられる。

(5) モニタリングと評価

　耕作放棄され乾燥化していた場所を湿地化する活動は，生物相に顕著な効果をもたらす。富里市内にある「大谷津」での活動では，耕作が停止してから約 50 年が経過し，乾燥地を好む外来植物であるセイタカアワダチソウ（Solidago altissima）が優占していた田面を湿地化したことで，植物の種組

● 第 4 章 ● 水田環境の保全と再生

図 4.19 耕作放棄水田に成立した水生植物群落
（富里市　大谷津）

成が大きく変化した．活動前には 24 種が記録されたかつての田面に湧水を引き込み，また田面を全体に掘り下げて湿地化したところ，生育種数は 60 種に増加した（図 4.19）．また湿地化後に新たに確認された植物には，ウスゲチョウジタデ（*Ludwigia greatrexii*），シソクサ（*Limnophila aromatica*），イチョウウキゴケ（*Ricciocarpos natans*），シャジクモ（*Chara braunii*），ミルフラスコモ（*Nitella axilliformis*），ニッポンフラスコモ（*N. megacarpa*）といった地域版あるいは全国版のレッドリスト記載種が含まれていた．これらの植物は，かつて水田稲作が行われていた時代に生産された種子が土壌シードバンクとして田面に残存しており，再湿地化したことで発芽したものと考えられる．また湿地化の際に田面を掘り下げた（場所により 30〜50 cm 程度）ことで過去の水田の表層が露出したことも，多数の水生植物の再生に寄与した可能性がある．

耕作放棄水田での活動は動物にも顕著な影響を与える．ニホンアカガエル（*Rana japonica*）は冬から早春に産卵するため，冬季でも水面が維持される湿田が，主要な産卵環境の一つであった．しかし圃場整備により排水能力が高まった水田では冬季には水たまりができにくくなり，また耕作放棄水田においても植生遷移や乾燥化により開放水面ができにくくなったため，ニホンアカガエルの産卵場所は大きく損なわれ，個体数は激減し，千葉県のレッド

図 4.20 湧水を引き込んで湿地化した耕作放棄水田（左）とニホンアカガエルの卵塊（右）

データブックでは「最重要保護生物」に指定されている。谷津において水路や畔の手入れを行い，湧水を田面に引き込み，冬季でも開放水面が維持される場をつくると，ニホンアカガエルにとって好適な産卵場所となる。例えば「いんざい子ども劇場」の活動では，耕作が停止してから約10年が経過した水田内に小さな畔をつくり，湧水がたまりやすい構造をつくっている場所がある（**図 5.20**）。2021年に調査したところ，造成した湿地の中の約 20 m² 程度の範囲内だけで 104 個の卵塊が確認された[45]。同じ谷津の中でも，池の造成を行わなかった耕作放棄水田では，多くの場合は 0～数個の場合がほとんどだったことを考えると，このような開放水面の造成はニホンアカガエルの産卵場所の保全に大きな効果をもたらしたものといえる。

(6) 課　題

谷津の耕作放棄水田を湿地化する取り組みを進めるうえで筆者（西廣）が感じる最大の問題は，対象としている場所が個人所有の農地であることによる，活動の持続性・発展性の問題である。上述のとおり，ここで紹介したような活動は土地所有者である農家の協力の上に成り立っており，またその協力には固定資産税など実質的な負担も含まれる。土地所有者の判断で農地が別の業者に買い取られ，谷津自体が埋め立てられるようなことは容易に生じる。仮に一枚の水田の所有者が農地を維持し利活用を認めていたとしても，周辺の土地所有者が土地を売却すれば，隣接する農地や斜面林で切土・盛土

●第４章●水田環境の保全と再生

を伴う大規模な土地改変が行われることは十分に起こりうる。現に，このような事態が複数の場所で生じている。隣接する場所で大規模な土地改変があれば，水文条件が大きく変化し，湧水の枯渇などにより湿地化が不可能になる場合が多い。そのような事態になっても，土地所有者の好意で使わせていただいているだけの利用者は権利を主張できる立場にない。

　耕作放棄水田を湿地化することで発揮される生物多様性保全，治水，水質浄化，子どもの自然体験の場の維持といった機能は，土地の所有者の利益になるものではなく「公益」である。これらの公益は「地形や水循環が改変されずに維持されている事」を必要条件として発揮され，さらに「水路や畔の手入れが継続されている事」で強化される。機能強化につながる手入れ作業については，本章で述べたように多様な主体が相互に異なる目的で活動することで，少しずつ満たしていくことが期待できる。しかし手入れが行われる場そのものは，現状では土地所有者の負担（すでに農業生産をしない土地を維持してもらっている）の上に辛うじて維持されている状態といえる。気候変動と都市化の進行に伴い，上で挙げた公益の重要性がますます高まる今後，土地所有者に負担を押し付けることなく，いかに「公」で支えて行けるか。土地の所有と管理に関する法制度や資金メカニズムを含む社会システムの見直しが必要であると考えられる。

4.5.4　熊本県球磨地方における迫田の再生

（1）対象地と事例の背景

　熊本県南部にある球磨盆地（人吉盆地ともいう）は，東西 30 km ほど南北 15 km ほどの盆地である。盆地内は農地が多く，水田が占める割合が大きい。1980 年代まではい草が多く作られており，現在では葉たばこなどが生産されているが，葉たばこの後（7 月）には飼料用の稲が植えられるなど，水の利用量が多い農地の割合が高い土地である。

　しかし，水田の生物多様性はかなり劣化している。例えば，1980 年くらいには水田に生息する大型の捕食性カメムシであるタガメ（*Kirkaldyia deyrolli*）は，夏の夜の電灯への飛来が多く見られていたが（地元住民からの聞き込み情報），近年は飛来個体の情報はない。現在の在来の個体群は局所的

に2か所で確認されているのみであり、その2か所も、分子マーカーを用いた解析においてほぼ交流していないと推定されるほど、隔離されている[46]。

それらのタガメの局所個体群が存在するのは、いずれも湧水がある丘陵地縁の「迫」である。西日本では、丘陵地や山地の谷間は「迫」、そこにある水田は「迫田」と呼ばれる。森林とセットになり水田と森林を行き来する生物に有利なこと、圃場整備されていない水田が多いため泥が深く乾きにくいこと、自家用米が多く比較的農薬の使用が抑えられていること、湧き水があり常に湿っていたり農薬が薄まったりすることなどが迫田にタガメをはじめとする絶滅危惧種が残存している理由であると考えられる[47]。しかし、これらの迫においても、水田生物の生息地としての機能は劣化している。例えば、筆者（一柳）らが水田生態系の再生候補地としている約70か所の迫の調査によれば、かつて迫田に広く分布していたと考えらえるマルタニシ（*Cipangopaludina chinensis laeta*）、ミナミメダカ（*Oryzias latipes*）、ドジョウ（*Misgurnus anguillicaudatus*）の3種ともが確認される迫は2か所しか見つからなかった（鹿野雄一・一柳英隆未発表データ）。迫田の生物多様性が衰退した大きな理由は耕作放棄である。迫田は、日当たりの悪さ、獣害の多さ、1枚当たりが小規模かつ湿田であることによる営農効率の悪さなどを理由として、耕作放棄されることが多い[47]。例えば、ある農家は、それまで作っていた経営的に成り立たたない迫田を放棄し、ほかの広い面積で大型機械が使える農地（水田）を借用して営農している。放棄された迫田は、湿田であっても、植物遺骸の堆積により水面がなくなってしまうことが多い。

(2) 目　的
球磨盆地における水田性生物の絶滅を回避するためには、局所的に残存する迫田を効率的に保全していくことが必要である。そのため、筆者（一柳）らは、迫田生態系（または湿地生態系）の再生を目指して保全活動を行っている。この項では、熊本県球磨盆地における迫田生態系再生の4つの事例を紹介したい。

●第４章●水田環境の保全と再生

（3）実施体制

　以下に紹介する４つの迫（迫Ａ〜Ｄ）の再生は，「球磨湿地研究会」が中心となって行っている。この研究会の中核は地元有志の5〜6人であり，日常的な湿地の管理はこのメンバーに依存している。人数が必要な作業時には，自然再生等に興味がある熊本県内外の人，地元の高校生（科学部など），九州内の大学などの研究室が集まり，作業を行う。メンバーには，農家（兼業）や造園業者が含まれているために，必要な農業機械，軽トラック，クレーン付きダンプトラック等の利用が可能であり，必要に応じて，小型バックホーなどの建機をレンタルしている。また，通常のモニタリングや解析は，この研究会のメンバーにより行うものの，DNAの分析などは大学などの研究者と連携している。

　迫Ｂについては，2022年から大学や企業などと連携して再生事業を行うことが追加された。熊本県南部は，2020年に豪雨被害を受けた（令和２年7月豪雨）。流域に降った雨により，盆地下流部・狭窄部の水位が上昇したことで内水や支流・本流が溢れたことにより，中下流部での氾濫水深は場所によって7ｍを越し，流域での人的被害は50名に達した[48]。これに対応するために，流域治水が進められている。その一環として，流域内各所に雨水を貯留し河川への流出を少なくかつ遅くするため，堤内地の湿地や放棄・休耕農地に貯留しつつ，その生物多様性を高めることを併せて行うことも進められている。これについて，熊本県立大学，熊本大学，MS&ADインシュアランス グループ ホールディングス株式会社が，地域の球磨湿地研究会と連携し，湿地保全や休耕農地再生を進めている。ここでは，大学が生物多様性の回復や雨水の貯留効果を評価するとともに，企業であるMS&ADインシュアランスグループホールディングス株式会社はボランティアの派遣，球磨湿地研究会の資金的な援助を行っている。それを地元の自治体が後援し，地域住民がボランティアに対し食事・茶などをふるまってバックアップする体制となっている。この迫Ｂについては，外部評価的な価値を明確にするため，自然共生サイトに申請し，認定を得ている[49]。

170

4.5 保全と再生の実践

(4) 迫 A の再生に関する実施内容・モニタリング・事業評価

【実施内容】

　迫 A（ここでは，希少種が多く存在するため，場所や地形の詳細，地名は伏せる）は，22,000 m² ほどの迫である。泥が深く乾かないために農業機械が入らない。2011 年の生物相調査において，例えば，水草では「環境省レッドリスト 2020」または熊本県の「レッドデータブックくまもと 2019」掲載種が 9 種確認されている [50]。タガメ（絶滅危惧 IA 類；以下，種名のあとのランクは，レッドデータブックくまもと 2019 におけるランクを示す）に関しては，この球磨盆地最大の生息地であった。また，エゾトンボ（*Somatochlora viridiaenea*，絶滅危惧 IA 類）南限生息地，多様なゲンゴロウ類生息地であることを理由に，環境省の生物多様性の観点から重要度の高い湿地に選定されている [51]。ここは，圃場整備されることなく 20 戸ほどの所有者により耕作が続けられてきた。しかし，1980 年ごろから徐々に放棄され，最後まで耕作されていた 700 m² も 2012 年を最後にすべて放棄された。放棄により開放的な水面が消失し，沈水・浮葉植物や，丈の低い湿地性草本が消失・減少した。タガメは，2014 年 9 月時点（9 月はその年に新しく羽化した成虫が出そろう時期）の成虫が 100 個体程度，翌年の繁殖個体数が 30 個体程度と推定された。

　そのため，タガメなど，生息していた絶滅危惧種が生息可能な環境にもどすことを目標に 2014 年に湿地再生を始めた [52]。再生においては，乾かない深い泥によって耕耘機が入らないため，草本の除去などは人力で行った。表面 10 cm ほどの植物の根の絡み合った泥の層を鋸鎌でボックス状に切り，それを鍬で取り出すことで地表高を下げるとともに，切り出した植物片と泥により畔を作った（**図 4.21**）。カンガレイ（*Schoenoplectus triangulatus*）など大型の多年生草本は根ごとすべて除去した。通常，地表下の比較的高い場所に水位があるために，この作業で開放的な水面を形成することができた。また，水位を維持するために，1 枚ごとの排水口には木の堰板を入れ，越流させる構造を作った。

　開放水面の造成は継続して行っており，その面積は徐々に拡大し，2022 年現在 3,600 m² となった。水面造成は，ニホンマムシ（*Gloydius blomhoffii*）

●第 4 章●水田環境の保全と再生

図 4.21　迫 A における湿地再生の様子

の活動が少ない（作業者に危険が少ない）冬季に行い，夏場は，水位の管理と畦畔の除草を行った。一部では水稲栽培を実施した。稲を植えた場所もそうでない場所も，1 年中湛水を継続し，降雨がなく湿地全体の水が少なくならない限りは，10 cm 以上の水深の維持を目指した。降雨により，畦や堰板が損傷した場合には，その都度修繕し，泥がたまった場合には，水の動きに問題がないよう，泥の除去を行っている。

【モニタリング】

　ここでは，タガメと水草類を湿地再生の中心的な指標としモニタリングした。タガメは，春（繁殖期前の 5 月初旬）と秋（その年に生まれた個体がほぼ成虫になった 9 月）に標識再捕獲により個体数推定した。水草は，場所ごとに出現の有無を記録した。そのほか，両生類，トンボ類，水生コウチュウ類，水生カメムシ類について補足的に記録した。

【事業評価】

　2023 年秋のタガメ個体数は，再生を始めた 2014 年秋の約 3 倍の 300 個体程度になり，水草の絶滅危惧種では，過去に確認された記録のある 9 種のうちデンジソウ（*Marsilea quadrifolia*，絶滅危惧 IA 類），ホッスモ（*Najas graminea*，絶滅危惧 IA 類），オヒルムシロ（*Potamogeton natans*，絶滅危惧 IA 類），ヤナギスブタ（*Blyxa japonica*，絶滅危惧 II 類）など 7 種，および過去に記録のないホソバミズヒキモ（*Potamogeton octandrus*，絶滅危

4.5　保全と再生の実践

惧 IB 類）など 2 種が確認された [50]。

　毎年継続的に水稲を植えているのは 700 m² ほどである。この場所は，再生を始めたころは稲を植えなかった。その場合，カンガレイやヘラオモダカ（*Alisma canaliculatum*）などの大型の沈水植物が優占した。また，外来種であるキシュウスズメノヒエ（*Paspalum distichum*）が畦から水面の内部に侵入し，群落が密になり，水位があがったときに泥が流入・堆積して陸化が進んだ。稲を植えることで，カンガレイやヘラオモダカ，キシュウスズメノヒエの内部への侵入をかなり抑制することができた。また，稲の移植時の条間距離は，当初は 30〜60 cm の間で年により変化させ試行錯誤した。近年は 45 cm としている。これは慣行的に行われる稲作の場合の条間 30 cm よりも広い。60 cm にした場合，光が差し込み，キシュウスズメノヒエ，コナギ（*Monochoria vaginalis*）が繁茂する。45 cm であれば，キシュウスズメノヒエは侵入せず，この水田で生育しているホッスモやホソバミズヒキモは，稲の下で生育できた。田植えは 6 月中旬に行い，ポットで育苗した 35〜37 日の成苗を用いることで移植時の水深に対応した（この地方では，箱苗で育苗し，22 日ほど稚苗で植えるのが一般的であるが，それを移植すると水没してしまう）。農薬は，育苗時を含め，殺虫剤，殺菌剤，除草剤すべて使用せず，本田での施肥は行わなかった。日当たりがよくない迫田では稲の病気であるイモチが心配されるが，収量は低くてもイモチなどに強い品種を選択することで，今のところ病気がでることはほとんどない。稲に対する害虫については，初期のイネミズゾウムシ（*Lissorhoptrus oryzophilus*），秋のイナゴ類などが見られるものの，とくに稲の生育への影響は認められなかった。農薬の不使用によりタガメなどの生息を維持し，無施肥は，水草相に影響していると推測されるが，この件に関しては，空間的な比較対象も，年変化もさせておらず，評価はできていない。稲自体は 8 月まではよく育つものの，台風による倒伏や（水を張ったままなので，根本が緩く倒れやすい。倒れると水没して発芽してしまう），ニホンイノシシ（*Sus scrofa leucomystax*）による食害によって収穫がゼロに近い年もあり，収量の変動は大きい。

(5) 迫Bの再生に関する実施内容・モニタリング・事業評価
【実施内容】

　迫Bは相良村の瀬戸堤自然生態園と呼ばれる，24,000 m² 程度の迫田であった場所である（**図4.22**）。ここにも多くの希少種が生息しているが，村が対象地の場所や生息している生物の種名を公開しているために，そのまま名称を明記する。この迫は，1991年には耕作がすべて放棄された。もともとデンジソウやツクシガヤ（*Chikusichloa aquatica*，絶滅危惧IA類），ホッスモ，アカウキクサ（*Azolla pinnata*，絶滅危惧IA類）など，貴重な植物の生育が確認されていたこともあり[53]，1993年に村が土地を購入し，湿地性の希少動植物保全地および地域住民の憩いの場を造成することを目指した。しかし，その後，放棄が継続されたことにより，ヨシ（*Phragmites australis*）が繁茂し，沈水植物は全く確認されなくなった。また，ヨシの枯死体が堆積し，30年間に30 cm程度の地表面の上昇が起こり，部分的には乾燥化が進んでいる。過去の環境を取り戻そうと，2001年ごろからは草刈りが年2回行われ，2009年から一部の区画が耕されるようになった。全体の草刈りなどは，村からシルバー人材派遣に依頼されて行われた。2018年からは，球磨湿地研究会によって，ホシクサ類などの湿地性植物の維持やハッチョウトンボ（*Nannophya pygmaea*，絶滅危惧IA類）などの昆虫類の個体数増加を目指し，その一部区域の草刈り強化と耕耘が行われるようになった。2022

図4.22　迫Bの空中写真　（©熊本大学皆川朋子研究室）

4.5 保全と再生の実践

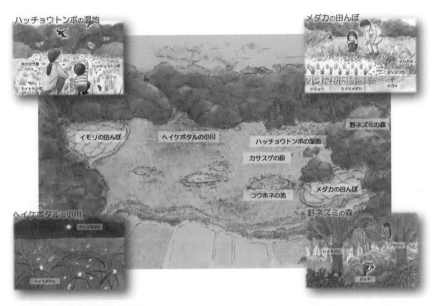

図 4.23 迫 B の将来の期待象
（© MS&AD インシュアランスグループホールディングス（株））

年からは，湿地保全の努力量を増している（体制は上述）。

2022 年には，まず，過去に記録された生物と，現在の希少動植物の確認位置をもとに，湿地内部の将来的な環境目標イメージを作成した（**図 4.23**）。ここでは，環境がイメージしやすいよう，類型ごとに指標種をつくった。例えば，「ハッチョウトンボの湿地」は，ごく浅いものの乾かない湧水がある湿地で，ハッチョウトンボやホシクサ類が見られる環境を想定した。「メダカの水田」では，10 cm 程度の水深がある湿田であり，ミナミメダカやドジョウ，沈水植物が見られる環境を想定した。

環境の再生にあたっては，類型ごとに作業スケジュールを立てた。「ハッチョウトンボの湿地」では，5 月（ヨシが育ちはじめるとき），7 月末（ホシクサ類の花期の前），11 月（植物の生育期の終わり）に草刈りと刈った草の除去を行っている。11 月には鍬で耕すが，12 月になると，ニホンアカガエル（*Rana japonica*，準絶滅危惧），ヤマアカガエル（*Rana ornativentris*，

●第4章●水田環境の保全と再生

図 4.24　迫 B 内の実験的な掘削水田

準絶滅危惧）の産卵が始まるために，その前に耕耘作業を終わらせた。また，比較的日当たりが良い植生高が低い湿地に生育するホシクサ類などの植物を想定し（過去には周辺は森林ではなかったらしい），日が当たるようにするため周辺の樹木（主にコナラ *Quercus serrata*）を伐採した。「メダカの水田」では，2022 年までは，年 2 回（主に 8 月と 11 月）のシルバー人材による草刈りだけの管理であった。水田のような環境を目指し，2023 年には掘削し，表土（ほとんどは，ヨシが枯死したもの）をはぐことで水をためた（図 4.24）。2023 年は，小さな区画（3 m × 9 m）を複数つくり，実験的に水稲栽培の有無，外来種（アメリカザリガニ *Procambarus clarkii*）の駆除など環境条件が異なる区を設置し，小型（0.8 t）の油圧ショベルを，板を敷いて湿地に埋まりにくくしながら進めることで掘削した。

【モニタリング】

　トンボ類については，月数回モニタリングし，目視より見られる種を記録した。中心的な指標であるハッチョウトンボついては，成虫数をカウントした。植物については，確認できた種を随時記録し，レッドデータブック掲載種については，確認場所やその範囲を記録した。湿地内の水域では，トラップによる捕獲，および D フレームネットを使用したスィーピングにより，水生のカメムシ目やコウチュウ目の昆虫類，魚類，アメリカザリガニを

捕獲し，努力量当たりの個体数をカウントした。

その他，カエル類の鳴き声，ニホンイシガメ（*Mauremys japonica*）の標識再捕獲およびラジオトラッキング，ホタル類の発生状況の記録を行っているが，ここでは結果の詳細は割愛する。

【事業評価】

現在のところ，「ハッチョウトンボの湿地」では，イトイヌノヒゲ（*Eriocaulon decemflorum*，絶滅危惧Ⅱ類），クロホシクサ（*Eriocaulon parvum*，絶滅危惧ⅠA類）が多く生育し，ハッチョウトンボは，年の最大確認時で1〜4個体程度と少ないが，毎年確認されている。「メダカの水田」の 2023 年に造成した水域では，ハイイロゲンゴロウ（*Eretes griseus*），コガタノゲンゴロウ（*Cybister tripunctatus orientalis*），クロゲンゴロウ（*Cybister brevis*，絶滅危惧ⅠB類），コシマゲンゴロウ（*Hydaticus grammicus*），ウスイロシマゲンゴロウ（*Hydaticus rhantoides*，絶滅危惧Ⅱ類），ヒメゲンゴロウ（*Rhantus suturalis*）などのゲンゴロウ類，ミズカマキリ（*Ranatra chinensis*）などの水生昆虫が多く確認され，ミナミメダカ（準絶滅危惧），ドジョウの繁殖も認められた。ヨシの再繁茂は今のところ認められず，日当たりは確保できている。ただし，アメリカザリガニが侵入し，高密度になった。沈水植物は，シャジクモ（*Chara braunii*，環境省レッドリスト 2020 で絶滅危惧Ⅱ類）以外は認められず（伊東麗子・一柳英隆ほか未発表データ），埋土種子からの再生を期待してはいたものの，まだ実現できていない。環境要因とモニタリングデータの解析，埋土種子の残存量などの調査を経て，対応を検討する必要があるだろう。

2023 年には稲を植えた。継続的に湛水し，無肥料，無農薬で栽培した。とくに病気や害虫が出ることもなく生育したが，例えば，迫Aと比較してそれほど稲株も大きくならず，単位面積当たりの収量も上がらなかった。稲の生育がそれほど良くないという点は，この場所では収量が少なくともそれが目的でないために問題とはならない。しかし，稲が育たないことと水草類の再生が期待どおりではないことに関連がある可能性もあり，もう少し要因の検討が必要だろう。

(6) 迫Cの再生に関する実施内容・モニタリング・事業評価
【実施内容】

　1970年代の空中写真でみるかぎり，この迫は水田の面積が24,000 m²ほどであった．2009年には，水田として使われているのは，迫の上流部2,400 m²，下流部で6,200 m²ほどになった．水田として使われなくなった場所の多くは，樹木（椎茸のホダ木用のクヌギ *Quercus acutissima* や庭木用の ヒメシャラ *Stewartia monadelpha*）が植栽されるか，放棄されてススキ（*Miscanthus sinensis*）を中心とした草本群落になった．上流部は2012年を最後に放棄された．下流部の水田は，2021年に牧草地に転用された．

　最上流部の一部は湿田（2,000 m²ほど）であり，ここは湧き水と雨水の流れ込みによって常時湿っており，ニホンアカガエル，ヤマアカガエルなどのカエル類の産卵場になっていた．また，タイコウチ（*Laccotrephes japonensis*）などの水生昆虫，ヤナギスブタなどの水草も確認された．20年以上放棄されていたが，まだ木本も生えていなかったために，とくに手をつけず，2012年まで営農していた隣接する乾田2,400 m² を2016年に再生（復田）した．復田では，周辺から倒れている木を除去し，草を刈って焼き，畔を再形成し，トラクターにより耕耘した．過去の営農時は，200 mほど上流の河川（水面幅1 m程度）から，開水路で水が送られていたが，その水路の損壊が激しいために，川の同じ取水口からホースを通すことで水を引いた．復田当

図 4.25　迫Cで再生した水田．複数の品種を植えている．

初は，水がたまらなかったが，少しずつ区切って代掻きを数度行うことで，水がたまり，水田として使えるようになった（**図4.25**）。

2017年からは地権者との協議により一部の湛水をやめ，残った1,400 m^{2}で，原則通年湛水，無農薬で水稲を栽培した。

【再導入とモニタリング】

この迫では，タガメとデンジソウの局所集団を人為的に創設した。これらの種は，熊本県全体においても，球磨盆地においても，分布が非常に限られており，局所集団の数が少ない。アクシデントにより流域から絶滅することを避けるため，流域内で別の局所集団を創設することを試みた。タガメのような有性生殖をする種の場合，ボトルネックにより遺伝的な偏りが生じる可能性がある。ここでは，2017年に雌雄9個体ずつ，2018年に7個体ずつ（合計32個体）の迫Aのタガメ成虫を親とし，飼育下で繁殖させ，孵化直後の幼虫を，3枚に分かれた水田に放流した。デンジソウは，同様に迫A由来のもの，ポット3つ分ほどを3枚に分かれたうちの1枚（田越しで水をいれている最下流の水田）に移植した。

モニタリングでは，タガメは，迫Aと同様，春と秋に標識再捕獲により個体数推定した。水草は，場所ごとの出現の有無を記録した。そのほか，植物，両生類，トンボ類，水生コウチュウ類，水生カメムシ類について補足的に記録した。

【事業評価】

タガメは，2017年から2023年まで，秋の成虫個体数で，200～600個体で変動した。密度としては，もとの迫Aよりも高くなったが，変動がやや大きい傾向があった。分子マーカー（DNA）による分析では，2021年時点で，迫Aと迫Cの遺伝的な多様性（ヘテロ接合度）に大きな違いはなく，移植時やその後の遺伝的多様性の大きな損失は認められなかった[46]。デンジソウは，導入した水田一面に広がり，毎年群落を継続している。今のところ，ほかの水田には広がっていない。ミズカマキリの個体数は1年目（2017年）から多く，2021年からはタイコウチの繁殖も確認された。水草の絶滅危惧種では，オヒルムシロ，ホッスモ，ヤナギスブタが復田したなかで確認できるようになった。水田の坂路では，キンラン（*Cephalanthera falcata*，準絶

●第 4 章●水田環境の保全と再生

滅危惧），キンバイザサ（*Curculigo orchioides*，絶滅危惧 IA 類）が継続的
に確認されている。水田管理における周辺の草刈りが好影響をもたらしてい
るのかもしれない。これらを考えると，この迫 C は，導入したタガメやデ
ンジソウだけでなく，付随する水田・里山性の生物の生息地として機能して
いると評価できる。

　水稲栽培は，基本的には迫 A と類似したスケジュールで管理している。
ただし，この場所は農業機械が利用可能である。代掻きは 2 回であるが，タ
ガメが越冬からあける前の 4 月〜5 月初旬に 1 回目の代掻きを行っている。
2 回目の代掻きは，6 月初旬である。1 回目から 2 回目の間隔が通常よりも
かなり日数を経ているが，これは，1 回目をタガメの活動が始まる前にして
いるためである。2 回目は通常の田植えに合わせた時期に行っている（6 月
中旬の田植えの 3〜4 日前）。水面からでている木の棒などに産卵する習性
を持つタガメのため，1 回目の代掻きが終わったら木の棒を水田に設置した。
2 回目の代掻きの際，設置した棒に産み付けられたタガメの卵塊を，代掻き
の邪魔になるので棒ごと抜き取って回収した（卵塊を守っているオス成虫
は，後で記述するように，代掻き時の採集と同様に扱った）。回収した卵塊
は飼育下で孵化させて，卵塊があった水田に戻した。代掻きの前夜には，水
田で見られるタガメ成虫を捕獲し，代掻きが終わるまで，水田脇に設置した
容器にいれ，代掻き後に捕獲された水田に放逐した。これは，代掻き時に
トラクターのロータリーに巻き込まないためである。田植えについては，2
条植えの田植え機を用いた。条間は田植え機の植え幅である 30 cm になる
が，田植え機で植えた 2 条の間は 60 cm とし，全体で平均 45 cm の株間と
した。ここは，収量を確保するために窒素分にして 1,000 m^2 当たり 2 kg 程
度の魚粕および米ぬかのぼかしを施肥している（標準施肥量[54] の 3 分の 1
程度）。除草は，田植え後 10 日目前後に機械除草（中耕除草）を行い，あと
は深く水を保つことで，稲作に大きな障害が認められるほど雑草は生えてい
ない。畔草は，タガメの繁殖期である 5 月初旬から 8 月初旬は，水際の草を
刈らない。水際の草に産卵していることがあるためである。なお，原則的に
通年湛水であるが，2022 年と 2023 年は，9 月中旬以降，稲刈りと稲架掛け
天日乾燥が終わるまで，3 枚のうち 2 枚は落水した。乾燥化により，稲刈り

時に機械が入るために労力の削減になることが第一の理由である。この時期，多くの場合タガメは成虫になっているために，タガメ個体群に対する大きな影響はないと考えられるが，越冬前の採餌量が減ることも考えられ，この影響については評価できていない。12月になるとニホンアカガエル，ヤマアカガエルの産卵が始まるため，水を戻した。この冬期湛水により，冬季にはほぼ毎日カモ類（主にカルガモ *Anas zonorhyncha*），サギ類（アオサギ *Ardea cinerea*，チュウサギ *Ardea intermedia*）が滞在している。

なお，稲の害虫としては，通常の慣行的な栽培田と比較して，イネクロカメムシ（*Scotinophara lurida*），フタオビコヤガ（*Naranga aenescens*）が林に近いところで多く，一部の稲が育ちにくい場合がある。

(7) 迫Dの再生に関する実施内容・モニタリング・事業評価
【実施内容】

この迫は，1970年代の空中写真でみるかぎり，水田の面積が14,300 m^{2}ほどであった。2011年時点では，一番上流の湧き水ある水田1,700 m^{2}と580 m^2，26 m^{2}のため池とその直下の100 m^{2}の水田が利用されるだけになった。この迫は，泥が深く湿ってはいるものの，湧水量が多くなく，水田利用としては，水の確保が難しかったとかつての営農者から聞いている。2014年までにため池直下の水田は放棄された。水田1,700 m^{2}と580 m^{2}の2枚は2018年を最後に放棄された。この場所にドジョウの生息を確認していたため，地権者と協議し，2021年から復田を始めた。2021年には，水田内に倒れた木の除去，草刈りを行い，水の利用性を確認した。最も上の580 m^{2}には水田（上の水田と呼ぶ）に直接湧き水が入っており，その水をためた。さらにその上流にある水田から水をホースで引いて加えた。下の水田には，別の湧き水から水を引いた（ただし，こちらはしばしば枯れる）。

2021年に湛水したところ，タガメを確認した。このとき幼虫も見られ，この場所で繁殖していると思われた。タガメは，球磨盆地においては迫Aや導入した迫C以外での確認がなく，この種を迫田再生の主な指標種とした。生息可能な面積を増やすため，2022年以降は，上と下の水田をやや深めに湛水し，水稲栽培を開始した。ただし，1年目は，全体をトラクターで耕耘

●第4章●水田環境の保全と再生

図4.26　復田した迫D

したが，作付けしたのは，上の水田のうち200 m^{2}ほど，下の水田の1,000 m^{2}ほどである（図4.26）。これは，その他の場所は田植え機が入らないほど泥が深く作業がやりにくかったためである。2023年には，作付けするエリアのみを耕耘した。水稲栽培の方法は，迫Cとほぼ同じである。

【モニタリング】

タガメは，秋に標識再捕獲により個体数推定した。そのほか，植物，両生類，トンボ類，水生コウチュウ類，水生カメムシ類について補足的に記録した。

【事業評価】

確認されたタガメは，迫Aや迫Cからの移入の可能性も考えられたが，分子マーカー（DNA）による分析により，独自に残存してきた可能性が高いことがわかった[46]。しかし，迫Aの集団や導入集団である迫Cと比較してその遺伝的多様性は低く，早急に個体群サイズを大きくする必要性があると考えられた。タガメは，2021年秋には60個体ほど，水稲栽培を行った2022年，2023年ともに200個体程度と推定された。湛水以前がどの程度だったかは不明であるが，人為的に水をためられなかった2019年，2020年は，湧水のごく狭い範囲にのみに少数が生息していたと推定され，それに比較すると，タガメの個体数は増加していると考えられる。しかし，迫Cなどと比較すると，それほど高い密度にはならなかった。作付けしなかったエリア

は，軟らかい泥になり，コナギ，イヌビエ（*Echinochloa crus-galli*），オモダカ（*Sagittaria trifolia*）を中心とした草本が密に生えた。水稲を植え付けしたエリアは，軟らかく植物質を多く含んだ泥が水面に浮かび，その泥面に芽生えることで，ここにも，イヌビエを中心に草本が多く生えた。タガメがほかの迫よりも密度が低めであることは，軟らかい泥が水面に浮かんで水深がなくなること，草本が密になりすぎることが要因であると思われる。その検証はされていないものの，泥をしまった状態にして，水深がある状態で，草本をやや疎に維持することが重要と思われる。今のところ，そのための対策として，耕起をできるだけ抑えることを予定している。

迫Dの稲については，病気や害虫は顕著ではないもののおそらく雑草が多く生えることで株がそれほど大きくならないこと，およびニホンイノシシの食害のために，収量は多くない。

(8) 課　題

タガメのように局所集団が隔離・孤立している今の状態を改善し，迫の生息地間が球磨盆地の中でネットワークとして連結できるようにするのが，今後の課題になるだろう。そのためには，湿地性生物が生息できる迫などの空間をより多く再生していくことが必要になる。

上述した迫Aや迫Bは，生物の多様性が高く，多くの絶滅危惧種が確認できているものの，機械を使えないために再生には非常に労力がかかる。一方で，迫Cや迫Dの場合には，少なくとも一部については機械の使用が可能なので比較的労力がかからない。ただし，これらの迫も車でのアクセスがしにくい。近年は，舗装道路脇にあるアクセスしやすい水田も急速に放棄されつつある。我々は，アクセス性はそれほど悪くないものの，営農者の高齢化等により放棄され，かつ小さかったり不定形だったり水が利用しにくかったりして借り手や買い手がつかない放棄水田の再生も始めた。これら労力と生物多様性回復の期待値のトレードオフがあるなかで，各所に様々な湿地を再生していくことが重要になるだろう。その先には，圃場整備された現在の標準的な水田における生物多様性の向上と一体化することにより，この盆地全体の湿地性生物多様性を高めることができると思われる。

● 第 4 章 ● 水田環境の保全と再生

4.5.5 休耕田ビオトープによる水生動物の生息環境の創出

(1) 対象地と事例の背景

九州北部に位置する福岡県では，これまでに約 160 種類の真正水生昆虫類（コラム 5 参照）が記録されており[55]，種多様性の高い地域の一つである。しかし特に止水性種の減少は著しく，ゲンゴロウ（*Cybister chinensis*）やコガタガムシ（*Hydrophilus bilineatus caschmirensis*）などの大型種を中心に，50 年以上にわたり採集例がない種が多く確認されている[56]。この理由については不明な点が多いが，農薬の影響や耕作放棄による生息環境の喪失，アメリカザリガニ（*Procambarus clarkii*）等の侵略的外来種の影響など複数の要因が考えられる。したがって，福岡県内の生物多様性保全を進めていくうえで，特に低平地の止水性湿地の環境再生は極めて重要な課題となっている。

福岡県では 2013 年に策定された県生物多様性戦略に基づき，県と市町村や保全団体などが協働して生物多様性保全活動の推進や普及啓発事業に取り組む仕組み（地域環境協議会事業）がある。本事例はそれに先立つ 2011 年

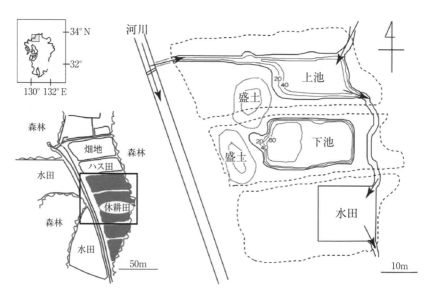

図 4.27　手光ビオトープの位置と構造

2月に先行的に県主導で実施されたもので，その後は前述した協議会事業の枠組みで維持・管理がなされている。ビオトープの造成地は，福岡県福津市手光地区の標高約25mに位置する10年以上にわたり休耕していた水田跡である（**図4.27**）。当該地域の周辺には多くの水生昆虫類が生息する農業用ため池が存在することから，休耕地を活用したビオトープの造成において，県内での減少が著しい水生昆虫類を対象とした新たな生息環境の創出が期待された。

　ビオトープの広さは最大幅が東西約60m，南北約100m程度で，その周辺は水田を中心とした農地，森林などからなり，上流側には農業用ため池も存在する。後述するように本ビオトープには意図的な動植物の導入は一切行っていない。また，本ビオトープは通称「手光ビオトープ」と呼ばれている。なお，本頁で解説した内容はすでに一部を公表済みである[57]~[59]。併せて参照されたい。

(2) 目　　的

　手光ビオトープは，福岡県内で劣化が進んでいる水田域を中心とした二次的自然環境の代替地として，そうした環境を利用する生物多様性の保全と再生につながる場として造成された。また，環境教育の場としての活用も大きな目的の一つとして当初から想定した。

(3) 実施体制

　事業実施主体は福岡県宗像・遠賀保健福祉環境事務所で，その後の維持管理は同事務所と地元自治体である福津市，市民団体（どじょうクラブ），福岡県立光陵高校うみがめクラブが協働して行っている。また，筆者（中島）は福岡県保健環境研究所の研究職員として技術的な指導を行っている。

(4) 実施内容

　休耕田のビオトープ化にあたり地権者からの許可を得ると同時に，地域の住民向けに生物多様性やビオトープに関する勉強会・ワークショップを複数回行い，最終的なビオトープの形を「みんなで決める」こととした。その際

の講師は筆者が行った。このワークショップの参加者が後に市民団体どじょうクラブの基盤となっている。

【ビオトープの構造】

実際の掘削は（株）伊藤園の県環境行政に対する寄付金を用いて行い，水田機能を失わせないという観点から，もとの水田の枠を変えずに小型重機により掘削し，土砂はその脇に小山として積み上げておくのみとして土砂の持ち出しは行わなかった。先のワークショップで合意形成を行ってまとめたとおり，2つの池（上池，下池）と1つの水田，およびそれらを結ぶ水路を造成した（図4.27, 4.28）。上池は隣接する小河川から堰上げして水を引ける構造になっており，水は池内を通過して下端で水路から流出し，水路を通じて水田へと流れ込む。下池は上池や水路とはつながっておらず，周囲から独立した構造となっている。上池の水深は最大40 cm程度，下池の水深は最大60 cm程度である。取水しない場合でも，東側の森林脇から流出する湧

図4.28　手光ビオトープの景観（A：入口の看板，B：水田から下池，C：下池，D：上池）

水などの影響で，完全に干上がることはほとんどない。掘削前の休耕田はセイタカアワダチソウ（*Solidago altissima*）等の草本が繁茂するやや湿った荒地となっていたが，掘った後は水がたまり自然に池状・湿地状となった。2014年には入口付近に小規模な池状の湿地を2つ造成した。また，生物の持ち込みは行なわないという基本方針を管理者である県と市民団体の間で共有し，造成時から2023年現在も継続している。

【造成後の経過】

造成後の管理としては，草刈り（年2～3回），カスミサンショウウオ（*Hynobius nebulosus*）の産卵場づくりとしての浅場掘り（年1回）などが主要なもので，このほか，造成池内に繁茂したヒメガマ（*Typha domingensis*）の抜き取り作業を2017年から年1回実施している。このビオトープを活用した一般向けの観察会は例年4～5件ほど実施されている。また，水田では2015年までは田植えイベントなどをしていたが，以降は水田の面積を縮小して不定期で市民団体による稲作が行われた年があったものの，2023年現在は湿地状となっている。

(5) モニタリング

ビオトープ造成後の3年間（2011年4月～2014年3月）は福岡県保健環境研究所（筆者）が毎月の調査を実施し，生物相と環境の変化を記録した。調査は，異なる環境構造を有する約1メートル四方の6定点で行った。生物相の調査ではタモ網を用いて，各定点内で約10分間のすくい採り採集を行い，種ごとに個体数を記録した。採集調査と併せて，トンボ類（成虫），アメンボ類（成虫），沈水植物を目視で記録した。

環境の変化に関する調査は，各定点において水深，水温，電気伝導度（EC），pH，酸化還元電位（ORP），溶存酸素（DO）の6項目を測定・記録することで行った。また，本調査地が農薬類に由来する有機汚染物質の影響を受けているかどうかを確認するため，547種の農薬類が登録されたGC／MSデータベースを用いた土壌のスクリーニング分析[60]も行った。

以上の結果に基づいて生物相と物理環境の評価を行った。希少種は環境省と福岡県のレッドリストにおいて何らかのランクに掲載されているものとし

●第４章●水田環境の保全と再生

た。また，水生昆虫類を対象として月ごとの出現種数の変化，地点ごとの種数の変化，多様度指数として Shannon-Wiener の H' の変化を調べた。その詳細については学術論文として報告している[57]。

また，このほかのモニタリング調査として，手光ビオトープの近郊にある福岡県立光陵高校の「うみがめクラブ」による部活動の一環として，カスミサンショウウオの産卵状況が記録され続けているほか，市民団体により生物相リストが継続して作成されており，観察会などで新たな種が確認されれば適宜追加している。さらに年１回，当ビオトープの過去の経緯や現状を報告する勉強会を実施し，関係者で状況を共有している。

(6) 事業評価

【生物多様性保全の場として】

2022年までに確認された水生動物の種数を累計すると，両生類が２目７種，魚類が３目５種，昆虫類が７目83種，甲殻類が３目８種，貝類が３目７種の合計18目110種類となる（**表 4.1**）。ただし，この中にはハエ目など種レベルの同定ができていない分類群が含まれ，また，そもそもミジンコ類やミミズ類などは評価できてない。全確認種のうち，環境省もしくは福岡県のレッドリスト掲載種は25種である。

2011年４月から毎月３年間実施した調査の結果から，この３年間のみで水生動物については合計18目93種が，沈水性植物については４種が確認された[57],[58]。また，浅場から深場に連なるエコトーン（移行帯）を備えた地点（**図 4.29** A）でもっとも種数が多く，多様度指数も高く，生物多様性保全上重要な環境構造であることがわかった。同時に種数は少ないものの，流水の地点（**図 4.29** B）にはヘイケボタル（*Aquatica lateralis*）など特異な種が見られたことから，流速環境の多様性も重要であることがわかった。

真水生の昆虫類の種数は2011年が18種，2012年が16種，2013年が14種と減少していった。通常こうした湿地ビオトープの種数は，造成後３年間は増加することが知られているので，この種数の減少は造成後３年間で水深が顕著に浅くなり陸地化が進んだこと，侵略的外来種であるアメリカザリガニとスクミリンゴガイ（*Pomacea canaliculata*）の個体数が増加したことが

4.5 保全と再生の実践

表4.1 本ビオトープで造成後に確認された水生生物

両生類

有尾目	カスミサンショウウオ *, アカハライモリ *
無尾目	ニホンアマガエル, ニホンアカガエル *, ウシガエル **, ツチガエル *, ヌマガエル

魚類

コイ目	ギンブナ, ドジョウ *
ダツ目	ミナミメダカ *
スズキ目	ゴクラクハゼ, トウヨシノボリ

昆虫類

カゲロウ目	フタバカゲロウ属の一種, ヒメシロカゲロウ属の一種
カワゲラ目	オナシカワゲラ属の一種
トンボ目	オツネントンボ *, ホソミオツネントンボ, アオイトトンボ, モノサシトンボ, キイトトンボ *, ベニイトトンボ *, クロイトトンボ, アオモンイトトンボ, アジアイトトンボ, マルタンヤンマ, ギンヤンマ, クロスジギンヤンマ, タイワンウチワヤンマ, フタスジサナエ *, オオヤマトンボ, チョウトンボ, マユタテアカネ, マイコアカネ, コシアキトンボ, ショウジョウトンボ, ウスバキトンボ, ハラビロトンボ, シオカラトンボ, シオヤトンボ, オオシオカラトンボ, ヨツボシトンボ
カメムシ目	タイコウチ, ミズカマキリ *, ヒメミズカマキリ, ハイイロチビミズムシ, ホッケミズムシ *, オオミズムシ *, ナガミズムシ *, エサキコミズムシ, オオナガコミズムシ *, チビコマツモムシ, コマツモムシ, マツモムシ, マルミズムシ, ヒメマルミズムシ, ヒメイトアメンボ, ケシカタビロアメンボ, ホルバートケシカタビロアメンボ, アメンボ, ヒメアメンボ, ハネナシアメンボ
コウチュウ目	コガシラミズムシ, マダラコガシラミズムシ *, コツブゲンゴロウ, コマルケシゲンゴロウ *, チビゲンゴロウ, アンピンチビゲンゴロウ *, ホソマルチビゲンゴロウ *, カンムリセスジゲンゴロウ *, マメゲンゴロウ, チャイロマメゲンゴロウ, ヒメゲンゴロウ, ハイイロゲンゴロウ, コシマゲンゴロウ, ウスイロシマゲンゴロウ *, コガタノゲンゴロウ *, ミヤタケダルマガムシ, タマガムシ, ゴマフガムシ, トゲバゴマフガムシ, マメガムシ, ヒメガムシ, コガムシ *, キベリヒラタガムシ, キイロヒラタガムシ, ルイスヒラタガムシ, スジヒラタガムシ *, ヘイケボタル *
トビケラ目	コガタシマトビケラ属の一種, カクツツトビケラ属の一種
ハエ目	ガガンボ科の一種, カ科の一種, ユスリカ科の一種, ミズアブ, ハナアブ属の一種

甲殻類

エビ目	トゲナシヌマエビ, ミナミヌマエビ, スジエビ, ミナミテナガエビ, アメリカザリガニ **, モクズガニ
ワラジムシ目	ミズムシ
ヨコエビ目	ニッポンヨコエビ

貝類

タニシ目	マルタニシ *, ヒメタニシ, スクミリンゴガイ **
オニノツノガイ目	カワニナ
モノアラガイ目	サカマキガイ **, ヒメモノアラガイ, ヒラマキミズマイマイ
沈水性植物	イトトリゲモ *, ミズオオバコ *, ヒルムシロ属の一種（イトモ類）, キクモ

* 環境省もしくは福岡県版レッドリスト掲載種, ** 外来種

● 第 4 章 ● 水田環境の保全と再生

図 4.29　生物多様性保全上重要な環境構造（A：エコトーンを備えた地点, B：流水の地点）

大きな理由と考えている。これら 2 種の外来種は，沈水性植物にも大きな悪影響を与えていると考えられ，これら 2 種が侵入する前に多数出現したミズオオバコ（*Ottelia alismoides*）やイトトリゲモ（*Najas gracillima*）は，これら 2 種が定着・増加後にはほとんど見られなくなっている。

【絶滅危惧種保全の場として】

　希少種に注目すると，まずはカスミサンショウウオ（図 4.30 A）の継続的な繁殖が特筆すべきものである。本種は福岡県レッドデータブックにおいて絶滅危惧 II 類に選定されており，種の保存法に基づく特定第二種国内希少野生動植物種に指定されているなど，重要な種である。本種は造成直後の 2011 年 3 月に 100 卵のう以上の大量産卵が確認され[59]，その後はそれほどの数ではないものの，安定して 10 卵のう以上が毎年確認されている。

　このほかの希少種としてドジョウ（*Misgurnus anguillicaudatus*）（図 4.30 B）が挙げられる。本種は福岡県レッドデータブックにおいて絶滅危惧 II 類に選定されており，日本各地で外来系統の侵入・定着が問題となっているが，手光ビオトープの集団は遺伝的に在来系統であることを確認している。本種は福岡県内での分布はかなり局地的であるが，ここでは安定した繁殖が確認されている。また，水生昆虫類の希少種としてフタスジサナエ（*Trigomphus interruptus*）（図 4.30 C），オオミズムシ（*Hesperocorixa kolthoffi*）（図 4.30 D），ホソマルチビゲンゴロウ（*Leiodytes miyamotoi*）（図 4.30 E）などが挙げられ，近年になって県内から減少傾向にあ

4.5 保全と再生の実践

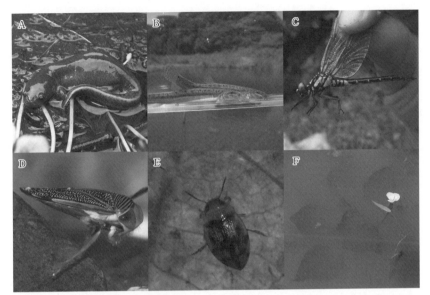

図 4.30 出現した特筆すべき希少種（A：カスミサンショウウオ，B：ドジョウ，C：フタスジサナエ，D：オオミズムシ，E：ホソマルチビゲンゴロウ，F：ミズオオバコ）

るタイコウチ（*Laccotrephes japonensis*）やチャイロマメゲンゴロウ（*Agabus browni*）の安定した生息も特筆すべき点である．沈水性植物のミズオオバコ（図 4.30 F）は，造成初年度に大量に発芽・開花したが，その後はほとんど出現しない．これはアメリカザリガニの食害による影響と思われる．

【普及啓発の場として】

　環境教育の場としては造成後の 2011 年から毎年 2〜5 回程度の一般市民向けの観察会が実施されている（図 4.31）．実施主体は県保健福祉環境事務所，市民団体などが主なもので，参加人数にばらつきはあるが，2011 年〜2022 年の 11 年間で延べ 500〜600 名ほどが参加しているものと思われる．これらの成果から，令和元年度（2019 年）の福岡県環境白書の表紙に本ビオトープでの観察会の様子が紹介された．

　以上の結果から，本ビオトープは生物多様性や希少種の保全，生物多様性に関する社会的な啓発に貢献したものと評価できる．

図 4.31 観察会の様子

(7) 課　題

　造成後の3年間で真水生の昆虫類の種数が減少した理由の一つが経年変化に伴うエコトーンの消滅・劣化である。具体的には水深が浅くなり陸地化した部分が生じたこと，植物が繁茂しすぎて岸際の開放水面が減少したことなどが挙げられる。そこで，毎年11～12月にカスミサンショウウオ産卵場づくりを兼ねて，ビオトープ池の岸際に浅いエコトーンを造成したり，浅い水たまりを造成したりといった活動を行っている（**図 4.32**）。また，造成から5～6年経過後にヒメガマが侵入・繁茂して池の半分を覆うほどとなった。そこで2017年からはヒメガマの抜き取りも行っている（**図 4.33**）。

図 4.32　浅場の造成作業

図 4.33　ヒメガマ駆除作業

4.5 保全と再生の実践

図 4.34 外来種の増加前（左）と増加後（右）の景観の変化

　侵略的な外来種であるアメリカザリガニとスクミリンゴガイについては，造成半年後から継続して多く生息しており，前述したようにミズオオバコやイトトリゲモなどの沈水性植物に悪影響を与えている可能性が高い。図 4.34 は造成初年度の本ビオトープの様子と次年度の様子を同月で並べたものであるが，造成初年度には多数生育していた水生植物群落は，次年度には一切出現しなかった。研究所に持ち帰ったミズオオバコやイトトリゲモは毎年発芽・生育していること，土壌分析において除草剤等が検出されないこと，アメリカザリガニとスクミリンゴガイの出現消長と沈水性植物類の出現消長に関連がみえることから[57]，この 2 種の侵略的外来種による食害が水生植物群落消滅の直接的な原因である可能性が高い。そのため，観察会を兼ねて不定期にアメリカザリガニ釣りや，スクミリンゴガイ集めなどを行ってはいる

図 4.35 観察会に併せて採集されたアメリカザリガニとスクミリンゴガイ

193

●第 4 章●水田環境の保全と再生

が，決定的な効果は出ていない（**図 4.35**）。本ビオトープは堀った場所に水
がたまって維持されている構造のため，水を抜くことが不可能である。その
ため効果的な駆除を実施することが困難である。集中的に捕獲圧をかけるた
めのトラップの設置などを検討しているが，現時点では予算や人員の観点か
ら見通しが立っていない。

　また，本ビオトープでは造成直後から地元市民団体として「どじょうクラ
ブ」が設立され，独自の調査や観察会の実施，維持管理などがなされてきた
が，参加者・後継者の不足により 2023 年度からは活動規模を縮小する方針
となっている。同時に本事業を主導してきた県や市も業務量増加や人員削減
の影響により，本ビオトープの管理が業務の負担となっており，これまで以
上の関与が困難な状況となっている。今後はどのようにしてビオトープ管理
を続けるための人員を確保するのかが，大きな課題である。

4.5.6　東京都多摩地域の未整備水田地帯における　　　 湿地造成による魚類保全

(1) 対象地と事例の背景

　東京都では 1950 年代から 1970 年代にかけての高度経済成長や市街化区域
内農地の宅地並み課税の導入などに伴って都市的土地利用が拡大し，急激な
農地の減少が進んできた[61),62)]。生産緑地法（1974 年）や長期営農継続農地
制度（1981 年）の創設以降は農地減少のスピードは収まるものの，その後
も漸減した。その結果，都内における 2020 年現在の水田面積は 228ha とピー
クであった 1956 年の約 3% まで減少した[63)]。これに伴い，農業水路数も減
少が続いており，取水箇所数（≒農業水路数）は 2020 年までの約 60 年の間
に約 4 分の 1 になった[64)]。

　現在，都内の水田のほとんどは多摩地域に存在する。かつて当該地域は
都東部に次ぐ，江戸・東京の穀倉地帯であった。しかし，水田の減少に伴
い，生産性の向上は期待されなくなったため，当該地域の多くの水田地帯で
は近代的な圃場整備事業が行われなかった。そのため，多くの農業水路の灌
漑排水方式は用排兼用である。水路の構造は，幹線・支線水路では練石積み
か二面コンクリート張り護岸である区間が多く，また，小水路では素掘りの

4.5 保全と再生の実践

図 4.36 多摩地域における沈水植物の生育する幹線水路（A）と素掘りの小水路（B）

区間がしばしば散見される（図 4.36）。そのため，沈水植物や抽水植物が生育しており，水生生物の生息場が形成されている。河川への排水口あるいはその付近に落差が存在しているため，河川からの魚類の遡上は不可能な水路が多いが，取水口から降下して水路に移入することは可能である[65]。年間通水されている水路が多く存在し[66]，また，崖線からの湧水の流入もあるため，多くの水路内において魚類が越冬可能である[67]。

低平地水田地帯の生き物については，主要な農業水路において東京都産業労働局の「田んぼの生き物調査」によって調査が行われ，その結果が Web ページ上に公開されている[68]。これによると魚類は31種類が確認されており，特にオイカワ（*Opsariichthys platypus*），カワムツ（*Candidia temminckii*），タモロコ（*Gnathopogon elongatus elongatus*），ドジョウ類（*Misgurnus* spp.）が広く分布している。ただし，これらは移殖由来あるいは外来系統との交雑の可能性がある。また，環境省または東京都のレッドリスト掲載種としてホトケドジョウ（*Lefua echigonia*），キンブナ（*Carassius buergeri* subsp. 2），ムサシノジュズカケハゼ（*Gymnogobius* sp. 1）などが確認されている。魚類以外ではトウキョウダルマガエル（*Pelophylax porosus porosus*）やマルタニシ（*Cipangopaludina chinensis laeta*）も生息している[70),71)]。これらのうちドジョウ類については，ミトコンドリア DNA チトクローム *b* による系統解析により，低平地水田地帯には在来系統と外来系統のドジョウ（*Misgurnus anguillicaudatus*）およびカラドジョウ（*Misgurnus dabryanus*），

●第4章●水田環境の保全と再生

図 4.37　多摩地域における水田の水口（A）と水尻（B）と小水路のつながり

　また，谷戸田域にはキタドジョウ（*Misgurnus* sp. (Clade A)）の生息が確認されている[69]。

　多摩地域の多くの水田では，魚類が水路から水口を降下して水田内に移入可能であり，また，水路と水田の落差は小さいため（図 4.37），水尻からも遡上して水田内へ移入可能である[61]。既存研究から，低平地の水田ではドジョウ，フナ属，タモロコ，モツゴ（*Pseudorasbora parva*）が繁殖していると考えられ，また，一部の水田ではヒガシシマドジョウ（*Cobitis* sp. BI-WAE type C）も繁殖している可能性が指摘されている[65], [72], [73]。谷戸田ではホトケドジョウとドジョウ類（主にキタドジョウ）が繁殖していると考えられる[74]。

(2) 目　的

　多摩地域に現存する低平地水田地帯は魚類等の繁殖・成育場として重要な機能を果たしているが，今後も減少傾向が続くと予想される。これら水田の代替環境として，土地区画整理事業に伴い配置された公園内に湿地を造成した。ここではモニタリング調査結果を元に，この湿地が有する魚類の繁殖・成育場としての機能を評価する。なお，対象地の水生生物には環境省および東京都のレッドリスト掲載種が含まれるため，地名や位置情報の公表は控える。

(3) 実施体制

 造成された湿地を含む公園全体のデザインは，地元自治体および委託されたコンサルタント会社が主催する検討会において，有識者の助言を仰ぎつつ，土地区画整理組合（地権者）と地元住民が検討した．筆者（西田・皆川）らは検討会の終盤から参加した．工事の施工は地元の造園会社などが行った．

 公園開設後の維持管理は，筆者らを含む検討会に参加したメンバーの数名が立ち上げた維持管理団体が地元自治体と協力して月1回実施している．毎月，維持管理団体が通信を作成して，公園内に掲示し，維持管理の実施状況や園内の季節の見どころなどを来園者に伝えている．この維持管理団体の活動資金は，自治体から支給される協力金と公益信託から得ている助成金である．

(4) 実施内容

 土地区画整理事業対象地区の中で最も自然度が高い崖線とその下からわき出る湧水を含む区画は公共減歩により公園用地とされ，この公園部分を活用して魚類を含む生物・生態系の保全を行うことになった．公園のデザインや

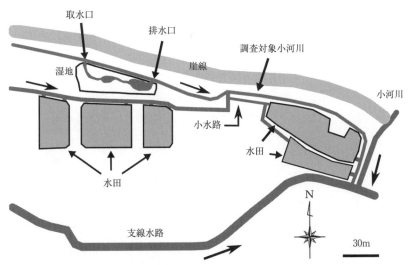

図 4.38 造成湿地とその周辺（Nishida et al.（2014）[75]）を改変）

● 第 4 章 ● 水田環境の保全と再生

図 4.39 造成湿地の様子（2010 年 4 月 27 日に南東方向から撮影）

用いる資材などについて，できる限り整備前の生物・生態系に悪影響を及ぼさず，かつ，地域住民の意向を反映させるための検討会が複数回実施された。

　湿地が整備された用地（約 600 m^2，**図 4.38**，**4.39**）のデザインおよび利用について，検討会の初期段階では「崖線下から湧き出る湧水を水源とする小河川の水をひき込んで，流れと湿地（または水田）を造成する」とされていた。しかし，安全・維持管理上の懸念や，取水する小河川の流量の減少，湿地からの排水による小河川の水質悪化や水温上昇がホトケドジョウ等の生息に悪影響を及ぼすとの懸念の声が挙がった。その結果，筆者らが参加した段階では，当該用地のデザインは湿地造成から，粗朶で護岸し，河床に砂利を敷いた水路状の「流れ」として整備される案に変わっており，さらには，草地や原っぱとしての整備を望む声も挙がっていた。その後，魚類の有識者や筆者らが議論に加わり，湿地を造成すれば当該地域の魚類の繁殖・成育場となる可能性が高いこと，また，構造と取水・排水量を調整することで小河川への水質悪化等の悪影響を防げることを説明したことで，当該地域で減少し続けている水田の代替環境として水田地帯に特有の魚類等の生物の利用が期待される湿地を整備する案が有力となり，維持管理体制を整えることを前提として市民と地権者の合意をとりつけた。こうして，2006 年 3 月に公園の工事が完了した後，同年 6 月から 8 月の間に湿地として整備されることとなった。

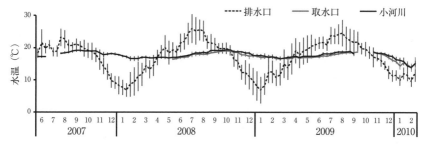

図 4.40 小河川および湿地の取水口と排水口における旬別の水温の平均値と標準偏差 (Nishida et al. (2014)[75] を改変)。水温ロガーにより 10 分間隔で連続的に測定したデータを元に作成

湿地の湛水面積は 80～260 m^2 程度であり，小河川の水位に応じて季節的に変動するが，年間を通して湛水されている。構造は上流が水路状，下流が池状になっている。底には自然に泥が堆積し，水深は概ね 0.3 m 以下である。水源は崖線下を流れる小河川であり，湿地と小河川の間にある園路下に埋設した塩ビ管により取水され，湿地を通過した水は園路下に埋設した U 字溝により同じ小河川へ排水される。取水口・排水口と小河川の間に落差はなく，魚類の移出入が可能である。小河川の水温は湧水を水源とするため季節変動は小さいが，湿地内では気温および日射の影響を受けるため，排水口の水温は大きく変動する（**図 4.40**）。

湿地内の陸上に生育する植物は，春から秋にかけて除草されている。水際および水中に生育する植物は水生生物の隠れ場所として刈り残すが，冬になると除去する場合が多い。刈り取った植物のほとんどは公園外に持ち出されて処分されている。湿地の泥上げは 2009 年から 2017 年（2012 年除く）の 10 月から 3 月の間に実施され，2018 年 1 月から 4 月の間には持ち込まれたウキゴケ類（*Riccia* sp.）を駆除するために湿地干しを，また，この間の 2 月と 3 月にも泥上げを行った。

(5) モニタリング

公的なモニタリングは実施されていないが，筆者らが湿地の維持管理活動の一環として，以下の調査を実施している。ここに示す結果は，湿地造成前

●第４章●水田環境の保全と再生

（2003 年 12 月〜2005 年 3 月）と造成後（2006 年 9 月〜2010 年 2 月）の調査
結果を公表した論文[75),76)]，およびその後取得した未発表データである。湿
地を含む公園を管理する地元自治体職員および市民団体の皆様には調査実施
に対して便宜を図っていただき，また，元となった論文[75),76)]の共著者およ
び東京農工大学の学生・院生の皆様（当時）には現地調査や資料収集等にご
協力いただいた。ここに記して感謝申し上げる。なお，未発表データについ
ては今後，論文として公表の可能性があるため定性的な記述にとどまること
をご容赦いただきたい。また，昆虫や植物についても市民（団体）や筆者ら
によって定性的に記録されている。

【小河川の流量・水温測定】

　湿地が小河川の流量に及ぼす影響を評価するため，2015 年以降，湿地の
排水の合流点から約 50 m 下流の小河川の 1 断面において電磁流速計を用い
て実施し，湿地造成前の東京都の記録[77)]と比較した。さらに，2018 年以降
には湿地の取水口と排水口でも流量を測定し，湿地を通過した水の減少量を
計算した。また，湿地からの排水が小河川の水温へ与える影響を評価するた
め，2011 年以降の日中に，湿地の排水口の上下流の小河川において，水温
を測定した。

【魚類の移出入調査】

　魚類の湿地利用を評価するため，湿地に移出入する魚類どちらも採捕され
るように，2007 年 6 月から 2010 年 2 月の間，取水口と排水口それぞれに定
置網を設置して，湿地−小河川間を移出入する魚類を採捕した。採捕した魚
類は 1 日 1 回，網から取り出して，計数，標準体長を測定した後，魚の進行
方向へ放流した。

【魚類の採捕調査】

　湿地が小河川に生息する魚類に与える影響を評価するため，湿地造成前
の小河川において，2003 年から 2005 年の間に採捕調査を実施した。延長
50 m の調査区間を 2〜3 区間設定し，各区間の上下流端を定置網で仕切った
後，タモ網 2 名により 1 区間につき 60 分の採集を行った。湿地造成後には
湿地および小河川において，2006 年から 2010 年の間に採捕を行った。湿地
ではタモ網 1 名により約 1 時間の採捕を行った。小河川では，総延長 260 m

200

を 13 区間に区切り，各区間の上下流端を定置網で仕切った後，タモ網 2 名により 1 区間につき約 20 分の採捕を行った。採捕した魚類については，計数，標準体長を測定した後，採集した同じ場所に放流した。

(6) 評　価

【小河川の流量と水温】

　測定した流量は 5.4～54.7 L/sec（リットル毎秒）であり，夏（8～10 月）に最大，冬から春（2～5 月）に最小となった。湿地造成前の流量は 2.2～50.6 L/sec であり[77]，造成後の値との間に明確な違いは認められなかった。ただし，湿地における水の減少量は 0.1～2.2 L/sec となり，小河川の流量の 14 ％に達することがあったことから，湧水量が少なくなる冬から春の取水量には注意を要するかもしれない。一方で，小河川の水温は湿地からの排水流入前後でおよそ±1 ℃以内の変化であったことから，湿地造成は小河川の水温を大きく変化させなかったと判断される。

【魚類の利用実態】

　湿地－小河川間の移出入調査では，12 種類の魚類が採捕されたが，ドジョウとホトケドジョウの移出入数が 9 割以上を占めており，これら 2 種が盛んに出入りしていたことがわかった。両種の移入数が多かったのは 2 月から 6 月の間であったが，ホトケドジョウ成魚（成熟魚含む）がドジョウ成魚に比べて早い傾向にあった（図 4.41）。また，採捕調査では小河川に比べて湿地において両種の小型個体が採捕され（図 4.42），特に体長 10 mm 以下の個体は湿地内にのみ確認された。以上のことからドジョウとホトケドジョウは初春から初夏の間に小河川から湿地へ移入して繁殖したと考えられる。なお，以降の湿地における採捕調査では未成魚以下の個体の採捕数は経年的に少なくなり[78]，2018 年に初めて行った湿地干し後に両種の未成魚以下の個体の採捕数が再び増加するなどの変化が認められている（西田，未発表）。

　モツゴは湿地－小河川間の移出入数は少なかった一方，湿地における採捕数の割合が高く，また，小型の個体が確認されたことから（図 4.42），湿地内で繁殖，生息する傾向にあったと考えられる。ただし，この調査以降はほとんど採捕されなくなった（西田，未発表）。一方，当該地域の水田で繁殖

●第4章●水田環境の保全と再生

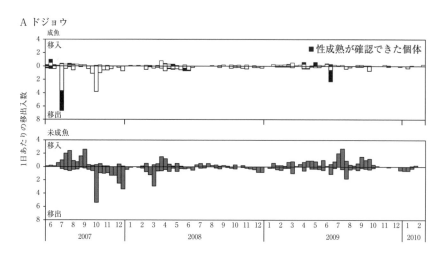

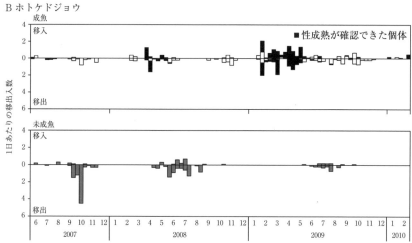

図 4.41 湿地の排水口におけるドジョウ（A）とホトケドジョウ（B）の一日当たりの移出入数（Nishida et al.（2014）[75] を改変）

しているフナ属，タモロコ[72), 79] の移出入数は少なく，湿地での採捕数もごくわずかであったことから，これらの魚類は湿地を繁殖・生息場として利用しなかったと判断される。

4.5 保全と再生の実践

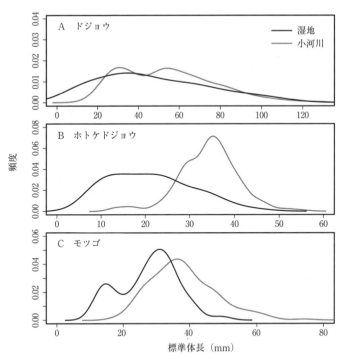

図 4.42 湿地と小河川におけるドジョウ (A), ホトケドジョウ (B), モツゴ (C) の体長分布 (Nishida et al. (2014)[75] を改変)

【魚類個体群に対する湿地造成の効果】

　湿地から移出するドジョウ未成魚以下の採捕数の季節的な傾向はあまり明瞭ではなく，周年を通して移出していた．一方，ホトケドジョウ未成魚以下の個体は 6 月から 10 月の間に多く移出する傾向にあった．小河川における湿地造成前後の採捕調査において，ドジョウの採捕数には明瞭な変化が認められなかったのに対して，ホトケドジョウでは造成後に多くなり（**図 4.43**），また，この中には湿地から移出した標識個体が含まれていた．湿地から移出する際に標識した未成魚以下のホトケドジョウのうち 3 個体が，標識した翌年に成魚サイズに成長して湿地へ移入しており，そのうちの 2 個体は性成熟していたと判断された．以上のことは，湿地で生まれた個体が小河川へ移出した後，湿地へと回帰して繁殖することで，個体群の維持に貢献している可

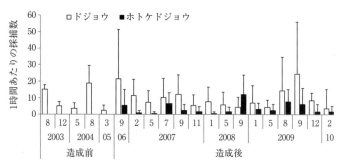

図4.43 2003年から2010年の各調査月の小河川におけるドジョウとホトケドジョウの1時間当たりの採捕数の変化（西田ほか（2015）[76]を改変）。エラーバーは標準偏差

能性を示している。

造成湿地周辺の水田では，ドジョウの繁殖が確認されているのに対して，ホトケドジョウでは確認されていない[72),79]。この理由として，水田の灌漑期間とホトケドジョウの繁殖時期がほとんど重複していないためであると推察される[75]。以上のことから，湿地造成は当該地域に異なる環境の水域を付加することで，特にホトケドジョウの繁殖，成育場として機能し，本種の個体群維持に貢献している可能性があると評価される。

(7) 課　題

一つ目の課題として，当該湿地を利用する生物が周辺の水田とかなり異なっており，水田の代替地としては十分に機能していない可能性がある。当該湿地は，水田が将来的に転用されて宅地等となった場合，周辺に水田が存在しなくなる可能性を見据えて造成された。しかし，周辺の水田に比べると，湿地ではフナ属，タモロコの繁殖は確認できなかった。また，ここでは詳しく述べなかったが，昆虫類ではゲンゴロウ類（Dytiscidae spp.），シオカラトンボ属（*Orthetrum* spp.）およびアカネ属トンボ類（*Sympetrum* spp.）の幼虫はほとんど確認されておらず，また，両生類でもニホンアマガエル（*Dryophytes japonicus*）やトウキョウダルマガエルの繁殖は確認されていない[80]。当該湿地にどのような環境条件を整えればより多くの種に利用され

るのかを明らかにすることが今後の課題である。

　二つ目は，ここで紹介したモニタリング以降，湿地内におけるドジョウとホトケドジョウの仔稚魚の採捕数が減少するなど安定していないことである[78]。この原因は明らかではないが，湿地の何らかの環境変化によって繁殖場として選択されなくなった，あるいは，当該湿地は安定して湛水されていることによりアメリカザリガニ（*Procambarus clarkii*）やアブラハヤ（*Rhynchocypris lagowskii*），タカハヤ（*R. oxycephala*）などの捕食者が除去されにくいため，産み付けられた卵やふ化した仔稚魚が捕食されているのかもしれない。ウキゴケ類除去のための湿地干しを行った後に両種の仔稚魚が増加する傾向にあった（西田，未発表）ことが，このことに対する改善のヒントになると考えている。造成湿地における仔稚魚の出現状況をモニタリングしながら，適切な時期に再度，湿地干しを行い，得られた知見を今後の維持管理活動にフィードバックする必要がある。

　三つ目は，モニタリングの調査デザインである。小河川では，造成前後で異なる区間長，採捕時間で調査を行ったが，より厳密な比較を行うためには同一の方法で実施すべきであった。また，当該地域において湿地造成以外にホトケドジョウが増加するような環境変化は認められなかったものの，環境改変しない対照区を設けていれば，ホトケドジョウに対する湿地造成の効果をより明確に示すことができたであろう（コラム 12 参照）。また，移出入調査に使用した定置網は，コイ（*Cyprinus carpio*）やナマズ（*Silurus asotus*）の成魚には小さかったため，これらの大型魚種を対象としたカメラトラップやバイオテレメトリーあるいは産着卵調査も検討の余地がある。

　以上の成果と課題を踏まえて，今後，社会的，学術的により優れたモニタリングが実施されるとともに，それらが水田地帯の生物多様性保全や新たな生態系管理手法および配慮工法等の改善に生かされることを期待したい。

4.5.7　但馬地域の水田水域におけるコウノトリの野生復帰と自然再生

（1）対象地と事例の背景

　兵庫県北部但馬地域の豊岡盆地は，これまで頻繁に洪水氾濫を繰り返して

●第4章●水田環境の保全と再生

図 4.44 兵庫県豊岡市赤石地区の水田地帯の変遷
中央を円山川が流れる。右岸の水田地帯が1947年当時の不整形な圃場から，2006年当時には圃場整備によって区画整理された大規模圃場へと変化している。矢印は水流の向きを，斜線部は玄武洞のおおよその位置を示す。出典：国土地理院　地図・空中写真閲覧サービス（https://mapps.gsi.go.jp/maplibSearch.do#1）を加工して作成

きた地である。その理由として，まず，豊岡盆地を流れる円山川の河川勾配が非常に緩やか（1/9,000）であること，次に玄武洞（円山川右岸にある柱状節理の絶壁および洞窟）付近から下流部の円山川周辺の地形がボトルネック様を呈していること，そして豊岡市街地より下流部の円山川の河床が海面よりも低いことなどが挙げられる[81]。そのため，豊岡盆地には広大な氾濫原が形成され，やがてその多くが水田地帯へと姿を変えていった。また，これらの水田地帯は，小面積かつ不整形な「ジルタ」と呼称される湿田で形成されていた[82]（**図 4.44**）。このようにして豊岡盆地に広がった湿田環境は，多種多様な湿地性生物群集の周年の生息場所として機能してきた。

　豊岡盆地の湿田環境を生息場所として利用してきた湿地性生物として，コウノトリ（*Ciconia boyciana*）が挙げられる。コウノトリは動物食性を示す大型の渉禽類であり，魚類や両生類，爬虫類，哺乳類，昆虫類など，様々な種類の動物を採餌対象とする[83]。また，その主な採餌景観は水田や湿地，河川の浅瀬などの流れの緩やかな浅い水域である[83]。そして，コウノ

206

トリは採餌環境の周辺にある大木の上に営巣する[83]。コウノトリの国内繁殖個体群が野生絶滅したのは1971年のことであるが，その最後の生息地が豊岡盆地を中心とした但馬地域であった[84]。コウノトリの国内繁殖個体群は，江戸時代までは全国に分布していたものの，明治時代に入ると密猟が横行したことにより，急激にその分布域を縮小させていった。そのような中で，但馬地域が最後まで生息地となったのは，第二次世界大戦まで「瑞鳥」として地域の人々に愛されていたことや，コウノトリの好む湿田環境が豊岡盆地を中心に形成されていたこと，里山沿いの斜面に生えたマツ類の大木が営巣木としての機能を果たしたことなどが主な要因と考えられている[84]。

　コウノトリの国内繁殖個体群が但馬地域で野生絶滅した原因として，第二次大戦中にマツ類の大木が伐採されたこと，戦後の水田地帯において使用された強毒性農薬の使用に起因する生物濃縮とそれに伴う遺伝的多様性の低下が推測されている[85]。また，2005年にコウノトリは再導入されたが，その再導入へと向かうプロジェクトの中で，野生絶滅前とは異なる大きな課題が指摘されるようになった。それは，圃場整備事業に伴う採餌環境の減少・消失である[85]（**図 4.44**）。但馬地域で圃場整備が急速に拡大したのは1965年とされており，この時期にはすでに但馬地域全体で9個体にまでコウノトリの国内繁殖個体群は減少していたため[84]，野生絶滅の原因とは切り分けて考えられている。

(2) 目　　的

　豊岡盆地では，コウノトリの主要な採餌景観である水田水域において健全な湿地性生物群集の生息環境を創出し，コウノトリの採餌環境としても機能させることを目的として，様々な自然再生事業が進められてきた[86]。その代表的なものが，①環境保全型農法である「コウノトリ育む農法」の導入，②休耕田・耕作放棄田を活用した水田ビオトープ事業，そして③河川域（海域）から水田水域までのエコロジカルネットワークの確保である（コラム13参照）。

(3) 実施体制
【コウノトリ育む農法】

　「コウノトリ育む農法（以下，育む農法）」は兵庫県によって 2003 年から試験的に但馬地域の水田で導入され（図 4.45），導入当初は 0.7 ha と小面積に留まったが，2022 年度には豊岡市内で 445.6 ha にまでその実施面積が拡大している[87]。JA たじまに「コウノトリ育むお米生産部会」の事務局が設置され，「おいしいお米と多様な生き物を育み，コウノトリも住める豊かな文化，地域，環境づくりを目指すための農法」の理念の下，育む農法には複数の必須要件と努力要件が設定されている。これらの経緯については，西村・江崎（2019）[19]に詳しい。育む農法の理念に示されているとおり，必須要件と努力要件には，水田に生息する水生動物に配慮したものが多く含まれている。必須要件における 1) 農薬の栽培期間中不使用または兵庫県地域慣行レベルの節減対象農薬成分の 75% 節減，2) 化学肥料の不使用，3) 中干し実施前のカエル類幼生の変態確認を含む生物調査の実施（農家が実施し，JA たじまの育む農法栽培暦に変態確認したカエル類幼生の個体数等を記録），4) 冬期湛水，5) 早期湛水，6) 中干し延期，努力要件における 7) 魚道および生物の逃げ場の設置である。2017 年における 30 kg 当たりの米価は慣行栽培の約 7,000 円に比べて減農薬タイプの育む農法米で約 8,000 円，無農薬タイプで約 11,000 円と慣行栽培よりも高値で取引されており，生き

図 4.45　育む農法水田に立てられた契約栽培圃場の旗（左）と育む農法水田で採餌する再導入コウノトリ（右）

ものブランド米として高付加価値が付けられている[19]。また，海外への育む農法米の輸出量も急速に拡大し，2016 年の約 1.5 t から 2020 年には約 22 t まで増加している[88]。

【水田ビオトープ事業】

水田ビオトープ事業は，但馬地域にある休耕田や耕作放棄水田を周年湛水して湿地化するものである（**図 4.46**）。様々な水生動植物の生息環境を周年維持し，コウノトリも採餌環境として周年利用することが目的である。本事業は 2003 年から 5 年間の委託事業として兵庫県と豊岡市との協同で開始され，2008 年からは豊岡市のみが本事業を引き継いでいる。2022 年現在，対象となる水田ビオトープの管理者に 10 a 当たり年間 24,000 円の管理委託費が豊岡市から支払われる。また，水田ビオトープの創出については，豊岡市で実施される場合には，市の「小さな自然再生活動支援助成事業（上限 5 万円）」が活用され，ほかの但馬地域（養父市，朝来市，香美町，新温泉町）では，兵庫県の「但馬地域におけるコウノトリ生息環境整備補助事業（人工巣塔の設置と水田ビオトープ等の整備を合わせて上限 70 万円）」などが活用される。2020 年時点で豊岡市内では約 12.9 ha の水田ビオトープが創出・管理されている[89]。

【水域のエコロジカルネットワークの確保】

2005 年に国土交通省豊岡河川国道事務所と兵庫県但馬県民局豊岡土木

図 4.46 水田ビオトープに立てられた豊岡市の看板（左）と秋季に水田ビオトープで採餌する再導入コウノトリ（右）

●第4章●水田環境の保全と再生

事務所が策定した円山川自然再生計画に基づき，河川域から水田水域までのエコロジカルネットワークを維持するための自然再生事業が実施されている。具体的には，円山川本川から支川，農業排水路，そして水田までを落差なく連続させ，ドジョウ（*Misgurnus anguillicaudatus*）やフナ属（*Carassius* spp.），タモロコ（*Gnathopogon elongatus elongatus*），ナマズ（*Silurus asotus*）などの魚類が水田内で繁殖できることを目指した取り組みである。農家，円山川漁業協同組合，NPO団体，国土交通省豊岡河川国道事務所，兵庫県豊岡土木事務所および豊岡土地改良センター，兵庫県立コウノトリの郷公園，兵庫県立大学，豊岡市，豊岡市立コウノトリ文化館等，官民学の様々な関係者の協同によって自然再生および管理が実施されている。

　これらの自然再生のモニタリングについては，育む農法水田に取り組む農家やNPO，兵庫県立コウノトリの郷公園，兵庫県立大学，豊岡市立コウノトリ文化館，国土交通省，兵庫県，豊岡市等で実施されている。

（4）実施内容

　本稿では，兵庫県立コウノトリ郷公園のある兵庫県豊岡市祥雲寺地区の水田水域を主に対象とする。祥雲寺地区の水田水域の大部分では育む農法が導入され，地区内および兵庫県立コウノトリの郷公園の敷地内には水田ビオトープが創出されている。また，2021年までは育む農法の努力要件である生物の逃げ場の設置の一環で，中干し時や落水時の水生動物の避難場所となるよう，一部の育む農法水田にマルチトープと呼称される承水路型ビオトープが創出されていた。祥雲寺地区のマルチトープは，水田の長辺に沿って創出され，その幅は約150cm程度であった。育む農法水田の水管理として，年による変動はあるものの，概ね以下のとおりとなっている[19]。12月上旬からから3月上旬まで冬期湛水し，その後，落水して4月末まで田面を乾燥させる。再度田面を湛水（早期湛水）し，5月末に田植えを実施する。中干しは7月上旬に実施され，その後はほぼ用水路から取水することなく，稲刈りまでは降雨に頼った水管理となる。慣行田では，5月上旬に田植えが実施され，6月中旬に中干しが開始されることに比べ，育む農法の水田では，中干し開始時期が3週間程度遅くなる。

210

4.5 保全と再生の実践

　祥雲寺地区の水田地帯にある1枚の水田ビオトープ（以下，祥雲寺ビオトープ）には，コルゲート管の水田魚道が敷設されている。そして下流の農業用排水路と円山川の支川である鎌谷川との接続部にある樋門には階段式魚道が，鎌谷川の上下流にあるコンクリート堰には斜路魚道と迂回型ハーフコーンがそれぞれ敷設されており，円山川から祥雲寺ビオトープまでの水域の連続性が2015年3月以降，確保されている。祥雲寺ビオトープの畦には人工巣塔（コウノトリの営巣用の巣台）があり，ビオトープ内には20 m×30 m程度の中島（陸域）がある。この中島内に10 m²，最深部約80 cmの深場が創出されている。この深場はビオトープ全体の水位が低下した際に水生動物の避難場所となることや越冬場所としての機能を目指したものである[90]。定期的な祥雲寺ビオトープの植生管理や掘削は兵庫県立コウノトリの郷公園と兵庫県立大学，豊岡市立コウノトリ文化館が実施している。

(5) モニタリング

　ここでは筆者（田和・佐川）らが主導してきた兵庫県立大学の実施した祥雲寺地区を対象とした調査研究を取り扱う。

【「コウノトリ育む農法」の水田の水生動物に対する保全効果】

　内藤ほか（2020）[91]では，祥雲寺地区を含む豊岡盆地の3地区において，慣行栽培の水田と育む農法水田との間でタモ網を用いた定量的な掬い取り調査により水生動物群集の個体数および分類群数を比較した。2014年と2015年の2年間，いずれも中干し実施前の6月中旬に調査を実施した。調査圃場数は各地区慣行田4枚，育む農法水田4枚の計24枚だった。併せて，これら各圃場の4辺でトノサマガエル（*Pelophylax nigromaculata*）成体を対象としたラインセンサス調査を2回実施した。

　田和・佐川（2020）[92]では，2015年2月下旬に祥雲寺地区の水田地帯で早春期に産卵するアカガエル類の卵塊を計数した。対象となった圃場は17枚の冬期湛水田（育む農法水田），12枚の慣行的な水管理の水田，5本のマルチトープ（承水路型ビオトープ）である。慣行的な水管理の水田には，降雨や降雪によりトラクターの轍跡などに水域が残っていた。また，冬期湛水田でアカガエル類の卵塊が記録された際にはその大まかな産卵箇所を記録し，

211

●第４章●水田環境の保全と再生

落水される直前の時期に当たる2015年3月上旬に幼生の発生状況を観察した。

　田和・佐川（2022）[25]では，3枚の育む農法水田および水田脇に創出された3本のマルチトープにおいて，水生動物に対する中干し延期の効果および落水時のマルチトープにおける水生動物の生息状況を明らかにするため，定量的な掬い取り調査を行った。調査時期は2015年の中干し前（7月上旬）と中干し開始後（7月下旬から8月上旬）とした。

【水田ビオトープの有する生物多様性保全機能】

　田和・佐川（2020）[92]で実施した祥雲寺地区の水田地帯におけるアカガエル類の卵塊計数調査を2015年2月の同時期に同様の方法で兵庫県立コウノトリの郷公園内の水田ビオトープ6枚でも実施した[93]。水田ビオトープは周年湿地化されているため，全面湛水状態だった。

　田和・佐川（2017）[93]では，祥雲寺地区の水田地帯と，兵庫県立コウノトリの郷公園内の水田ビオトープがまとまって創出された場所間でカエル類オスの繁殖期における広告音の聞き取り調査を実施した。2016年の4月から9月にかけて週1回の頻度で調査を実施した。

　田和・佐川（2022）[25]では，祥雲寺ビオトープを対象に，2015年4月から2016年12月まで定量的なタモ網による掬い取り調査およびベイトトラップ調査を実施し，トンボ目幼虫，水生カメムシ目，水生コウチュウ目，カエル目を対象とした生息状況調査を実施した。また，2015年には祥雲寺地区の育む農法水田およびマルチトープとこれらの水生動物の分類群数，個体数，群集構造を比較した。

【水域のエコロジカルネットワークの確保が魚類の繁殖およびコウノトリの採餌利用に与える効果】

　上述したとおり，鎌谷川から祥雲寺ビオトープまでの水域連続性が2015年3月に確保されたため，田和ほか（2019）[90]では，その前後での祥雲寺ビオトープにおける魚類群集の生息・繁殖状況をタモ網による掬い取り調査およびベイトトラップ調査で定量的に評価した。併せて，水域の連続性が確保された後に祥雲寺ビオトープに飛来したコウノトリの個体数を季節ごとに調べた。

(6) 評　価

【「コウノトリ育む農法」の水田の水生動物に対する保全効果】

　特に無農薬型の育む農法水田が，水生カメムシ目および水生コウチュウ目の出現分類群数や，コミズムシ属（*Sigara* spp.），タイコウチ（*Laccotrephes japonensis*），コオイムシ（*Appasus japonicus*），ゲンゴロウ科の成虫と幼虫，ガムシ科の成虫と幼虫それぞれの個体数に対し，正の効果を示した[91]。これらに関しては無農薬や育む農法水田の必須要件である冬期湛水の効果などが推察された。その一方で，コガシラミズムシ科やトノサマガエル成体の個体数に対しては農法の影響は認められず，アカネ属（*Sympetrum* spp.）の羽化殻数については無農薬型の育む農法水田が負の効果を示した。この要因として，冬期湛水によるトノサマガエルの越冬環境の減少，農法よりも秋期の田面における湿潤状態の差がアカネ属の産卵数に影響した可能性などが考えられた。

　17枚の冬期湛水田のうち，3枚で計7個のアカガエル類の卵塊が記録された[92]。慣行的な水管理の水田では，12枚のうち2枚で計2個の卵塊が記録された。マルチトープでは5本のうち1本で計1個の卵塊が記録された。以上より，冬期湛水田はアカガエル類の産卵場所にはなるものの，田面の一部に水域が残った慣行的な水管理の水田やマルチトープに比べ，頻繁に産卵場所として利用されていなかった。また，3月中旬に冬期湛水田の卵塊の状況を確認したところ，孵化していたものの，幼生にはまだ外鰓が認められ，孵化直後の状態と推察された。このことから，育む農法水田で実施される3月上旬から順次落水し，4月末の早期湛水時期まで田面全体を乾燥させる水管理は，アカガエル類の繁殖に相当な負の効果を与えると推測された。また，田面の落水によって下流の農業用排水路や鎌谷川といった流水域に卵塊や幼生が流されたとしても，ニホンアカガエル（*Rana japonica*）やヤマアカガエル（*Rana ornativentris*）は止水域の浅瀬に産卵場所としての選好性を示すことを考慮すると，その生残率は極端に低下するものと推察された。

　育む農法水田の中干し開始前（7月上旬）に水田およびマルチトープにて，多数のアカネ属の終齢幼虫が採集された[25]。中干し開始後（7月下旬から8月上旬）にはアカネ属幼虫は1個体も採集されなかった。また，中干し開始

●第4章●水田環境の保全と再生

前にニホンアマガエル（*Dryophytes japonica*）やトノサマガエル，シュレーゲルアオガエル（*Zhangixalus schlegelii*）の幼生が水田やマルチトープで採集された。通常，慣行田ではすでに6月中旬に中干しが開始されており，田面にひびが入るほどの乾燥状態となっている。育む農法水田における中干し延期により，これらの水生動物の羽化・上陸できる機会は確実に増加していると推察された。

また，マルチトープでは，中干し開始後にドジョウの当年個体の個体数が急増したことから，水田からマルチトープへ避難した可能性が考えられた。さらに，マルチトープには水田では見られなかったニシシマドジョウ（*Cobitis* sp. BIWAE type B）やドンコ（*Odontobutis obscura*）などの魚類が採集されたことから（表4.2），これらの魚類にとって水田よりも好適な生息環境となっていることがうかがえた。

表4.2 祥雲寺地区の育む農法水田と隣接するマルチトープとで採集された魚類のリストと採集個体数。

分類群	水田			マルチトープ		
	A	B	C	A	B	C
カワムツ					2	
タモロコ	1	1	1	3	17	8
コイ科仔魚の一種		1		2	3	
ドジョウ	18	28	2	47	103	22
ニシシマドジョウ				8	2	8
ヨシノボリ属の一種				1		
ドンコ						1
キタノメダカ					2	
分類群数	2	3	2	5	6	4

出典：田和・佐川（2022）[25]で使用した魚類データを基に作成

【水田ビオトープの有する生物多様性保全機能】

祥雲寺地区の水田に比べ，兵庫県立コウノトリの郷公園内にある水田ビオトープにおいてより多くの卵塊が記録された[91]。ニホンアカガエルの場合は，繁殖場所となる早春期の止水環境と非繁殖期の生息場所となる森林が近

接している必要がある[94]。また，非繁殖期には樹林地と草地の林縁部や過湿地をよく利用する[95]。谷あいに創出された兵庫県立コウノトリの郷公園内の水田ビオトープ群はこれらの条件を満たしていたものと考えられる。また，水田ビオトープでは水田に比べて恒久的に水域が保たれ，農作業も実施されないため，落水により卵塊や幼生が死滅する可能性は低い。

広告音が記録されたカエル類は，ニホンアマガエル，ツチガエル（*Glandirana rugosa*），トノサマガエル，ヌマガエル（*Fejervarya kawamurai*），シュレーゲルアオガエル，モリアオガエル（*Zhangixalus arboreus*），ウシガエル（*Lithobates catesbeiana*）の計7種であった[93]。ニホンアマガエルとヌマガエルの広告音は主に祥雲寺地区の水田域で記録されたことから，水田を繁殖場所として選好することが示唆された。一方で，ツチガエルやモリアオガエルの広告音は主に兵庫県立コウノトリの郷公園の水田ビオトープ域で記録され，その理由として，ツチガエルが生息場所として好む水田ビオトープ周辺の緩流域の存在やモリアオガエルの非繁殖期の生息場所となる森林との距離の近さなどが推察された（図4.47）。トノサマガエルとシュレーゲルアオガエルは水田域，水田ビオトープ域ともに多く記録された。トノサマガエルでは，水田域よりも水田ビオトープ域における広告音のピークが二週間から3週間程度早く訪れた。この理由として水田ビオトープの周年湛水

図4.47 兵庫県立コウノトリの郷公園内にある水田ビオトープで6月に広告音を発するツチガエルのオス

●第4章●水田環境の保全と再生

の効果により，水田より早い時期から繁殖可能となるためと考えられた。以上のことから，祥雲寺地区のカエル類の繁殖場所や繁殖時期は種ごとに異なるため，地区内に水田と水田ビオトープが存在することで，多種のカエル類の繁殖に正の効果をもたらすことが示唆された。

田和・佐川（2022）[25]では，祥雲寺ビオトープにおける水生コウチュウ目および水生カメムシ目の季節消長の特徴が明らかになった。祥雲寺ビオトープでは，水生コウチュウ目の幼虫がほとんど採集されず，多分類群の水生コウチュウ目の幼虫は明らかに祥雲寺地区の「育む農法水田」およびマルチトープに多かった。その一方で，8月以降になるとマルガタゲンゴロウ（*Graphoderus adamsii*）やクロゲンゴロウ（*Cybister brevis*），ヒメゲンゴロウ（*Rhantus suturalis*），コシマゲンゴロウ（*Hydaticus grammicus*）などの成虫の個体数が祥雲寺ビオトープで急増した（**図4.48**）。また，秋期に祥雲寺ビオトープの深場で40個体以上のミズカマキリ（*Ranatra chinensis*）成虫やハイイロゲンゴロウ（*Eretes griseus*）成虫が採集された。このことから，祥雲寺ビオトープは多種の飛翔能力を持つ水生昆虫にとって，周辺水田の落水期以降の避難場所や非繁殖期の生息場所・越冬場所として機能する

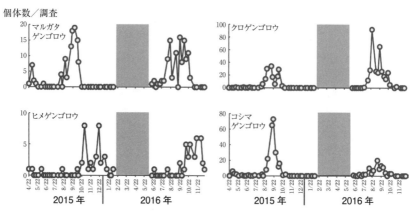

図4.48 2015年4月から2016年12月までの祥雲寺ビオトープにおけるゲンゴロウ類成虫個体数の季節変化。ベイトトラップ調査の結果を示す。グレー部分はコウノトリの営巣により，ビオトープへの立ち入りが禁止され，調査を実施できなかった期間を示す。田和・佐川（2022）[25]で使用したデータを基に作成

可能性が考えられた。さらに祥雲寺ビオトープでは，水田やマルチトープでは見られない池沼性のトンボ目幼虫（マルタンヤンマ *Anaciaeschna martini*，ウチワヤンマ *Sinictinogomphus clavatus* など）が生息していることも特徴的だった。

【水域のエコロジカルネットワークの確保が魚類の繁殖およびコウノトリの採餌利用に与える効果】

ドジョウやフナ属が水田魚道を介して祥雲寺ビオトープへ遡上した[90]。また，祥雲寺ビオトープの改修前には採集されなかったフナ属とタモロコが祥雲寺ビオトープ内に出現し，その体長組成の季節変化からビオトープ内で繁殖した可能性が強く示唆された。さらにフナ属やタモロコ，ドジョウ，キタノメダカ（*Oryzias sakaizumii*）は改修後の祥雲寺ビオトープを秋冬期の生息・越冬場所として利用していた。

2015年4月から12月にかけて祥雲寺ビオトープには，季節的な飛来頻度（観察日数当たりの飛来日数）に違いはあるものの，コウノトリが常に飛来し，特に7月と11月に飛来頻度が高かった。また，11月21日には最多となるのべ5個体が記録された[90]。7月は慣行田では中干し後に当たり，「育む農法水田」でも中干しが開始される。11月はどちらの農法の水田でも稲刈り後である。これらの時期に餌となる動物が水田では減少するため，コウノトリが祥雲寺ビオトープへ集中的に採餌のために飛来した可能性がある。さらに改修完了後から11か月が経過した2016年2月には，野外コウノトリのつがいが祥雲寺ビオトープの畔にある人工巣塔上に営巣し，同年6月に2羽のヒナが巣立った。その後，このつがいは毎年，祥雲寺ビオトープの人工巣塔で営巣し，2022年3月につがいのメス個体が死亡するまで，計11羽のヒナが巣立った。直接の因果関係は不明であるが，2005年の再導入以後，この人工巣塔で営巣する野外個体が存在しなかったことや，なわばり内に餌となる動物の生息量の多さがコウノトリの重要な営巣条件の一つとなること，営巣したコウノトリのペアや巣立ち後の幼鳥が祥雲寺ビオトープで頻繁に採餌行動を示したことなどから，河川域から水田域までの水域連続性確保によって水田ビオトープが魚類の生息・繁殖場所として機能すれば，それらを採餌するコウノトリの営巣場所の選択肢も増えることが期待される。

●第4章●水田環境の保全と再生

(7) 課　題

　水田水域における自然再生においてもっとも重要なことは，水田水域が農家の生業の中で成立している環境であることと，農家の協力なしには自然再生が実現しないことを認識しておくことである。例えば，本稿で触れたマルチトープは，祥雲寺地区において 2021 年にすべて水田へと戻された。マルチトープの設置に伴う草刈りなどの維持管理の負担増がその原因の一つである。このようなことは今後，豊岡盆地の様々な地域で起こるものと推測される。水田水域の自然再生の効果を科学的かつ定量的に評価し，その結果を農家と共有して新たな方法を模索していく必要があるだろう。そして，自然再生の実施有無に関わらず，現在ある水田が水田としてこのまま活用されていくような仕組み作りが早急に迫られている。

　コウノトリの野生復帰に伴い実施される水田水域での自然再生事業については数多くの課題が残されている。コウノトリの野生復帰において目指すべき方向性は，「健全な湿地生態系の保全と再生」である[85]。このことを今一度，各関係者が認識しなければならない。先述のとおり，コウノトリは高次捕食者であるため，餌となる動物群集が生息地に豊富に生息している必要がある。しかしながら，この「コウノトリとそのエサ」としての捉え方が地域に拡大してしまったことが大きな問題と筆者らは考えている。例えば，在来の湿地生態系に多大な被害をもたらす国外外来種のアメリカザリガニ（*Procambarus clarkii*）は豊岡盆地においてコウノトリの周年の採餌対象となっている[96]。「コウノトリのエサ」としておそらく一般的な認知度が最も高いドジョウについては，近年，中国大陸由来のドジョウが野外においてその生息地を拡大させていることが明らかになり[97]，豊岡盆地のドジョウについても，在来系統とは異なる集団の生息可能性が指摘されている[98]。「コウノトリのエサ」を増やす目的で，水田水域の自然再生地にこれらの水生動物を放流するような行為は断じて許されない。また，水域のエコロジカルネットワーク再生に関しても，水域の連続性を確保することで外来魚類の分布域を広げるといった負の側面を併せ持つことにも留意しなければならない。実際に豊岡盆地の水田ビオトープでは，筆者らの調査により複数の地点で特定外来生物に指定されているカダヤシ（*Gambusia affinis*）の生息が確認され，水域の

連続性確保による分布拡大や人為的放流が懸念される。

最後に，本稿の内容とは少し逸れるが，国内各地への再導入コウノトリの定着，営巣が特に 2017 年以降急速に拡大している。そこでは，各地域における希少種，普通種を含む動物群に対するコウノトリの捕食圧の影響についても大いに考慮する必要があるだろう。シンボリックなコウノトリが飛来・定着することで，当該地の水田水域や河川域での自然再生が急速に進む場合がある。その際に各地域における健全な湿地生態系の維持や再生に貢献する事業が求められている。

4.5.8 岐阜県関市の土地区画整理事業における二枚貝存続プロセスの保全

(1) 対象地と事例の背景

2015〜2019 年にかけて，岐阜県関市の A 地区において土地区画整理に伴う工事が行われた。土地区画整理は，道路，河川，土地の区画などを整えて

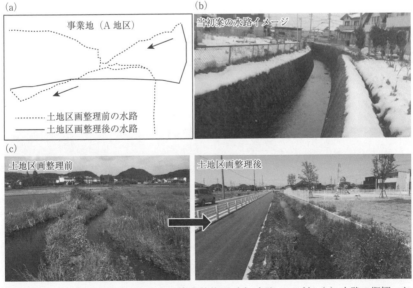

図 4.49 土地区画整理事業地における事業前後の (a) 水路マップと (c) 水路の概観，および (b) 事業検討開始当初における新設水路のイメージ

● 第 4 章 ● 水田環境の保全と再生

宅地利用の増進を図る事業である。工事前の A 地区は，農業用の用排兼用水路が複雑に貫流し（総延長 1,710 m），増水すると水田と水路がフラットにつながる昔ながらの水田景観であった（図 4.49 a, c）。ただし，周辺の市街化は進んでいた。この工事によって，A 地区もまた概ね水田から宅地へと転換された。なお，大変残念ではあるが，希少種保護の観点から場所の特定は避ける。

事業対象地の面積はおよそ 0.11 km^2。山地と段丘に囲まれた氾濫平野の中にあり，勾配はおよそ 1/200 である。地区内には 2 km 以上先の川から用水によって水が引き入れられている。また，小さいながらも周辺の山地を水源とする水路が 2 本，A 地区に注ぎ込んでいる。どちらの水路も上流に小規模なため池を持っており，水が涸れることはない。

A 地区内を複雑に走る用排兼用水路には，多様な水辺の生き物が暮らしていた。特に，流水性のイシガイ科二枚貝類（Unionidae：以下，二枚貝）やタナゴ亜科魚類（Acheilognathinae：以下，タナゴ類）（図 4.50）といった希少な水生生物にとって，A 地区は関市の中でも数少ない貴重な生息地であることが，地元有志の研究会によって調べられていた。タナゴ類のように，地区内で生活史をほぼまっとうしている魚種だけでなく，用水を通って川から入ってきていると見られる魚種もおり，川と水路のネットワークが機能していた。隣接する小学校では，地区内の水路で環境学習も行っていた。

図 4.50 事業地に生息する (a) イシガイ科二枚貝類のマツカサガイと (b) タナゴ亜科魚類のアブラボテ

土地区画整理事業が認可され本格始動したのは 2012 年 11 月である。当初，複雑に流れる複数の水路を集約して一本化し（総延長 540 m），三面コンクリートの深い排水路に付け替えることが計画された（**図 4.49** b）。なぜ，このような工事が必要なのかというと，一本化した水路に集まってくる水を，氾濫させずに下流へ安全に流すという治水上の理由からである。一本化した水路には，それまで複数の水路に分散していた流れがすべて集まってくることになる。周辺が農地から宅地に変わることも，水路に流れ込む水量が増える原因となる。なぜなら，宅地や舗装道路の整備により，地下へ浸透する水量が減るからだ。同じような水路や川の整備は全国各地で見られる。かくして，「里の小川」はあちこちで姿を消してきた。

もし A 地区において，当初の計画どおりに工事が行われていれば，河川と水路の連続性は断たれ，水路内の環境も激変し，生物が姿を消すことは必至だった。そうした指摘を地元研究会や研究者から受け，工事事業者である関市は水路の設計を大幅に見直し，最終的に**図 4.49** c 右写真のような水路を完成させ，希少生物の保全にも成功した。以下，足掛け 10 年に及んだ A 地区の土地区画整理と環境保全措置について紹介する。

(2) 目　　的

水路の集約化，それに伴う流量増大への対応が避けられないなか，河川と水路の連続性を確保し，水路内の環境と水生生物を保全するにはどうすればよいか，市，地元研究会，研究者間で話し合いが重ねられた。そして，全国的にも地域的にも希少となっている二枚貝の保全に焦点をあて，水路の構造を工夫することが決められた。二枚貝は，同じく希少生物であるタナゴ類の産卵基質である。また逆に，二枚貝の幼生はヨシノボリ類（*Rhinogobius* spp.）等の魚類に寄生しなければ生きていけない。すなわち，二枚貝と魚類は持ちつ持たれつの関係である。さらに，二枚貝の生息には潜り込める砂礫底はもちろん，稚貝が流出しないための多様な環境も要求される。このような理由から，二枚貝の保全はほかの生物の保全にもつながると考え[99]，保全のターゲットとされた。

221

●第4章●水田環境の保全と再生

(3) 実施体制

ここで紹介する事例は，土地区画整理の工事事業者である関市，地元のNPO法人ふるさと自然再生研究会，国立研究開発法人土木研究所自然共生研究センター（筆者（永山）の当時の所属）の研究者らが密に連携して実施したものである。具体的には，二枚貝を保全するための水路の計画・設計，工事中の二枚貝類の移植・保管方法，さらに付け替え後の新設水路への二枚貝類の再導入方法などを協働で検討し，実行した。

(4) 実施内容

土地区画整理事業の検討および工事実施期間と，二枚貝の保全措置に係る調査，実験，作業期間との対応を図 4.51 に示した。これらのおおまかな流れと実施内容は，事業の検討段階である 2012〜2015 年にかけて計画された。なお，保全措置の基本的な考え方として，二枚貝が長期間生存し続けてきた「工事前の用排兼用水路のあり様」に倣うことが心掛けられた。

図 4.51 土地区画整理事業・工事（上段）と二枚貝保全措置（下段）の工程

【新設水路の設計】

最大の課題は，水路の一本化による流量増大へ対応するための深い水路形状（図 4.49 b）では，増水時に水深が増大して水路底に働く流れの力が強くなり，砂礫も二枚貝も流出してしまうということだった。A 地区の下流域は既に市街地となっており，水路は三面コンクリート製で暗渠もある（図 4.49 b）。A 地区から流出すれば，二枚貝は確実に死亡する。検討の結果，この問題を解決するために 2 way 方式の水路を採用することになった。治水や利水上の都合だけが優先されがちな土地区画整理において，工事事業者

4.5 保全と再生の実践

図 4.52 新設水路の環境保全措置。写真上のアルファベット（a〜c）は事業地マップ上のアルファベットの位置に対応する。ただし、bの配置はイメージであり、厳密には14か所に配置されている。

である関市のこの決断は極めて画期的であった。

採用された2way方式は、常に水が流れる明渠と、増水時のみ余水吐から水が流れ込む暗渠で構成された（**図 4.52** 最上段）。暗渠への最大の余水吐は、山地からの水が流れ込むA地区上流端に設置された（**図 4.52** a）。暗渠は明渠に沿って埋設されており、ところどころで明渠から暗渠へ落水させる中間余水吐も14基設置された（**図 4.52** b）。余水吐の高さや大きさは、流量が増大しても、工事前の用排兼用水路で生じる最大水深を超えないように工

223

●第4章●水田環境の保全と再生

夫された。このように，増大する流量を暗渠で流しつつ，明渠の水路底にかかる流れの力の最大値は工事前と変わらない状況を作り出し，砂礫と二枚貝の流出を防ぐ措置がなされた。さらに，明渠の水路を深く掘り込まなくてすむことで，川から水を引いている用水路との接続点にも高さのギャップは生じず，川と水路の連続性も維持された。

　明渠における生息環境の保全措置として，コンクリートを張らない土水路とし，工事前の水路から砂礫を移植し，拡幅部や狭窄部を設置した（図4.52 c）。拡幅部は，増水時でも緩やかな流れを作り稚貝の流出を防ぐ目的で設置された。狭窄部は，そこがボトルネックとなって上流側に土砂の堆積を促し，狭窄部を抜けた速い流れが下流側に深みを作ることを期待して配置された。狭窄部上流側は流れてきた二枚貝をトラップする効果も狙った。

【二枚貝の事前調査】

　2012年9月，事業対象地における，二枚貝の生息個体数把握を目的とした事前調査を行った。この調査は，単純にどれくらいの二枚貝が生息しているかを把握するということに留まらず，工事前に行う二枚貝の救出と保管（移植）を効率的に進めるための情報を得るために行われた。

【二枚貝の移植実験】

　水路の付け替え工事を実施するにあたり，救出した大量の二枚貝を保管する必要が生じる。しかも，工事開始から完了までは少なくとも3年かかる見込みであったため，保管期間も同様の長さを覚悟しなければならなかった。検討の結果，最も確実な方法として，すでに二枚貝が生息している場所に移植すること，リスク分散の観点から複数個所に移植することが良いと考えられた。さらに，移植期間中であっても繁殖することを想定し，遺伝的攪乱を避けるため可能な限り同じ水路ネットワークで移植を行うべきと考えられた。そこで，移植場所の選定のために，A地区と同じ水路ネットワークから候補地を選び，2013年10月〜2015年10月にかけた2年間，A地区内から採捕した二枚貝を用いて移植実験を行った。

【二枚貝の救出，保管，再導入・放流】

　救出個体の保管（移植）期間は短いに越したことはない。そのため，二枚貝の事前調査結果を参考に，できるだけ生息個体数の少ない水路から着

工（埋め立て，整地）し，保管期間の長い個体が少なくなるよう，工事スケジュールとの調整が図られた。こうして，水路ごとに，着工される直前に二枚貝を救出し，移植実験で選定された保管場所に運ぶ作業が2015年11月〜2017年12月にかけて実施された。

　保管（移植）先で生き残った個体を，どのようにA地区に再導入するかについても慎重に検討された。当然，新設水路の全区間が開通するまでは放流できない。開通しても，場が馴染むまで少し時間をおいたほうがよい。しかし，なるべく早く移植先から戻したい。流出のリスクを考えると，なるべく上流側に二枚貝を放したい。繁殖効率の観点からは，ある程度高密度に放流したい。検討の結果，事業地内の新設水路には直接二枚貝を再導入せず，事業地より上流の水路に高密度かつ分散して放流することに決定した。そして，事業地への二枚貝の再導入は，事業地外に放流したそれらの親貝から生まれた稚貝が，自然に定着するのを待つことにした。新設水路に二枚貝を直接再導入しないことから，二枚貝の放流は新設水路の開通直後から2017年12月までの短期間に実施した。なお，ここでは，救出した二枚貝を事業地外に放すことを「放流」とし，事業地内への二枚貝の放流や定着を意味する「再導入」とは区別して用いる。

【二枚貝の事後調査】

　前述したように，二枚貝の再導入は，事業地外に放流した親貝から生まれた稚貝が自然に事業地内に定着することを期待した。そのため，稚貝が視認できるほど大きくなったであろう，放流から3年9か月経過した2021年9月，新設水路における二枚貝の定着状況を確認するための事後調査を実施した。

(5) モニタリング

【二枚貝の事前調査】

　2012年9月，事前調査として，事業地内に存在するすべての水路において二枚貝の生息状況を調査した。まず，水路の構造（幅，側岸，水路底，勾配）に着目して，類似の環境を持つ14区間に水路を分割した（総延長1,710 m）。そして，各区間において，縦断15 m間隔でコドラート（縦0.5 m×水路幅）を設定し，二枚貝を採捕して，種，殻長，個体数を記録した。

●第 4 章● 水田環境の保全と再生

【二枚貝の移植実験】

　事業地内の水路から採捕した二枚貝を用いて移植実験を行った（図 4.53）。なお，この実験は WEB 公開されている論文[100]で詳しく報告されているので参照していただきたい。まず，事業地に注ぎ込む水路 2 つとため池 1 つを移植候補地として選定した。事業地に優占する二枚貝 3 種（カタハガイ *Obovalis omiensis*，オバエボシガイ *Inversidens brandtii*，マツカサガイ *Pronodularia japanensis*）について，各候補地に 50 個体ずつ移植し，2013 年 10 月〜2015 年 10 月の 2 年間，定期的に生残，成長，消失（流出）を調べた。移植した個体の殻長は，カタハガイ 31.9〜92.4 mm，オバエボシガイ 25.7〜41.6 mm，マツカサガイ 27.3〜53.1 mm であった。

　なお，移植個体は各サイトに 5 つずつ用意した透過型のコンテナに入れた（図 4.53）。ため池では陸上からアーム状に突き出させた棒の先にコンテナをぶら下げて，池の中層に位置するように設置した。これは，水温の安定性

図 4.53　水路およびため池における二枚貝の移植実験の様子

4.5 保全と再生の実践

図 4.54 水路の着工直前に実施された二枚貝救出の様子

や溶存酸素濃度を考えての工夫である。水路では鉄杭を打ち込んでコンテナを固定した。

【二枚貝の救出，移植・保管，再導入・放流】
　水路の着工前に随時二枚貝の救出を行い，全個体にマーキングし，種ごとに個体数を記録した（図 4.54）。移植実験で候補地とした3か所には，それぞれの実験評価に基づいて移植する種とおよその個体数をあらかじめ決めて，移植作業を行った。最終的に生き残った個体は，2017年12月までに事業地上流の2つの水路に放流した。

【二枚貝の事後調査】
　放流から3年9か月経過した2021年9月，事後調査として，新設された水路において二枚貝の定着状況を調べた。事前調査と同様に，まず水路の構造に着目して，類似の環境を持つ5つの区間に水路を分割した（総延長540 m）。そして，各区間において，縦断15 m間隔でコドラート（縦0.5 m×水路幅）を設定し，二枚貝を採捕して，種，殻長，個体数を記録した。

(6) 事業評価
【二枚貝の事前調査】
　総捕獲個体数は，マツカサガイ61個体，カタハガイ43個体，オバエボシガイ76個体であった（図 4.55）。各区間の流路面積を考慮して推定した総生息個体数は，それぞれ1,823個体，1,289個体，2,216個体となった。よって，

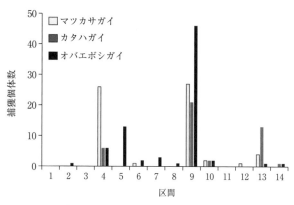

図4.55 事前調査において各水路区間で捕獲された二枚貝3種の個体数

事業地内には5,000個体以上の二枚貝が生息していると推定された。

　二枚貝の個体数は区間によって大きく異なっていた（**図4.55**）。生息密度が高かった4つの区間は，事業地内の幹線にあたる主要な水路であった。一方，生息密度が1個体／m^2に満たない区間も7つあった。この区間ごとの生息データを参考にして，なるべく個体数の少ない水路から着工するよう，工事スケジュールとの調整が図られた。

【二枚貝の移植実験】

　全3種の成長，生残，流出の面から，一時的な移植先として最も高い評価となったのは，意外にもため池であった（**図4.56**）。流水性の二枚貝といえども，中層に浮かばせた状態であれば，ため池でも成長し生きていけることがわかった。また，成長の良さは餌の豊富さも示唆していた。さらに，ため池では，いかだを組めば大量の二枚貝を保管できるため，量的な面からも有利であると考えられた。一方，2つの水路のうち片方（支線水路）では成長と生残は良好だが流出しやすく（特にオバエボシガイ），もう片方（幹線水路）では流出は少ないものの成長と生残が悪かった（特にカタハガイ）。

【二枚貝の救出，移植・保管，再導入・放流】

　事前調査により，事業地内には5,000個体以上の二枚貝がいると推定されていたが，救出作業で実際に捕獲された個体数はおよそ4,000個体であった。

4.5 保全と再生の実践

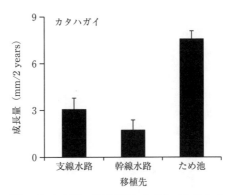

図 4.56 2 年間の移植実験における二枚貝の成長量（カタハガイの例）。二枚貝 3 種ともに類似の傾向を示した。

移植実験において二枚貝 3 種ともに好成績だったため池には，いかだを組み多数の透過型コンテナを吊り下げて，2,300 個体ほどの二枚貝（各種同程度）を移植・保管した（図 4.57）。生残と成長が良い一方でオバエボシガイが流出しやすかった支線水路には，マツカサガイとカタハガイを中心に 1,000 個体ほど移植（保管）した。また，流出は少ないもののカタハガイの成長と生残が特に悪かった幹線水路には，マツカサガイを中心に 700 個体ほど移植（保管）した。水路への移植（保管）は，過密になることを避けるためコンテナを使わずにばらまいた。

保管中，ため池については時々巡視を行った。人為的な撹乱（いたずら）と推察される出来事が数回，そして悩ましかったことに，ヌートリア（*Myocastor coypus*）による撹乱・捕食と推察される出来事が何度も発生した（図 4.57）。ヌートリアが二枚貝を捕食することは一般的にも知られている[101]。また，対象としたため池の岸際に生息しているタテボシガイ（*Nodularia nipponensis*）が，たびたびヌートリアらしき動物に捕食されていることも以前から認識されていた。しかし，事前に 2 年間行った移植実験では，動物による撹乱は一度も起きなかった。さらに，いかだを組んだ本番の移植後もしばらくの間は問題なかった。おそらく，ヌートリアが何度もいかだに上陸しているうちにコンテナ内の二枚貝に気付き，食べることを学習したと考えられ

229

●第4章●水田環境の保全と再生

図 4.57 事業地から救出した二枚貝のため池における移植・保管の様子と保管中のアクシデントおよび支線水路への放流直後の様子。いかだの水面下には、コンテナがぶら下がっている。支線水路に放流された二枚貝は白色でマーキングされている。

た。残念ながら、ヌートリアによる捕食とその攪乱によるコンテナからの落下によって、保管していた二枚貝を1,000個体ほど失った。

　最終的に、ため池ではおおよそ1,000個体ほどが生き残り、これを移植実験の成長と生残が良好であった支線水路にすべて放流した（**図 4.57**）。前述の移植（保管）個体数と合わせると、支線水路にはおよそ2,000個体を放流したことになる。幹線水路には改めて放流せず、移植（保管）個体もそのままとした。

4.5 保全と再生の実践

まとめると，着工前に 4,000 個体ほどを救出し，最終的に，支線水路におよそ 2,000 個体（移植・保管時の 1,000 個体と，ため池の生残 1,000 個体），幹線水路におよそ 700 個体（移植・保管時の 700 個体）を放流したことになる。

【二枚貝の事後調査】

新設水路を分割した 5 区間のうち，上流側の 3 区間で合計 72 個体（カタハガイ 7 個体，オバエボシガイ 34 個体，マツカサガイ 31 個体）の二枚貝が捕獲された（図 4.58 a）。各区間の面積を考慮した推定個体数は，カタハガイ 185 個体，オバエボシガイ 908 個体，マツカサガイ 848 個体であり，2,000 個体に迫る二枚貝が定着しているようであった。殻長はいずれの種も 30 mm 以下が多く，それ以上大きな個体であっても放流個体に施したマー

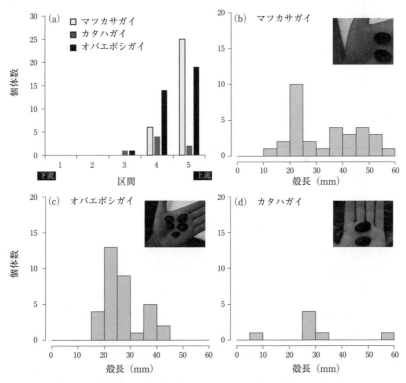

図 4.58 事後調査において (a) 新設水路の各区間で捕獲された二枚貝 3 種の個体数と，(b〜d) 殻長の頻度分布

●第４章●水田環境の保全と再生

クはなかったことから，ほとんどの個体は水路新設後に生まれて定着した個体であると考えられた（図4.58 b〜d）。以上から，自然繁殖に期待した新設水路への二枚貝の再導入は成功したと言えるだろう。

なお，マツカサガイとオバエボシガイの殻長分布は二峰型を示していることから，水路新設後において，良好な繁殖年が２回あったと推察される（図4.58 b, c）。さらに，二枚貝が繁殖していたということは，二枚貝幼生の宿主となる魚類も周辺の水路や川から新設水路に戻ってきたことを示していた。また，事業地の上流に放流したマーク付の二枚貝の生残も多数確認されており，たとえ放流場所から流出した場合でも新設水路内の最上流部に多数留まっていることも確認された。

(7) 結論と課題

土地区画整理に伴う水路の付け替えにおいて二枚貝を保全するという本事例の目的は達成された。特筆すべきは，単に救出・移植（保管）・放流（再導入）した二枚貝が生残していたということではなく，それらの二枚貝が繁殖して，その子孫が新設した水路に定着していたということである。すなわち，二枚貝の集団が世代をつなぎ存続していくためのプロセスを保全できたと言える。このことは，2 way 方式という思い切った水路設計の採用とともに，本事例の画期的な成果であった。さらに，地元研究会と研究者の調査による科学的な根拠に基づいて，事業と保全措置のタイミングを柔軟に調整しながら進められたことは，本事例を成功に導いた大きな要因であったと思われる。もちろん，失われた自然もある。しかし，三面コンクリートの深い排水路になりかけていた絶望的な出発点を思えば，現在の状況はまばゆいほど美しい（図4.49）。

課題はいくつかある。1つは，新設水路の下流区間において，水路の中にまで植物が根を張り繁茂することである。密に繁茂している箇所では，二枚貝はもちろん魚類の生息もままならないほどであった。深い水深を保てるようにするなど，何らかの対策が望まれる。

水路の一本化によって総延長が以前の約1/3にまで短くなっていること，また水涸れなどの致命的な環境変化に対してリスクを分散できていないこと

4.5 保全と再生の実践

も大きな不安要素である。水路の短絡化は二枚貝のすみかの量的な減少であり，元の生息量（4,000～5,000個体）までの回復がおそらく見込めないことを意味する。そこに致命的な環境変化が起きれば，一気に全滅することもないとは言えない。A地区周辺の水路には今も辛うじて二枚貝が分布している。それらの生息環境を改善し，生息可能な面積と箇所数を増やし，環境変化に対する地域集団としての強靱性を高めることも望まれる。

水路周辺に水田がなくなったことで，二枚貝の餌の不足も懸念される。ただし，これについては，A地区に注ぎ込む水路の上流2か所にため池があることから，大きな問題ではないかもしれない。移植実験において，二枚貝各種の成長量はため池で最も高く，次いでため池の下流の水路（支線水路）でも高かった（**図4.56**）。これはため池における餌の豊富さを示唆しており，当該地区においては，水田がなくとも餌には困らないのかもしれない。

4.5.9 農業用水路の魚の棲みやすさの評価手法の開発

（1）背　景

農地への灌漑や排水を目的に整備・管理されてきた農業用水路（以下，水路）は，魚をはじめ水生生物の貴重な生息場所でもある。2001年の土地改良法の改正により，土地改良事業の実施に際して「環境との調和への配慮」（以下，環境配慮）が原則化されて以来，水路を空石積護岸にしたり深みを創出したりといった魚などの生息環境に配慮した水路（以下，環境配慮水路）が全国各地でつくられてきた。

また，2014年から実施されている日本型直接支払制度のうち，多面的機能支払交付金では，地域共同で行う生態系保全活動や外来生物の駆除作業などが資源向上支払の対象となっている（コラム9参照）。中山間地域等直接支払制度では，中山間地域などの条件不利地域において，集落で協定を結んで行うビオトープの確保などが支援対象となっている。これらの制度を活用した活動としても，水路での生物調査や魚などの生息環境の保全活動が取り組まれている。

しかし，このような環境配慮水路や保全活動の対象水路が，魚にとって棲みやすいかどうかを判断することは容易でなく，また棲みにくい場合の改善

233

●第４章●水田環境の保全と再生

方法も一律ではない。土地改良事業を実施する際に参照される技術指針[102]や手引き[103]などにおいて，環境配慮に取り組むうえでの考え方や留意点が解説されているが，水路での具体的な調査・評価方法やその手順については十分に記載されていない。また，「田んぼの生きもの調査」のマニュアル[104]には，魚の採捕や環境の調査方法が示されているが，調査結果に対する評価方法や，その後の保全活動へのフィードバックの方法は整理されていない。特に生息環境を改善する場合には，実際の生息種や水路環境などの現状に基づいて，改善すべき場所や対応策を検討する必要があるため，困る場面も多いだろう。

(2) 目　　的

　水路の環境保全活動は全国の様々な地区で行われ，生物に詳しい専門家が関わっている活動ばかりではない。そこで，多面的機能支払交付金の活動組織などが自分達で水路の区間ごとの相対的な「魚の棲みやすさ」を調査・分析し，さらに結果をその後の保全活動に活用できるようにすることを目指して，「魚の棲みやすさ」の評価手法の開発を行った。なお，本稿は渡部ら[105]～[107]を加筆・修正したものである。

(3) 実施体制

　手法開発は，農林水産省委託プロジェクト研究「気候変動に対応した循環型食料生産等の確立のための技術開発」（平成25～29年度）の一環で，農研機構・北里大学・岡山大学・宇都宮大学・九州大学の共同研究として実施した。この成果として「魚の棲みやすさ評価プログラム」（以下，プログラム。**図4.59**）を開発するとともに，調査から評価までの具体的な手順，水路で見られる各魚種の解説，魚の棲みやすさを改善するための手法や工法の事例などをまとめ，「魚が棲みやすい農業水路を目指して～農業水路の魚類調査・評価マニュアル～」[108]（以下，マニュアル。**図4.60**）を作成した。プロジェクトにご協力・ご助言いただいた各関係機関の諸氏に深謝する。

234

①水路の環境計測データの入力

②魚の採捕データの入力

③環境と魚のデータの結合

④評価式の自動作成，評価スコア計算

※データ入力後はボタンのクリックで計算を進めることができる。

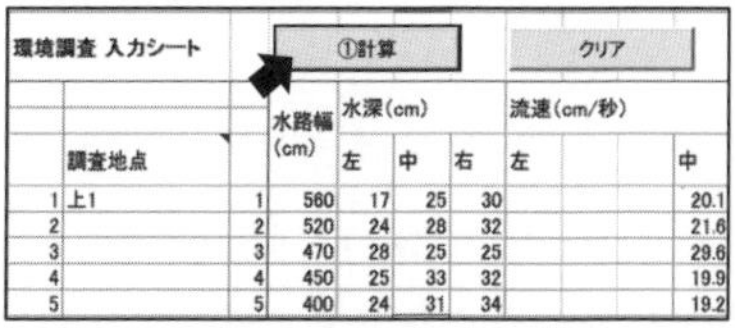

図 4.59　プログラムの表示例

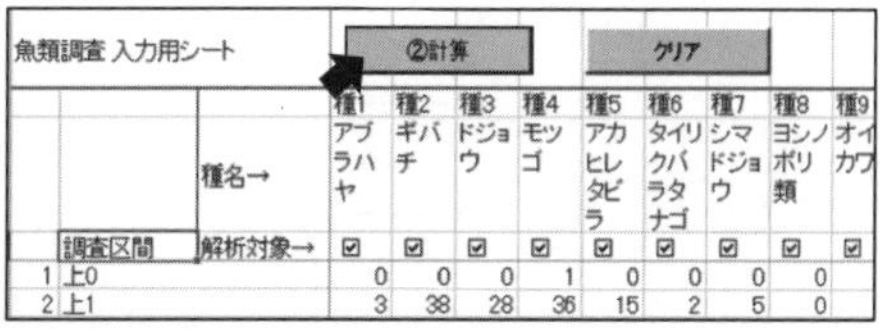

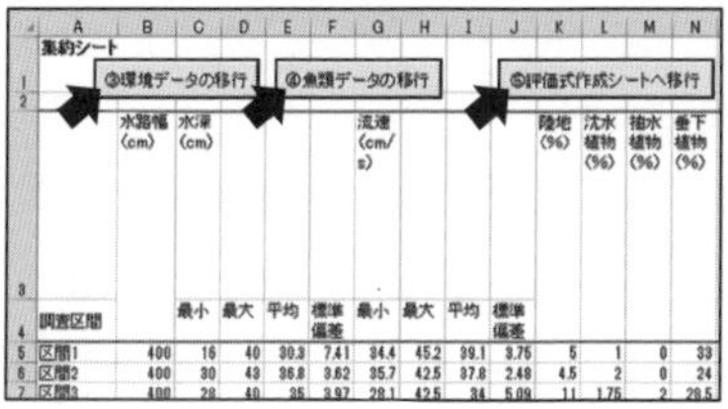

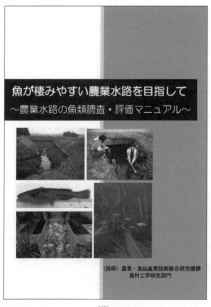

図 4.60　マニュアル[108] の表紙

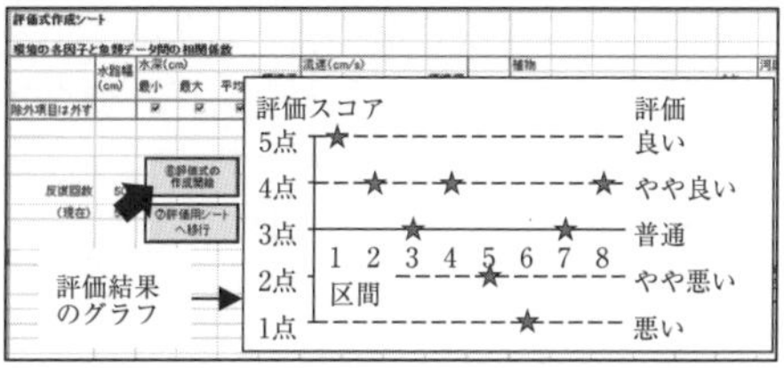

(4) 評価手法の概要

開発した評価手法では，**図 4.61** のフローのように，①対象とする水路に

● 第4章 ● 水田環境の保全と再生

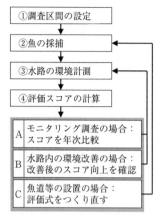

図 4.61 プログラムによる評価のフロー

おいて調査区間を設け，現地作業として②魚の採捕および③水路の環境計測を行い，その後④プログラムによる評価スコアの計算を行う。以下では，①〜④について概説する。調査方法とプログラムの操作手順の詳細は，マニュアル[108]を参照いただきたい。

【① 調査区間の設定】

プログラムの適用対象は，末端排水路や幅1〜3m程度の排水路である。例えば，数百m〜数km程度の延長で空石積護岸などの環境配慮区間が設けられた水路や，魚巣ブロックや木工沈床などが複数箇所に施工された水路での適用を想定している。調査区間は，後述の評価式の作成に必要なため，10以上とする。1区間の延長は10mを標準とする。調査区間は離散的に設けることを基本とするが，調査労力を減らす観点から，延長が長い水路では連続して区間を設けてもよい。

【② 魚の採捕】

採捕調査には，一般に様々な漁具（タモ網，投網，カゴ網，定置網など）が用いられるが，簡単に取り組めるように定置網を用いた方法を標準とした。各区間に生息する魚を調べるため，定置網は区間の上流端と下流端を区切るように，また一般に魚は上流に向かって泳ぐ場合が多いため網の入り口を下流に向けて設置する。定置網は一晩置いてから回収し，捕れた魚の種や個体数を記録する。なお，タモ網などを用いる場合は既往の調査（例えば農林水産省農村振興局[104]や皆川ら[109]など）を参考にして時間や人数を決める。

【③ 水路の環境計測】

調査区間ごとに水路の流速，水深，水路内の陸地（洲），植生の幅，底質の砂や石礫の割合を調べる。これらの項目は，水路内で均一でない場合が多いため，10mの区間内で縦断方向に2.0〜2.5m間隔で計測する。

【④ 評価スコアの計算】

区間ごとに魚の採捕と水路の環境計測を行った後は，パソコンでの評価ス

コアの計算作業となる。まずプログラムのワークシートに魚の採捕データおよび水路の環境計測データを入力し，後は各ワークシートにあるボタンを番号順にクリックしていくと，各区間のスコアが計算される（**図4.59**）。

　プログラムは，表計算ソフトの計算機能およびマクロ機能を使って，データ入力とボタン操作で実行できるように設計した。水路での魚の採捕データおよび水路の流速，水深，植生，底質などの物理的な環境のデータから，評価式を自動的に作成し，魚の棲みやすさを水路の区間ごとに5段階の相対的な評価スコア（5：良い，4：やや良い，3：普通，2：やや悪い，1：悪い）で表す（**図4.59**④）。評価式は水路の環境計測データを説明変数，評価スコアを目的変数とする重回帰式であり，魚の種数と総個体数が多い区間ほど評価スコアが高くなるように，説明変数の選択と各係数の計算が自動で行われる。説明変数は，流速と水深については区間の平均値，最小値および最大値を，それ以外は区間の平均値を候補とし，ステップワイズ法で選択している。ただし，調査した水路区間の中で相対的に1~5の評価スコアが計算されており，絶対値ではないことに留意する。計算方法などの詳細については渡部ら[110]を参照していただきたい。

　なお，評価フロー（**図4.61**）の②魚の採捕および③水路の環境計測について，上記以外の方法で得られたデータであってもプログラムは適用可能である。ただし，調査区間によって調査方法が揃っていないと，例えば定置網で採捕した区間とタモ網で採捕した区間で種数や個体数を比べるのは難しいため，すべての調査区間で魚の採捕方法や環境計測の方法は統一する。

(5) 評価手法の実証事例

〈岩手県Ｉ地区〉

【調査地と調査方法】

　Ｉ地区では，国営農地再編整備事業の際に，魚などの生息環境に配慮してブロック積護岸の二面張水路が施工された。この水路区間を評価するため，区間長10ｍの19区間（下流から区間1，2，…，19。**図4.62** a）を設定した。

　現地調査は2017年7月に行った。上述の方法に従い，魚の採捕は定置網（幅3ｍ，目合い5ｍｍ）を用いて，水路の環境計測は縦断方向に2.5ｍ間隔

● 第 4 章 ● 水田環境の保全と再生

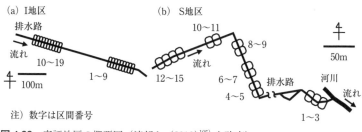

図 4.62 実証地区の概要図（渡部ら（2019）[105]を改変）

で行った。

【結果と考察】

魚の採捕では合計 11 種 1,476 個体が採捕された。個体数はアブラハヤ（*Phoxinus lagowskii steindachneri*），ギバチ（*Pseudobagrus tokiensis*），ドジョウ類（*Misgurnus* sp.），モツゴ（*Pseudorasbora parva*），アカヒレタビラ（*Acheilognathus tabira erythropterus*）の順に多く，これら上位 5 種で全採捕個体数の 93 ％を占めた。

プログラムによる解析結果として，評価式に採用された説明変数とその係数を表 4.3 に示した。各区間の評価スコアは，種数および総個体数と正の相関が高かった（それぞれピアソンの相関係数 r = 0.61, p < 0.01 および r = 0.80, p <0.01）。加えて，生態学でよく利用されるシャノンの多様度指数およびシンプソンの多様度指数を計算すると，評価スコアとの間に有意な正の相関が見られた（それぞれ r = 0.59, p <0.01 および r = 0.46, p <0.05）。すなわち，評価スコアの高い区間は魚にとって棲みやすいと考えられ，プログラムによる評価結果が妥当であることが示唆された。

表 4.3 Ｉ地区における評価式の説明変数および係数（渡部ら（2019）[105]を転載）

説明変数および係数						評価スコアとの相関係数 r	
最小水深 (cm)	最大流速 (cm/s)	陸地の割合 (%)	抽水植物被覆率 (%)	砂の割合 (%)	定数項	種数	個体数
0.064	-0.052	0.047	0.064	0.066	3.33	0.61 **	0.80 **

** p<0.01

4.5 保全と再生の実践

〈岡山県 S 地区〉

【調査地と調査方法】

　S 地区では，国土交通省の事業によるバイパス道路建設に伴い，排水路が改修された。この際，改修区間の一部において希少魚種などの保全を目的とした環境配慮工法が採用され，未改修の区間には土水路が残された。このうち，土水路の現状評価のため，区間長10 m の15区間（下流から区間1，2，…，15。**図 4.62** b）を設定した。

　現地調査は 2016 年および 2018 年の各 7・10・12 月に行った。上述の方法に従い，魚の採捕は定置網（幅 6 m，袋部目合 5 mm，袖部目合 7 mm）を用いて，水路の環境計測は縦断方向に 2.5 m 間隔で行った。

【結果と考察】

　全採捕調査を通じて合計 19 種 2,911 個体が採捕された。個体数は，アブラボテ（*Tanakia limbata*），カネヒラ（*Acheilognathus rhombeus*），オイカワ（*Opsariichthys platypus*），フナ類（*Carassius* sp.）の順に多く，これら上位 4 種で全採捕個体数の 91 % を占めた。月間で比べると，7 月は両年とも魚の合計個体数が最も多く，当地区での採捕調査に適すると考えられた。

　プログラムによる解析結果として，各調査年月について，評価式に採用された変数名とその係数を**表 4.4** に示した。I 地区と同様に評価スコアと種数

表 4.4　S 地区における評価式の説明変数および係数（渡部ら（2019）[105] を転載）

| 調査年月 | 説明変数および係数 | | | | | 定数項 | 評価スコアとの相関係数 r | |
	平均水深 (cm)	最大水深 (cm)	最小流速 (cm/s)	最大流速 (cm/s)	植生の被覆率 (%)		種数	個体数
2016 年 7 月		0.043	-0.055		-0.033	3.71	0.32	0.64 **
10 月		0.140		0.041	-0.002	-1.74	0.95 **	0.84 **
12 月		0.100		-0.018	0.020	0.68	0.90 **	0.69 **
2018 年 7 月	0.092		0.030		0.047	-1.68	0.69 **	0.65 **
10 月		0.121		0.014	0.003	-2.37	0.60 *	0.83 **
12 月		0.136		0.060	-0.077	-4.76	0.84 **	0.88 **

* $p<0.05$　　** $p<0.01$

239

および総個体数との相関関係に注目すると，2016年7月の評価スコアと種数の組み合わせ以外は，有意な正の相関を示した。このことから，I地区と同様に評価スコアの高い区間は魚にとって棲みやすいと考えられる。

S地区ではさらに，1年目に作成された評価式を翌年以降の評価に外挿可能か確認した。2016年に作成した各月の評価式に2018年の環境計測データを外挿して算出した「スコアA」と2018年の魚の採捕および環境計測データから各月の評価式を新たに作成して算出した「スコアB」を比較した。その結果，7月および12月については，15区間中それぞれ11区間および12区間でスコアAとBの差が1点以内であり，スコアAとBは概ね一致した（図4.63 a, c）。一方，10月では区間9を除くすべての区間でスコアAがスコアBよりも高く，スコアAとBの差が1点以内の区間は2区間のみであった（図4.63 b）。2018年10月は2016年10月と比べて，15区間の平均で水深は1.6倍，流速は2.0倍[105]であり，総じて流量が大きかったことが，評価スコアの差異に影響したと推察される。これらの結果から，水路の環境が大きく変わらない場合には，過去のデータで作成した評価式を外挿して，環境計測データのみから簡易評価が可能と考えられた。

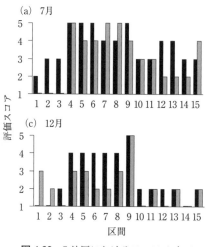
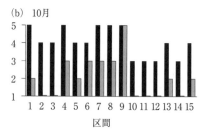

図4.63 S地区におけるスコアAとスコアBの比較（渡部ら（2019）[105]を一部修正）

(6) 事業評価

　Ⅰ地区およびＳ地区での実証調査から，評価スコアの高い区間は魚にとって棲みやすいことが示唆された。プログラムは，地域につくられた環境配慮水路や活動対象の水路が実際に魚にとって棲みやすいものかどうかの確認に用いることができ，環境配慮水路のモニタリング調査や，活動に対するモチベーションの維持に貢献できる（**図4.61**のＡ）。

　加えて，評価結果をもとに「生息環境の改善を行う区間の優先度を決める」，「評価スコアの低い区間では生息環境を改善する」，「評価スコアの高い区間では生息環境を維持する」など，これからの保全活動の計画づくりに利用できる。また，水深や流速などが変わる場合の評価スコアの予測ができ，改修予定の水路において環境配慮対策を検討する場合や，魚の生息環境を保ちながら水路の草刈りや土砂上げなどの維持管理作業を行いたい場合に活用できる。

　環境配慮水路の施工後のモニタリング調査を行う際，正確を期すには，魚と環境の詳細な調査を毎年繰り返す必要がある。これに対してプログラムを用いた評価では，Ｓ地区で示したように水路の環境が大きく変わらない場合には，2年目以降の評価の際に水路の環境計測だけで評価スコアを計算することができ，モニタリング調査の省力化につながる（**図4.61**のＢ）。ただし，対象水路の途中や下流域に魚道を設置するような場合は，水路内の魚の種構成や個体数が大きく変わることがある。例えば，栃木県の水路において魚の種構成が長期的に変化した事例が報告されている[111]。このような場合には，1年目に作成した評価式が成り立たなくなると予想されるため，改めて魚の採捕と水路の環境計測をセットで行い，評価式をつくり直す必要がある（**図4.61**のＣ）。

(7) 課　　題

　水路改修時の環境配慮対策の検討や，環境配慮水路の施工後のモニタリング調査，水路で魚の生息環境を創出・改善する活動などの場面で，技術者や活動組織にプログラムを使用していただき，感想や改善点を聞きながら，より使いやすく改良していくことが課題である。プログラム・マニュアルの改

●第４章●水田環境の保全と再生

良と普及を並行して進め，全国各地の水路で魚の棲みやすさが評価されること，また棲みにくい場合は改善されることなどにより，豊かな水域生態系が拡がることを期待している。

《参考・引用文献》

1）滋賀の食事文化研究会（2003）湖魚と近江のくらし．サンライズ出版，滋賀，242p.
2）三宅恒方（1919）食用及薬用昆虫に関する調査．農事試験場特別報告 31：1-203.
3）田尻浩伸（2021）ヒシクイの採食行動に水位が与える影響．湿地研究 11：75-84.
4）嶺田拓也（2008）農業に依存してきた農村の植物．農業および園芸 83（1）：177-182.
5）長谷川仁（1978）江戸時代の害虫防除．日本農薬学会誌 3：459-464.
6）斎藤哲夫・松本義明・平嶋義宏・久野英二・中島敏夫（1996）新応用昆虫学（三訂版）．朝倉書店，東京，276p.
7）桐谷圭治・鎮西康雄・福山研二・五箇公一・石橋信義・国見裕久ほか（2011）応用動物昆虫学の最近の進歩．日本応用動物昆虫学会誌 55（3）：95-131.
8）斉藤憲治・片野修・小泉顕雄（1988）淡水魚の水田周辺における一時的水域への侵入と産卵．日本生態学会誌 38（1）：35-47.
9）伴幸成・桐谷圭治（1980）水田の水生昆虫の季節的消長．日本生態学会誌 30（4）：393-400.
10）田口正男・渡辺守（1984）谷戸水田におけるアカネ属数種の生態学的研究：I. 成虫個体群の季節消長．三重大学教育学部研究紀要 自然科学 35：69-76.
11）Watanabe M, Taguchi M（1988）Community structure of coexisting *Sympetrum* species in the central Japanese paddy fields in autumn（Anisoptera：Libellulidae）．Odonatologica 17：249-262.
12）芹沢孝子（1985）トノサマガエル - ダルマガエル複合群の繁殖様式：II. 春先きに水がない場所でのダルマガエルとトノサマガエルの産卵．爬虫両棲類学雑誌 11：11-19.
13）志知尚美・芹沢孝子・芹沢俊介（1988）愛知県刈谷市におけるヌマガエルの成長と卵巣の発達．爬虫両棲類学雑誌 12（3）：95-101.
14）黒田長久（1968）神奈川県溝ノ口丘陵の冬の鳥類．山階鳥類研究所研究報告 5：337-350.
15）唐沢孝一（1971）房総丘陵における鳥類群集の季節的変動．鳥 20（90）：247-267.
16）中西康介・田和康太（2020）農法の違いは水生動物群集に影響を及ぼすか．なぜ田んぼには多様な生き物がすむのか（大塚泰介・嶺田拓也編），pp.186-207. 京都大学学術出版会，京都．
17）農林水産省（2007）特別栽培農産物に係る表示ガイドライン．（https：//www.maff.go.jp/j/jas/jas_kikaku/attach/pdf/tokusai_a-5.pdf）［参照 2024-05-10］
18）農林水産省（2022）有機農産物の日本農林規格．（https：//www.maff.go.jp/j/jas/jas_kikaku/attach/pdf/yuuki-266.pdf）［参照 2024-05-10］
19）西村いつき・江崎保男（2019）コウノトリ育む農法の確立─野生復帰を支える農業を

目指して. 日本鳥学会誌 68（2）：217-231.

20) 有薗正一郎（2013）近世農書はなぜ水田の冬期湛水を奨励したか. 愛大史学 22：1-34.

21) 稲垣栄洋・高橋智紀・大石智広ほか（2008）除草の風土〔15〕伝統的冬期湛水田に見られるヒエ類の抑制効果. 雑草研究 54（1）：31-32.

22) 古谷愛子（2010）なつみずたんぼとシギ・チドリ—転作麦の田んぼを渡り鳥の飛来地に. バードリサーチ水鳥通信 6：6-7.（https：//www.bird-research.jp/1_publication/Waterbirds_newsletter/waterbird_news_201011.pdf）［参照 2024-05-10］

23) 栃木県（2016）エコ農業とちぎカタログ. 栃木県，栃木，44p.（https：//www.pref.tochigi.lg.jp/g04/gizyutu/documents/katarogu_all.pdf）［参照 2024-05-10］

24) 西川潮（2015）佐渡世界農業遺産における生物共生農法への取り組み効果. 日本生態学会誌 65（3）：269-277.

25) 田和康太・佐川志朗（2022）豊岡市の水田ビオトープにおける水生昆虫とカエル類の季節消長と群集の特徴. 応用生態工学 24（2）：289-311.

26) 日和佳政・藤長裕平・水谷瑞希・田和康太・佐川志朗（2016）コウノトリの採餌環境創出を目的とした水田退避溝設置の効果—福井県越前市における水田生態系保全事例. 野生復帰 4（1）：29-36.

27) 西田一也（2019）農業水路における生態系配慮工法の効果と課題. 水田地域における生態系保全のための技術指針 Ver.1.0（2019.9.30）（滋賀県立大学環境科学部編），pp.41-51.（https：//www.usp.ac.jp/user/filer_public/b4/8b/b48b3f87-cb7d-4a19-9710-2b1858413868/shui-tian-di-yu-niokerusheng-tai-xi-bao-quan-notamenoji-shu-zhi-zhen-qian-ban.pdf）［参照 2024-05-15］

28) 中新井隆（2019）遡上の可能性を高める水田魚道の構造と水田側の準備.「水田地域における生態系保全のための技術指針 Ver.1.0（2019.9.30）」（滋賀県立大学環境科学部編），pp.52-66，滋賀県立大学，滋賀，56p.（https：//www.usp.ac.jp/user/filer_public/0c/4d/0c4d2cce-176a-4105-be41-783caa308032/shui-tian-di-yu-niokerusheng-tai-xi-bao-quan-notamenoji-shu-zhi-zhen-hou-ban.pdf）［参照 2024-05-15］

29) 環境省（2003）自然再生推進法.（https：//www.env.go.jp/nature/saisei/law-saisei/law.html）［参照 2024-05-15］

30) 農林水産省（2024）世界農業遺産・日本農業遺産.（https：//www.maff.go.jp/j/nousin/kantai/）［参照 2024-05-15］

31) Zheng X, Natuhara Y, Zhong S（2021）. Influence of midsummer drainage and agricultural modernization on the survival of *Zhangixalus arboreus* tadpoles in Japanese paddy fields. Environmental Science and Pollution Research 28（14）：18294-18299.

32) Tuck SL, Winqvist C, Mota F, Ahnström J, Turnbull LA, Bengtsson J（2014）Land-use intensity and the effects of organic farming on biodiversity：a hierarchical meta-analysis. Journal of Applied Ecology 51（3）：746–755.

33) Katayama N, Osada Y, Mashiko M, Baba YG, Tanaka K, Kusumoto Y, Okubo S, Ikeda H, Natuhara Y（2019）Organic farming and associated management practices benefit multiple wildlife taxa：a large-scale field study in rice paddy landscapes. Journal of Applied Ecology 56（8）：1970–1981.

●第4章●水田環境の保全と再生

34) 農研機構（2018）鳥類に優しい水田がわかる生物多様性の調査・評価マニュアル．（https：//www.naro.go.jp/publicity_report/publication/pamphlet/tech-pamph/080832.html）[参照 2024-05-15]

35) 農研機構（2019）プレスリリース 有機・農薬節減栽培と生物多様性の関係を解明．（https：//www.naro.go.jp/publicity_report/press/laboratory/niaes/131974.html）[参照 2024-05-15]

36) 農研機構（2020）高能率水田用除草機を活用した水稲有機栽培の手引き．（https：//www.naro.go.jp/publicity_report/publication/pamphlet/tech-pamph/134805.html）[参照 2024-05-15]

37) Mameno K, Kubo T, Shoji Y（2021）Price premiums for wildlife-friendly rice：insights from Japanese retail data. Conservation Science and Practice 3（6）：e417.

38) Tokuoka Y, Katayama N, Okubo S（2024）Japanese consumer's visual marketing preferences and willingness to pay for rice produced by biodiversity-friendly farming. Conservation Science and Practice e13091.

39) 片山直樹・馬場友希・大久保悟（2020）水田の生物多様性に配慮した農法の保全効果―これまでの成果と将来の課題．日本生態学会誌 70（3）：201-215.

40) 農研機構（2021）プレスリリース 水田の生物多様性を高める取組を網羅的な文献レビューから評価．（https：//www.naro.go.jp/project/results/4th_laboratory/niaes/2020/niaes20_s05.html）[@2024-05-15]

41) Baba YG, Kusumoto Y, Tanaka K（2018）Effects of agricultural practices and fine-scale landscape factors on spiders and a pest insect in Japanese rice paddy ecosystems. BioControl 63（3）：265-275.

42) Gurr GM Lu Z, Zheng X, Xu H, Zhu P, Chen G, Yao X, Cheng J, Zhu Z, Catindig J, Villareal S, Chien HV, Cuong LQ, Channoo C, Chengwattana N, Lan LP, Hai LH, Chaiwong J, Nicol HI, Perovic DJ, Wratten SD, Heong KL（2016）Multi-country evidence that crop diversification promotes ecological intensification of agriculture. Nature Plants 2（3）：16014.

43) Tsutsui MH, Tanaka K, Baba YG, Miyashita T（2016）Spatio-temporal dynamics of generalist predators（*Tetragnatha* spider）in environmentally friendly paddy fields. Applied Entomology and Zoology 51（4）：631-640.

44) Amano T, Kusumoto Y, Okamura H, Baba YG, Hamasaki K, Tanaka K, Yamamoto S（2011）A macro-scale perspective on within-farm management：how climate and topography alter the effect of farming practices. Ecology Letters 14（12）：1263-1272.

45) 柗島野枝・猪狩匠海・安立美奈子・西廣淳（2023）千葉県印西市における耕作放棄水田域に造成した小水域のニホンアカガエル *Rana japonica* による産卵場所としての利用．保全生態学研究 28（2）：467-472.

46) Suzuki T, Ichiyanagi H, Ohba S（2023）Discovery of a new population of the endangered giant water bug *Kirkaldyia deyrolli*（Heteroptera：Belostomatidae）in Kyushu and evaluation of their genetic structure. Entomological Science 26（4）：e12564.

47) 一柳英隆（2023）放棄された迫田における湿地再生．シリーズ水辺に暮らす <SDGs> 3 水辺を守る—湿地の保全管理と再生（太田貴大・大畑孝二・佐伯いく代・富田啓介・藤村善安・皆川朋子・矢崎友嗣・山田浩之編），pp.62-64，朝倉書店，東京.

48) 土木学会水工学委員会令和 2 年 7 月九州豪雨災害調査団（2021）令和 2 年 7 月九州豪雨災害調査団報告書．土木学会，東京，359p.

49) 環境省（2024）30by30 自然共生サイト　認定サイト一覧（2023 年度後期）．〈https：//policies.env.go.jp/nature/biodiversity/30by30alliance/kyousei/nintei/2023second.html〉［参照 2024-05-15］

50) 犬童淳一郎・向田郁・屋宜禎中編（2013）熊本県球磨郡相良村における湿地調査記録．—生物相が豊かな耕作放棄地および水田を例として（別冊 VIATE）．九州大学生物研究部，福岡，36p.

51) 環境省（2016）生物多様性の観点から重要度の高い湿地．〈https：//www.env.go.jp/nature/important_wetland/index.html〉［参照 2024-05-15］

52) 一柳英隆・宮川続・犬童淳一郎・菅野一輝（2020）熊本県球磨郡における地域・学校と連携した湿地性希少生物の保全—球磨湿地研究会．自然保護助成基金助成成果報告 29：316-321.

53) 熊本県希少野生動植物検討委員会・熊本県環境公害部環境保全課（1993）人吉球磨地域における希少野生動植物の実情を保護方策（調査報告書）．熊本.

54) 熊本県農林水産部（2014）くまもとグリーン農業を進める施肥ガイド．〈https：//www.pref.kumamoto.jp/soshiki/74/854.html〉［参照 2024-05-15］

55) 井上大輔・中島淳（2009）福岡県の水生昆虫図鑑．福岡県立北九州高等学校 魚部，北九州，196p.

56) 中島淳（2013）過去から現在における水生甲虫相の変遷—福岡県での事例．昆虫と自然 48（4）：16-19.

57) 中島淳・宮脇崇（2021）休耕田を掘削して造成した湿地ビオトープにおける水生生物相．応用生態工学 24（1）：79-94.

58) 中島淳（2022）休耕田に造成した湿地ビオトープにおける生物多様性の保全．農業および園芸 97（12）：1061-1069.

59) 中島淳・中村晋也・大平裕（2012）福岡県福津市に造成したビオトープにおけるカスミサンショウウオの産卵事例．九州両生爬虫類研究会誌 3：46-48.

60) 宮脇崇・飛石和大・竹中重幸・門上希和夫（2013）マイクロウェーブ抽出を用いる土壌中有機汚染物質のスクリーニング法の開発．分析化学 62（11）：971-978.

61) 皆川明子・西田一也・千賀裕太郎（2010）東京に現存する水田地帯の特徴とその意義．農業農村工学会誌（水土の知）78（7）：567-570.

62) 西田一也（2015）都市近郊水田地帯における生態系保全はなぜ難しいのか？　農業農村工学会誌（水土の知）84（5）：407-410.

63) 関東農政局，農林水産統計年報・統計資料．〈https：//www.maff.go.jp/kanto/to_jyo/nenpou/index.html〉［参照 2023-02-09］

64) 東京都産業労働局農林水産部（2022）令和 3 年度東京都農業用水取水実態調査.

65) 西田一也・藤井千晴・皆川明子・千賀裕太郎（2006）一時的水域で繁殖する魚類の移

●第4章●水田環境の保全と再生

　　　動・分散範囲に関する研究―東京都日野市の向島用水・国立市の府中用水を事例とし
　　　て．農業土木学会論文集 74（4）：553–565.

66）西田一也・千賀裕太郎（2004）都市近郊における農業水路の環境要因および水田が魚
　　　類の生息に及ぼす影響―東京都日野市の農業水路を事例として．農業土木学会論文集
　　　72（5）：477-487.

67）西田一也・大平充・千賀裕太郎（2009）農業水路における魚類の越冬環境に関する研
　　　究―東京都国立市を流れる府中用水を事例として．環境情報科学論文集 23：197-202.

68）東京都産業労働局，田んぼの生きもの調査．（https：//www.sangyo-rodo.metro.tokyo.
　　　lg.jp/nourin/nougyou/hozen/tanbo/）［参照 2023-02-07］

69）西田一也（2010）多摩川流域に生息する魚類の遺伝子情報に基づく水域ネットワーク
　　　の保全計画に関する研究．とうきゅう環境浄化財団研究助成成果報告書 39：No.288.

70）山本康仁・千賀裕太郎（2012）都市化により分断化された水田におけるトウキョウダ
　　　ルマガエル *Rana porosa porosa* の分布と環境要因の関係．保全生態学研究 17（2）：
　　　175-184.

71）Nishida K, Minagawa A（2022）Record of *Cipangopaludina chinensis laeta*（Mollus-
　　　ca：Viviparidae）from Honjuku Canal in Fuchu City, Tama, Tokyo. Natural Envi-
　　　ronmental Science Research 35：23-27.

72）皆川明子・西田一也・藤井千晴・千賀裕太郎（2006）用排兼用型水路と接続する未整
　　　備水田の構造と水管理が魚類の生息に与える影響について．農業土木学会論文集 74
　　　（4）：467-474.

73）皆川明子・千賀裕太郎（2007）水田を繁殖の場とする魚類の水田からの脱出に関する
　　　研究．農業土木学会論文集 75（1）：83-91.

74）満尾世志人・西田一也・千賀裕太郎（2010）ホトケドジョウによる水田の利用実態―
　　　大栗川上流域の谷津田を事例として．野生生物保護 12（2）：1-9.

75）Nishida K, Ohira M, Senga Y（2014）Movement and assemblage of fish in an artifi-
　　　cial wetland and canal in a paddy fields area, in eastern Japan. Landscape and Eco-
　　　logical Engineering 10（2）：309-321.

76）西田一也・大平充・千賀裕太郎（2015）湿地造成は水田地帯の魚類個体群の保全に貢
　　　献できるか．農業農村工学会誌（水土の知）83（3）：187-190.

77）東京都環境保全局（2000）東京の湧水（平成 10 年度湧水調査報告書）．東京，82p.

78）西田一也（2017）水田地帯に造成された湿地における魚類相・環境条件の変化と泥上
　　　げの影響．平成 29 年度農業農村工学会講演会講演要旨集，pp.286-287.

79）皆川明子・西田一也・千賀裕太郎（2008）湛水した休耕田における魚類の繁殖および
　　　生育について．自然環境復元研究 4（1）：23-32.

80）西田一也（2015）国立市の水と人の営みが育んできた水辺と生きもの．くにたち郷土
　　　文化館研究紀要 6：25-42.

81）先山徹・松原典孝・三田村宗樹（2012）山陰海岸におけるジオパーク活動―大地と暮
　　　らしのかかわり．地質学雑誌 118：S1-S20.

82）岸康彦（2010）コウノトリと共に生きる農業―兵庫県豊岡市の挑戦．農業研究 23：
　　　85-119.

参考・引用文献

83) Hancock J, Kushlan JA, Kahl MP（1992）Storks, ibises and spoonbills of the world. Academic Press, New York, 385p.

84) 菊池直樹・池田啓（2006）シリーズ但馬Ⅴ 但馬のこうのとり．但馬文化協会，兵庫．

85) 兵庫県教育委員会 兵庫県立コウノトリの郷公園（2011）コウノトリ野生復帰グランドデザイン．兵庫県立コウノトリの郷公園，兵庫，40p.

86) 佐川志朗（2023）コウノトリの再導入と生態的地位．シリーズ水辺に暮らす＜SDGs＞3 水辺を守る一湿地の保全管理と再生（太田貴大・大畑孝二・佐伯いく代・富田啓介・藤村善安・皆川朋子・矢崎友嗣・山田浩之編），pp.57-59，朝倉書店，東京．

87) 豊岡市（2023）2022 年度コウノトリ育む農法水稲作付の実績．（https：//www.city.toyooka.lg.jp/_res/projects/default_project/_page_/001/024/231/202212-2.pdf）［参照 2024-05-15］

88) 豊岡市（2021）コウノトリ育むお米の海外輸出．広報とよおか 312：6-7.

89) 豊岡市市民生活部生活環境課地球温暖化防止対策室（2021）コウノトリと暮らす豊岡の環境．2020 年度豊岡市環境報告書，豊岡，82p.

90) 田和康太・佐川志朗・宮西萌・細谷和海（2019）河川域から水田域までのエコロジカルネットワーク形成による水田魚類群集の生息場所および再導入コウノトリ *Ciconia boyciana* の採餌環境の保全．日本鳥学会誌 68（2）：193-208.

91) 内藤和明・福島庸介・田和康太・丸山勇気・佐川志朗（2020）豊岡盆地の水田におけるコウノトリ育む農法の生物多様性保全効果．日本生態学会誌 70（3）：217-230.

92) 田和康太・佐川志朗（2020）豊岡盆地のコウノトリ育む水田水域におけるカエル類保全の取り組み効果．爬虫両棲類学会報 2020（2）：186-194.

93) 田和康太・佐川志朗（2017）兵庫県豊岡市祥雲寺地区の水田域とビオトープ域におけるカエル目の繁殖場所．野生復帰 5（1）：29-38.

94) Kidera N, Kadoya T, Yamano H, Takamura N, Ogano D, Wakabayashi T, Takezawa M, Hasegawa M（2018）Hydrologcal effects of paddy improvement and abandonment on amphibian populations; long-term trends of the Japanese brown frog, *Rana japonica*. Biological Conservation 219：96-104.

95) 片野準也・大澤啓志・勝野武彦（2001）ニホンアカガエルの非繁殖期における谷戸空間の利用特性．農村計画学会誌 20：127-132.

96) 田和康太・佐川志朗・内藤和明（2016）9 年間のモニタリングデータに基づく野外コウノトリ *Ciconia boyciana* の食性．野生復帰 4（1）：75-86.

97) 松井彰子・中島淳（2020）大阪府におけるドジョウの在来および外来系統の分布と形態的特徴にもとづく系統判別法の検討．大阪市立自然史博物館研究報告 74：1-15.

98) 景平真明・中村匡聡・土岐章夫（2009）ミトコンドリア DNA 調節領域の塩基配列に基づく兵庫県円山川水系におけるドジョウ在来集団由来の遺伝的組成．大分県農林水産研究センター水産試験場調査研究報告 2：33-35.

99) Negishi JN, Nagayama S, Kume M, Sagawa S, Kayaba Y, Yamanaka Y（2013）Unionoid mussels as an indicator of fish communities：A conceptual framework and empirical evidence. Ecological Indicators 24：127-137.

100) 永山滋也・塚原幸治・萱場祐一（2018）土地区画整理に向けた流水生イシガイ類の一

●第4章●水田環境の保全と再生

時的な移植場所と移植時期の検討. 応用生態工学 20 (2)：179-193.（https：//www.jstage.jst.go.jp/article/ece/20/2/20_179/_pdf/-char/ja）［参照 2024-05-15］

101) Nagayama S, Kume M, Oota M, Mizushima K, Mori S（2020）Common coypu predation on unionid mussels and terrestrial plants in an invaded Japanese river. Knowledge and Management of Aquatic Ecosystems 421：37.（https：//doi.org/10.1051/kmae/2020029）［参照 2024-05-15］

102) 農林水産省農村振興局（2015）環境との調和に配慮した事業実施のための調査計画・設計の技術指針. 農村振興局整備部設計課計画調整室，東京，152p.

103) 食料・農業・農村政策審議会農村振興分科会農業農村整備部会技術小委員会（2002）環境との調和に配慮した事業実施のための調査計画・設計の手引き 1，農林水産省，東京，87p.

104) 農林水産省農村振興局（2009）田んぼの生きもの調査 2009　調査マニュアル，pp1-45. 農林水産省，東京.

105) 渡邊恵司・細川晴華・中田和義・嶺田拓也・小出水規行（2019）農業水路の生態系を測る「魚の棲みやすさ評価プログラム」. 農業農村工学会誌 88 (1)：27-30.

106) 渡邊恵司・嶺田拓也・小出水規行・山岡賢・吉永育生（2018）農業水路の「魚の棲すみやすさ評価プログラム」の開発. 季刊 JARUS 121：41-44.

107) 渡邊恵司・嶺田拓也・小出水規行・山岡賢・吉永育生（2018）農業水路の「魚の棲すみやすさ評価プログラム」―魚の棲みやすさを見える化し，保全活動に活用，ARIC 情報 132：28-31.

108) 国立研究開発法人農業・食品産業技術総合研究機構農村工学研究部門（2018）魚が棲みやすい農業水路を目指して―農業水路の魚類調査・評価マニュアル. 同機構，茨城，110p.

109) 皆川明子・鈴木啓介・川邊渓一朗・江藤美緒（2022）M県F地区における深み工による魚類保全効果の検討. 農業農村工学会誌 90 (8)：23-26.

110) 渡部恵司・小出水規行・嶺田拓也・森淳・竹村武士（2018）農業水路における魚類生息場の簡易評価手法の開発. 農研機構報告 農村工学研究部門 2：111-119.

111) 守山拓弥・水谷正一・早川拓真（2022）栃木県N川地区の長期モニタリング調査からみる水域ネットワークの役割. 農業農村工学会誌 90 (8)：15-18.

コラム

コラム12 BARCI/BACIデザインと順応的管理

　水田環境において生物多様性を変化させる何らかの行為が加えられた際，その影響または効果を科学的に検証することが重要である。対象となる種，あるいは群集や群落などの生息・生育・繁殖状況の変化が年変動によりもたらされたものなのか，あるいは改変行為による影響・効果なのかを正確に評価しなければならない。そして，できるだけ保全の目標を具体的に設定し，その目標に対しどこまで近づけたか，あるいは達成できたか，全く達成できなかったかを評価する必要がある。

　そのための理想的な評価方法として，Lake (2001)[1] は BARCI（Before-After-Reference-Control-Impact）デザインが望ましいと述べている。BARCI デザインは事前（Before）と事後（After）による時間軸と，改変しない対照区（Control）と改変区（Impact）という空間軸を組み合わせ，そこに目標となる標準区（Reference）を加えた評価方法である[2]（図1）。これにより，例えば生物群集の変化が対象地全体で起きた変化なのか，改変行為によってもたらされた変化なのかを判別できると同時に，目標達成度も評価可能となる。また，事前と事後の調査を複数回実施したり，対照区と改変区を複数箇所設けたりすることができれば，より確度の高い評価が可能である。水田環境において BARCI デザインが実施可能な状況として以下のような場合が考えられる。圃場整備によって大半が乾田化された水田地帯において，一部に残された伝統的な水田（Reference）の水生動物相を目標とし，乾田化された水田（Control）の一部で生物多様性配慮型農法を行う（Impact）といった場合である。これらの水田において，事前（Before）と事後（After）に調査を行い比較することで，改変区（Impact）における農法の効果と目標達成度が評価できる。ただし，調査地の水田全体が圃場整備により乾田化されてしまい，近くに目標となる標準区（Reference）を設定できない場合も多い。また，適切な標準区（Reference）を設定するには慎重な判断が求められ，設定すれば相応のコストも発生することになる。そ

249

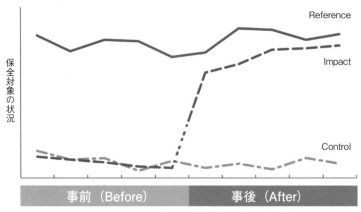

図1 BARCIデザインのイメージ図。中村(2003)[2]を参考に作成。すべての調査区について複数箇所設定し，事前，事後ともに複数の時期に調査を実施することが望まれる。ImpactがReferenceに近づかず，Controlと変わらない場合は，「順応的管理」によって見直しを図る。

れゆえ，BARCIデザインを採用するか否かは，現場の諸条件や目的を十分に考慮して判断することが肝要である。

標準区（Reference）の設定が困難な場合，BACI（Before-After-Control-Impact）デザインを採用することが望ましい。BACIデザインでは，目標達成度の観点は抜け落ちるが，少なくとも改変区（Impact）における実施行為の影響・効果の有無を判断することは可能である。水田環境におけるBACIデザインを用いた研究の一例として，圃場整備がニホンアカガエル *Rana japonica* の産卵に及ぼす影響を評価した渡部ほか(2014)[3]がある。

今のところ，以上の評価デザインが水田環境に適用された事例はとても少ない。それは，水田環境が生物多様性保全に寄与する重要な場であると認識されたのがごく最近のことだからであろう（4.1参照）。また，既に環境や生物多様性に配慮した行為がなされた場所であっても，事前（Before）データを取得していない場合も多い。この背景には，ここに紹介したような評価の重要性が十分に認識されてこなかったことが関係していると考えられる。ただし，事前データがなくても，事後の改変区

コラム

と対照区を比較するだけの CI（Control-Impact）デザインを用いて調査を行い，結果を慎重に解釈することで改変の影響・効果をある程度評価することができるだろう。

水田環境において生物多様性配慮型農法・工法を導入する際には，「順応的管理」の考え方を取り入れていくことが望ましい。そして，順応的管理を効果的に行うには，その農法・工法を BARCI デザインや BACI デザインで評価することが肝要である。ここで言う順応的管理の要点は，保全・再生行為を実験と位置づけて評価・検証し，その結果をフィードバックして目標に近づけていくことである。例えば，ある水田環境で実施した生物多様性配慮型メニューによって想定していた保全効果が得られなかった場合，その要因を検証して次の一手に活用することが挙げられる。このとき，BARCI・BACI デザインによる確度の高い評価が役に立つ。こうした一連の管理サイクルを繰り返すことで，保全効果を向上させて目標像に近づけていくことを目指すのである。

《参考・引用文献》

1）Lake PS（2001）On the maturing of restoration：Linking ecological research and restoration. Ecological Management & Restoration 2：110-115.
2）中村太士（2003）河川・湿地における自然復元の考え方と調査・計画論─釧路湿原および標津川における湿地・氾濫原・蛇行流路の復元を事例として─. 応用生態工学 5：217-232.
3）渡部恵司・森淳・小出水規行・竹村武士・西田一也（2014）圃場整備事業前後のニホンアカガエルの卵塊数の比較. 農業農村工学会論文集 82：53-54.

コラム 13　淡水魚とエコロジカルネットワーク

人の手によって作り出された水路や水田は，場所によっては相当な流路長もしくは水表面積となり（図1），河川や氾濫原と同様に淡水魚の主要な生息環境となる[1]。河川や水路，さらには水田で見つかる魚の多くは，一生を一つの場所で過ごすのではなく，成長段階や季節に応じて，

251

図1 岐阜県羽島市の河川－水路－水田のつながり
太線が水路を，細線が河川を示し，灰色の多角形は水田を表す。

ほかの場所へと移動する[2]。そのため，同じ場所で一年間調査を行ったとしても魚の種数や個体数は変動する（図2）。淡水魚が移動する理由は様々であるが，普段は河川にいたとしても水路で産卵する魚は多い[2],[3]。例えば，ナマズ（*Silurus asotus*）やフナ類といった日本の代表的な淡水魚は，産卵期になると河川から水田や水路へと移動し，孵化した稚魚はその場に留まり続けるのではなく，より大きな水路や河川へと移動する[2]。また，河川の増水時に支流やワンドが避難場所となっていることから[4],[5]，同様に水路や水田へと逃げ込む魚もいるであろう。このように利用する環境がつながっている，言い換えれば移動できることが，生活史を完結させるためには重要であり，このような系をエコロジカルネットワークもしくは生態系ネットワークと呼ぶ[6],[7]。このネットワークは河川－水路－水田のつながりに限定されるものではなく，鳥類や哺乳類等にとって採餌・寝ぐら・繁殖に利用する場所がつながっているこ

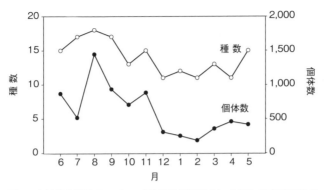

図2 自然共生研究センター（岐阜県各務原市）を流れる実験河川での淡水魚の種数と個体数の月変化

とに対しても用いられる[7]。エコロジカルネットワークとは英語で表記すれば ecological network となり，本来，生物群集を構成する種間での競争や捕食などの生物間相互作用を示した用語として，群集の構造や安定性を検証する際に用いられてきた[8]。しかし，国内で用いられるエコロジカルネットワークが意味するものは，生物が生息する，もしくは利用する環境をつないだものであり，ハビタットネットワーク（habitat network）に近い用語である。

淡水魚にとって，エコロジカルネットワークを構成する要素（利用環境）の消失や，要素間のつながりが途切れてしまう分断化は，種数や個体数の減少をもたらすことになる[9]。耕作放棄による水田の陸地化，圃場整備による水路のコンクリート化，そして河川と水路もしくは水路と水田の間に存在する落差は，その場所だけの問題ではなく，ネットワークの一部であることを踏まえれば，より広範囲に影響が及ぶ可能性がある[9),10]。実際に，河川と水路との間は落差工が存在することで，水路で見つかる魚種数が減少するといった報告がある[11]。それに対し，河川ー水路ー水田の間にあるネットワークを回復させる試みが行われており[12]，やはり分断化が解消されることで魚種数が増加することが示されている[6),11]。ただし，水田や水路と関わりを持つ淡水魚にとって，ネットワークが形成されてさえいればよいのではなく，河川，水路，水

253

●第4章●水田環境の保全と再生

田といったそれぞれの生息環境の質も同時に重要である[1),10)]。

　既存研究の多くは，河川−水路−水田のつながりに注目した研究が多く，エコロジカルネットワークの一部を捉えたものである。流域には河川−水路−水田のつながりが数多く存在し（図3），その数や配置などエコロジカルネットワーク全体としての特徴が生物多様性とどのような関係性にあるかについては未検証である。一方で，河川を対象とした研究であるが，流路が複雑に枝分かれしているほど個体群が維持されやすく，種数も多くなるといった報告がある[13)]。これを踏まえると，空間スケールは異なるが，水路も枝分かれした構造を有していることから（図1），複雑であるほど個体群の安定化に寄与する可能性が高い。さらには，流域内に河川と水路の合流点が多く存在することで，流路が作り出すネットワークはより複雑な枝分かれとなり，多くの魚種数をもたらすことにつながるのではないだろうか。

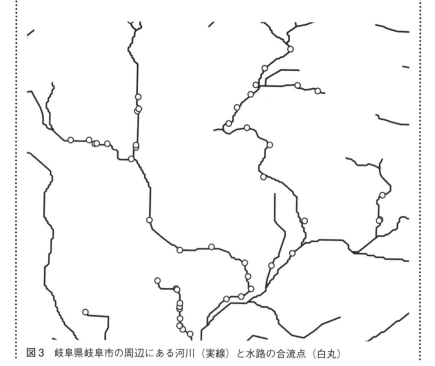

図3　岐阜県岐阜市の周辺にある河川（実線）と水路の合流点（白丸）

コラム

《参考・引用文献》

1）江崎保男・田中哲夫（1998）水辺環境の保全―生物群集の視点から．朝倉書店，東京．

2）斉藤憲治・片野修・小泉顕雄（1988）淡水魚の水田周辺における一時的水域への侵入と産卵．日本生態学会誌，38，35-47．

3）Yuma M, Hosoya K, Nagata Y（1998）Distribution of the freshwater fishes of Japan：an historical overview. Environmental Biology of Fishes, 52, 97-124.

4）佐川志朗・萱場祐一・新井浩昭・天野邦彦（2005）コイ科稚仔魚の生息場所選択―人口増水と生息場所との関係―．応用生態工学 7，129-138．

5）Koizumi I, Kanazawa Y, Tanaka Y（2013）The fishermen were right：experimental evidence for tributary refuge hypothesis during floods. Zoological Science, 30, 375-379.

6）鬼倉徳雄・井原高志・酒井奈美・江藤孝倫（2020）堤防の内と外をつなぐ：遠賀川エコネットの取り組み．景観生態学，25，25-29．

7）田和康太・佐川志朗・宮西萌・細谷和海（2019）河川域から水田域までのエコロジカルネットワーク形成による水田魚類群集の生息場所および再導入コウノトリ Ciconia boyciana の採餌環境の保全．日本鳥学会誌，68，193-208．

8）Vázquez DP, Melián CJ, Williams NM, Blüthgen N, Krasnov BR, Poulin R（2007）Species abundance and asymmetric interaction strength in ecological networks. Oikos, 116, 1120-1127.

9）石山信雄・永山滋也・岩瀬晴夫・赤坂卓美・中村太士（2017）河川生態系における水域ネットワーク再生手法の整理：日本における現状と課題．応用生態工学，19，143-164．

10）永山滋也・森照貴・小出水規行・萱場祐一（2012）水田・水路における魚類研究の重要性と現状から見た課題，応用生態工学会誌，15，273-280．

11）米倉竜次・後藤功一・太田雅賀（2017）排水路における落差工の有無が魚類群集の種多様性に与える影響：希薄化曲線を用いた種多様性の推定．岐阜県水産研究所研究報告，62，19-25．

12）皆川明子・若宮慎二・竹下邦明・佐川志朗・河口洋一・村瀬潤・都築隆禎・深澤洋二・江崎保男（2020）水田への魚類の遡上を促す遡上板の開発．応用生態工学，23，79-84．

13）Terui A, Kim S, Dolph CL, Kadoya T, Miyazaki Y（2021）Emergent dual scaling of riverine biodiversity. Proceedings of the National Academy of Sciences, 118, e2105574118.

●第４章●水田環境の保全と再生

コラム14 滋賀県における「魚のゆりかご水田プロジェクト」の現状

　滋賀県の琵琶湖周辺に存在する内湖，ヨシ帯，水田は，フナ属（*Carassius* spp.）やナマズ（*Silurus asotus*）などの淡水魚類にとって繁殖・成育の場として利用されてきた。しかし，1972年（昭和47年）から1997年（平成９年）にかけて実施された琵琶湖総合開発事業を契機として進展した湖岸提の築造や近代的圃場整備事業によって，ヨシ帯の減少，農業水路における用排水の分離と用水路のパイプライン化が進み，これらは在来魚の漁獲量が減少した一因とされている[1]。そのため，滋賀県は琵琶湖に生息する魚類，とりわけ伝統食「鮒寿司」の原料で琵琶湖固有亜種であるニゴロブナ（*Carassius buergeri grandoculis*）が水田で産卵できる環境を取り戻す施策として2001年度から「魚のゆりかご水田プロジェクト」に取り組んできた。

　「魚のゆりかご水田」とは，水田魚道などを用いて農業用の排水路と水田との水位差を解消し，圃場整備済みの水田に魚類が遡上できるようにした水田のことを指す。したがって，近代的な圃場整備が実施されておらず自然に魚類が遡上してくる水田や，ニゴロブナの孵化仔魚・稚魚を水田に放流して育成する取り組みは，「魚のゆりかご水田」には含まれない。

　本プロジェクトでは，水田一筆ごとの水尻に設置する「一筆型魚道」も用いられるが，プロジェクト開始当初から排水路全体を堰板で階段状に堰上げて排水路と周辺の水田との落差を解消する「排水路堰上げ式水田魚道」（図１）が多く取り入れられてきた。一筆型と比較して魚道断面が大きく，大型の魚類も遡上しやすい。また，魚道最上段の堰板より上流側（以下，堰上げ水路）の水面は，田面とほぼ同じ高さになることから，表面排水が越流していればどの水田にも遡上することができ，水田への進入機会が多いことが長所として挙げられる。さらに，堰上げ水路部分の法面が水没するため，初期には氾濫原の一時的水域らしい陸上植生が水没した止水的環境が形成される。プロジェクト開始当初は，成

図1　排水路堰上げ式水田魚道

魚が水田へと遡上して産卵するというコンセプトであったように思われるが，堰上げ水路部分においても多くの産卵が確認されている（図2）。取り組み農家自身，堰上げ水路部分で生まれた稚魚が水田へと進入しているという実感を持っており，排水路堰上げ式水田魚道は堰上げ排水路から水田までが一体の湿地的環境を創出していると言える。一方で，排水路堰上げ式水田魚道では法面が水没するために崩れやすくなるという課題があり，取り組みが広がらない一因となっている。そのため近年では，田面まで堰上げずに排水路のコンクリート護岸の上端程度まで堰上げて止水域を形成する「魚のゆりかご水路」も取り組まれはじめている。

　魚のゆりかご水田では，早い地域では4月下旬から排水路に堰板を

図2　堰上げ水路部分で孵化した仔魚

●第4章●水田環境の保全と再生

図3　一筆排水桝を遡上するフナ属の成魚

設置して水位を上げる準備を始め，5月上旬に田植えが終わると最上段まで堰板を設置して田面付近まで排水路の水位を上昇させる。その後，降雨によって水田から表面排水が生じるタイミングで排水路から魚道，そして水田へと魚類が遡上し産卵する（前述のとおり水路部分でも産卵する）。産卵する魚類はニゴロブナを中心とするフナ属が最も多く，次いでナマズが多い。孵化した稚魚は，水田に発生するワムシやプランクトンなどを食べて成長し，降雨によって表面排水が生じるときや，中干し時の落水とともに排水路へと流下する。

　排水路から水田までが一体の湿地とは言え，多くの水田では排水路との間に一筆排水桝（図3）が存在し，ここを通過しなければ魚類は排水路と水田の間を移動することができない。表面排水が生じている降雨イベントの期間に，魚道および排水路 - 水田間を移動する成魚の個体数を調査した結果，うまく体をくねらせて移動できるナマズは流量にかかわらず遡上した個体がほぼすべて降下できているのに対し，フナ属では流量が減少してくると体勢を保つことができず横倒しになり，降下が困難になることが確認された（皆川，未発表）。水田ならびに堰上げ水路部分が，本来の氾濫原的な琵琶湖周辺環境と比較してどのような意味を持つのかを明らかにすることは，コラム7で紹介した水田水域の階層性とも関連する課題であると筆者（皆川）は考えている。

　魚のゆりかご水田の取り組み面積は順調に増加しており，2021年には過去最大の182 haとなった（図4）。この面積は，滋賀県が当初目

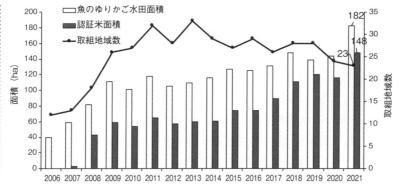

図4　魚のゆりかご水田面積，認証米面積，取り組み地域数の推移

標としていた150 haを超え，藤岡[1]が指摘する1,000 haという目標に対しても2割達成が視野に入る数字となっている。また，取り組み面積と「魚のゆりかご水田米」の認証を受けた面積との差も縮小傾向にある。「魚のゆりかご水田米」としての認証を受けるためには，滋賀県環境こだわり農産物の栽培基準[2]（化学合成農薬の使用成分回数および化学肥料（窒素成分量）の施用量を慣行の半分以下とする，堆肥その他の有機質資材の適正使用，水田からの濁水の流出防止，周辺環境に配慮した農薬の使用，農業用使用済みプラスチックの適正処理，これら以外に指定された環境配慮技術2つに取り組むこと）を満たすほか，農林水産消費安全技術センター（FAMIC）の「水産動植物への影響に係る使用上の注意事項（製剤別一覧）」で水産動植物（魚類，甲殻類）に影響を及ぼすとされている除草剤を使用しないこと，魚道や付帯施設の適切な管理，流下促進のための田面への溝切りの実施，在来魚の稚魚の成育が確認されること，という条件をすべて満たす必要がある。特に最後に挙げた項目は，滋賀県職員が魚のゆりかご水田に取り組む各水田に出向き，中干しまでの期間に，取り組み排水路に排水するいずれかの水田内で実際に稚魚が認められるかどうかを確認するというもので，生きものブランド米の中でも，ユニークかつほかに類を見ない厳しい認証基準ではないかと考えられる。

●第4章●水田環境の保全と再生

　面積が増加する一方で，取り組み地域数は 2013 年の 33 地区から減少傾向が続いている（図4）。農家中心の組織や農家個人で取り組んでいる地域では，農家数の減少や高齢化が取り組みを中止する一因となっている。非農家も含む自治会活動として取り組んでいる事例は，取り組みの持続性という点で一つのモデルとなるものと考えられる。また，「魚のゆりかご水田米」のブランド価値を向上させることは，農家にとって取り組みを持続させる必要条件であり，品質の担保，量の確保，認知度の向上，流通面の支援など取り組むべき課題は多い。2022 年には，同プロジェクトを含む「琵琶湖システム」が世界農業遺産の認定を受けた。これを契機として，認知度の向上や取り組みの広がりを期待したい。

《参考・引用文献》
1）藤岡康弘（2013）：琵琶湖固有（亜）種ホンモロコおよびニゴロブナ・ゲンゴロウブナ激減の現状と回復への課題，魚類学雑誌，60（1）：57-63.
2）滋賀県農政水産部，環境こだわり農産物の栽培基準，令和5年4月1日改定（https：//www.pref.shiga.lg.jp/file/attachment/5386434.pdf）（2024 年 3 月25 日確認）

コラム15 堤防を隔てて隣り合う河道内湿地と水田地帯のカエル類群集

近代の長大な連続堤の整備によって，河川環境は堤防を境に堤内地（居住地側）と堤外地（川側）に明確に分断された。そのため，洪水流が溢れて冠水する氾濫原は堤外地のわずかなエリアに限定されてしまった。これを河道内氾濫原と呼ぶ[1]。たとえ面積が少なくとも，河道内氾濫原は原生的な氾濫原環境がほとんど残されていない日本において，湿地性の動植物群集の重要な生息・生育場所として期待されている（図1）。ここでは，かつての大氾濫原である濃尾平野において実施した筆者（田和）らの調査研究を紹介する[2]。湿地に生息する水生動物の代表ともいえるカエル類を対象に，河道内氾濫原の生息・繁殖場所としての機能について，堤内の乾田化が進行した水田との比較から考えてみる。

堤防を隔てて隣接する河道内氾濫原の湿地（以下，河道内湿地）と堤内の水田では，出現するカエル類やその繁殖状況が異なっていた。ニホンアマガエル（*Dryophytes japonicus*），ヌマガエル（*Fejervarya kawamurai*），トノサマガエル（*Pelophylax nigromaculatus*），ナゴヤダルマガエル（*Pelophylax porosus brevipodus*）の4種は，水田を主な生息・繁殖場

図1 木曽川の河道内湿地（たまり）。ここでは毎年ニホンアカガエルの卵塊が確認される（2017年5月26日撮影）。

●第4章●水田環境の保全と再生

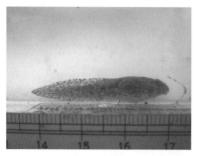
図2 河道内湿地で採集されたツチガエルの幼生（2017年5月25日撮影）

図3 たまり型の河道内湿地の浅瀬を泳ぐニホンアカガエルの幼生（2019年3月20日撮影）

所としていた。その一方で，幼生の一部が越冬するツチガエル（*Glandirana rugosa*）や早春期に産卵するニホンアカガエル（*Rana japonica*）は，個体数や出現地点数は少ないものの河道内湿地のみに出現した（図2）。実際に早春期には，たまり型の河道内湿地に多数のニホンアカガエルの卵塊や幼生が見られた（図3）。しかし，侵略的外来種であるウシガエル（*Lithobates catesbeianus*）の成体や幼体，幼生もまた，河道内湿地のみで見られた。

　これらの結果が示す要点は以下の二つに要約される。一つ目は，圃場整備に伴う水田の乾田化が進行した現在，堤外の河道内湿地は，ツチガエルやニホンアカガエルといった冬期から早春期に止水域や緩流域を必要とするカエル類にとって貴重な生息・繁殖場所となっていることである。これまでの河道内氾濫原における研究では，魚類や二枚貝類にとって本川と常に接続した「ワンド」の重要性が指摘されてきたが[3),4)]，少なくともニホンアカガエルは増水時にしか本川と接続しない孤立した止水域である「たまり」を選好しており，これまで見過ごされてきたカエル類にとってのたまりの価値が明らかになった。ただし，河道内湿地がウシガエルの生息・繁殖場所になっている状況は決して無視できるものではなく，今後の課題である。

　そしてもう一点は，ニホンアマガエルやヌマガエル，トノサマガエル，ナゴヤダルマガエルのように明らかに河道内湿地よりも水田を生息・繁

図4 農繁期（6月上旬）のある調査水田の様子。この時期は夜になるとニホンアマガエルやヌマガエル，ナゴヤダルマガエルの広告音で賑やかになる（2017年6月8日撮影）。

殖場所として選好するカエル類が存在することである（図4）。例えば，ニホンアマガエルやヌマガエルは水田地帯であっても，周年湛水した休耕田ではほとんど繁殖せず，稲作期のみ湛水する水田（乾田）を繁殖場所に選好することが知られている[5]。つまり，これらのカエル類の生息・繁殖にとって，河道内湿地のような恒久的水域よりも，一時的水域を形成する乾田化された水田のほうが適しているようであった。

このように，水田域と河川域はカエル類の多様性にとって補完的に作用しているものと考えられる。それゆえ，多様な特徴を持つ水域を維持・創出することが，カエル類の保全にとって重要だろう。なお，その後の筆者らの追加調査によって，このような観点は水鳥類やトンボ目幼虫，水生カメムシ目，水生コウチュウ目においても必要であることが明らかになってきている。

《参考・引用文献》
1）永山滋也（2019）氾濫原の定義と生態的機能．河道内氾濫原の保全と再生（応用生態工学会編），技報堂．東京．pp.1-17.
2）田和康太・永山滋也・萱場祐一・中村圭吾（2019）河道内氾濫原と水田域におけるカエル類の生息状況の比較．応用生態工学 22：19-33.

●第4章●水田環境の保全と再生

3) Negishi JN, Sagawa S, Kayaba Y, Sanada S, Kume M, Miyashita T（2012）
Mussel responses to flood pulse frequency：the importance of local habi-
tat. Freshwater Biology 57：1500-1511.

4) Kume M, Negishi JN, Sagawa S, Miyashita T, Aoki S, Ohmori T, Sanada S,
Kayaba Y（2014）. Winter fish community structures across floodplain backwa-
ters in a drought year. Limnology15：109-115.

5) 田和康太・佐川志朗（2017）兵庫県豊岡市祥雲寺地区の水田域とビオトープ域
におけるカエル目の繁殖場所．野生復帰5：29-38.

索　引

【数字・欧文】

BA（R）CI デザイン 249

Eco-DRR 112

IBM 35

IPCC 108

IPM 35, 136, 157

J-クレジット 109, 165

【あ行】

アカスジカスミカメ 111

アキアカネ 29, 31, 35, 98, 140

秋起こし 12

畔塗り 12

アメリカザリガニ 129, 177, 188,
　　193, 218

生きものマーク米 155

池干し池干し 42

イシガイ科（類）.....22, 23, 43, 46, 220

維持管理 147, 148, 197, 198, 218, 241

一次的水域 33, 39, 45, 48, 62, 256

一筆型魚道 144, 256

遺伝的攪乱 131, 224

イネ 58, 69, 100, 110, 112, 129

ウシガエル 129, 215, 262

益虫 35

エコトーン（移行帯）.......33, 46, 188, 192

エコロジカルネットワーク 210,
　　217, 252, 253, 254

温室効果ガス 108, 109, 165

温暖化 75, 108, 109, 110, 150

【か行】

皆田型 7

害虫 35, 88, 95, 98, 101, 111, 136, 159

外来種（外来生物）.............64, 100, 107,
　　129, 132, 190, 193, 218

夏期湛水 142

攪乱 25, 26, 31, 41, 106

カスミサンショウウオ 190

霞堤 21, 22

河道内氾濫原 261

カメムシ類（目）........29, 35, 48, 60, 110,
　　181, 189, 213

環境基本法 136

環境教育 75, 185, 191

環境保全型農業 154, 159

環境保全型農業直接支払交付金 139,
　　151, 155

慣行栽培 139, 152, 159, 208

管水路 10, 65, 96

幹線（用・排）水路 8, 17, 44, 66,
　　68, 194, 228

265

干拓事業 ··· 10
間断灌漑 ··· 12
乾田 ······· 14, 30, 39, 58, 72, 84, 88, 142
乾田化 ················· 65, 72, 92, 93, 96, 103
緩和策 ································· 65, 108, 109
帰化植物 ··· 132
気候変動 ······· 64, 75, 108, 110, 112, 114,
　　　137, 155
休耕田 ··········· 30, 40, 146, 164, 185, 209
牛馬耕 ··· 92
組み換え DNA 技術 ······························ 139
クリーク ·· 9, 77
景観法 ··· 137
畦畔 ········· 12, 31, 46, 64, 69, 103, 133
減反政策 ······································· 19, 74
江 ································· 37, 62, 143, 158
合意（形成）··································· 186, 198
恒久的水域 ························ 33, 48, 62, 263
耕作放棄 ······· 19, 40, 74, 105, 127, 146,
　　　160, 209
コウチュウ類（目）··········· 29, 43, 47, 48,
　　　60, 189, 216
コウノトリ ····· 20, 32, 206, 207, 217, 218
コウノトリ育む農法········· 140, 141, 142,
　　　208, 213
後背湿地 ··· 8, 25
小溝 ··· 45, 48

【さ行】

魚のゆりかご水田 ······················ 256, 259
迫田 ·· 169

殺菌剤 ······································· 101, 173
殺虫剤 ··············88, 95, 98, 101, 126, 136,
　　　154, 159
皿池 ·· 6
シギ・チドリ類 ························· 30, 40, 58
支線（用・排）水路 ············· 8, 44, 66, 144,
　　　194, 228
自然再生推進法 ························ 137, 147
自然堤防帯 ······································ 8, 16
湿田 ···················· 5, 20, 25, 36, 77, 206
種の保存法 ······························ 136, 190
順応的管理 ······························ 148, 251
条件付特定外来生物 ······················· 130
承水路 ··················· 5, 38, 49, 143, 155, 210
条里 ·· 7, 8
食料・農業・農村基本法 ··········· 74, 137
除草剤 ······················· 98, 101, 154, 259
代掻き ··················· 12, 90, 122, 142, 180
新田開発 ·································· 7, 9, 72
森林・山村多面的機能発揮対策交付金
　　　··· 147
水域ネットワーク ·········· 17, 49, 66, 146
水生昆虫 ··············· 60, 135, 177, 184, 216
水田 ······························ 2, 69, 108, 135
水田環境 ·· 2
水田魚道 ··················· 66, 144, 211, 256
水田決議 ··· 137
水田水域 ····························· 2, 3, 67, 136
水田内水路 ··· 143
水稲 ····································· 2, 69, 122
スクミリンゴガイ ························ 130, 193

生態系サービス……………137, 150, 159

生物多様性…………27, 63, 136, 147, 149, 150, 155, 188

生物多様性基本法………………137

生物多様性国家戦略…………104, 137

生物多様性配慮型………138, 141, 143, 144, 148

世界農業遺産……………………147

扇状地………………6, 17, 21, 69

早期湛水………………140, 208, 210

【た行】

田植え………………………12, 71

田起こし……………………………12

タガメ……135, 168, 171, 173, 179, 183

田越し灌漑…………………5, 8, 96

棚田………………………4, 47, 72

谷池………………………6, 25, 43

田畑混合型…………………………7

多面的機能………75, 112, 127, 137, 161

多面的機能支払交付金………75, 112, 127, 148, 233

ため池…………6, 11, 34, 42, 61, 228

田んぼダム…………………75, 112

治水………………………72, 160, 221

中規模攪乱仮説……………………31

中山間地域等直接支払交付金………147

中山間地域等直接支払制度……………233

ツチガエル………38, 43, 65, 215, 262

適応策………………………………108

デルタ………………………9, 16, 72

デンジソウ…………………………179

冬期湛水…………12, 141, 155, 210

動物プランクトン………………32, 34

特定外来生物………………………134

特別栽培………………139, 151, 157

ドジョウ………30, 35, 45, 131, 154, 190, 195, 214, 238

土壌シードバンク………………166

土水路…………16, 44, 67, 164, 224, 239

土地改良法………………17, 137, 233

土地区画整理事業………………196, 219

トノサマガエル………28, 32, 64, 140, 152, 214, 262

屯田兵………………………………122

【な行】

ナガエツルノゲイトウ……………134

中干し………12, 31, 89, 95, 109, 210

中干しの延期…………140, 157, 208

中干しの延長………………………109

ナゴヤダルマガエル……………64, 262

ナマズ………………45, 66, 252, 258

ニゴロブナ…………………256, 258

ニホンアカガエル………20, 26, 64, 166, 213, 250, 262

ニホンアマガエル………28, 40, 64, 153, 214, 262

日本農業遺産……………………147

二毛作………………………72, 84

ヌートリア…………………………229

ヌマガエル………47, 64, 215, 262

農業基本法‥‥‥‥‥‥‥10, 136, 137
農業用水路‥‥‥‥‥‥‥‥‥‥‥44
農耕馬‥‥‥‥‥‥‥‥‥71, 88, 125
農書‥‥‥‥‥‥‥‥‥‥‥‥‥‥89
農事暦‥‥‥‥‥‥‥‥‥‥‥‥‥11
農地維持支払交付金‥‥‥‥‥‥127
農地法‥‥‥‥‥‥‥‥‥‥‥‥‥73
農法‥‥‥‥‥‥‥‥‥‥‥‥‥‥75
農薬‥‥‥‥‥35, 98, 101, 136, 139, 152,
　187, 208, 259
農林業センサス‥‥‥‥‥‥‥‥127

【は行】

バイオ炭‥‥‥‥‥‥‥‥‥‥‥165
排水路堰上(げ)式魚道‥‥‥‥144, 257
パイプライン‥‥‥‥‥11, 65, 96, 256
ハス田‥‥‥‥‥‥‥‥‥‥‥57, 58
氾濫原‥‥‥‥‥‥8, 16, 68, 69, 72, 206
ビオトープ‥‥‥‥‥146, 158, 186, 188,
　190, 209, 212, 216
肥料‥‥‥‥‥‥88, 92, 95, 136, 139, 151,
　208, 259
復田‥‥‥‥‥‥‥‥‥146, 163, 178
ブランド米‥‥‥‥‥139, 155, 209, 259
圃場‥‥‥‥‥‥‥‥‥‥‥‥‥10
圃場整備‥‥‥‥65, 95, 103, 207, 253
ホトケドジョウ‥‥44, 195, 198, 201, 204
掘り下げ田‥‥‥‥‥‥‥‥‥‥18
堀田‥‥‥‥‥‥‥‥‥‥‥‥‥16

【ま行】

末端(用・排)水路‥‥‥‥8, 44, 49, 65, 236
水鳥‥‥‥‥‥‥‥‥43, 58, 137, 152
水口‥‥‥‥‥‥‥‥‥‥‥3, 66, 196
水尻‥‥‥‥‥‥‥‥‥‥‥3, 66, 196
明治農法‥‥‥‥‥‥‥‥‥‥‥92

【や行】

薬剤抵抗性‥‥‥‥‥‥‥‥‥‥102
野生復帰‥‥‥‥‥‥‥‥‥‥‥218
谷津(谷戸)‥‥‥‥‥‥‥4, 72, 160
谷津田(谷戸田)‥‥‥4, 25, 44, 160
谷津内水路‥‥‥‥‥‥‥‥‥‥44
有機栽培‥‥‥‥‥‥‥139, 151, 155
有機JAS‥‥‥‥‥‥‥‥‥‥‥139
湧水‥‥‥‥‥5, 6, 17, 44, 161, 169, 195
用排兼用‥‥‥‥‥44, 68, 96, 194, 220

【ら行】

落水‥‥‥‥‥‥‥‥‥‥‥12, 210
ラムサール条約‥‥‥‥‥‥‥‥137
リサージェンス‥‥‥‥‥‥‥‥35
流域治水‥‥‥‥‥‥‥24, 114, 170

【わ行】

輪中‥‥‥‥‥‥‥‥‥‥‥‥‥16

応用生態工学会テキスト

水田環境の保全と再生

定価はカバーに表示してあります。

2024 年 9 月 25 日　1 版 1 刷　発行

ISBN978-4-7655-3482-6 C3051

編　　者	田和康太・永山滋也
発 行 者	長　　　滋　彦
発 行 所	技報堂出版株式会社

日本書籍出版協会会員
自然科学書協会会員
土木・建築書協会会員

〒101-0051　東京都千代田区神田神保町 1-2-5
電　話　営　業　(03)(5217)0885
　　　　編　集　(03)(5217)0881
　　　　Ｆ Ａ Ｘ　(03)(5217)0886
振替口座　00140-4-10
http://gihodobooks.jp/

Printed in Japan

© Tawa Kota, Nagayama Shigeya, 2024

装幀　ジンキッズ　　印刷・製本　愛甲社

落丁・乱丁はお取り替えいたします。

JCOPY　〈出版者著作権管理機構 委託出版物〉

本書の無断複写は著作権法上での例外を除き禁じられています。複写される場合は，そのつど事前に，出版者著作権管理機構（電話：03-5244-5088，FAX：03-5244-5089，e-mail: info@jcopy.or.jp）の許諾を得てください。

◆小社刊行図書のご案内◆

定価につきましては小社ホームページ（http://gihodobooks.jp/）をご確認ください。

河道内氾濫原の保全と再生

応用生態工学会 編
A5・216頁

―応用生態工学会テキスト―

【内容紹介】河道内氾濫原は，堤内地の氾濫原の人工的利用が進むなか，日本国内においては貴重な氾濫原環境となりつつあり，近年の高水敷の乾燥化等で氾濫原に依存する多くの種が絶滅の危機に瀕している。また，河積確保の観点から，河道掘削や樹木伐開も全国的に行われ，河道内氾濫原の人為的改変が進行している。本書では，このような状況を考慮に入れ，氾濫原環境の基礎的な知識の習得と保全・再生に関するアプローチ，事例等を収録した。コラムでは，氾濫原に依存する生物の生態や現状について，基本的な知識を網羅した。

河川汽水域

楠田哲也・山本晃一 監修
河川環境管理財団 編
A5・366頁

―その環境特性と生態系の保全・再生―

【内容紹介】『河川法』『海岸法』の環境条項の追加，『自然再生法』の施行など，法制度の整備は進みつつある。だが，汽水感潮域や沿岸域では，環境保持，生態系保全が本格的に扱われるには至っていない。法制度の不十分さと，自然科学現象解明の不十分さがその理由である。しかし，河川汽水域は，生物多様性の確保，食糧の保障の点でも重要な空間であり，この生物生産の場の保全・再生は緊喫の課題である。本書は，河川生態学，水環境学，応用生態学，河川工学に関わる実務者，技術者，研究者，行政官の格好の参考書である。

自然的攪乱・人為的インパクトと河川生態系

小倉紀雄・山本晃一 編著
A5・374頁

【内容紹介】河川とその周辺は，流水・流送土砂により侵食堆積などの攪乱を受ける特異な場所であり，その攪乱の形態・規模・頻度が生息する植物・動物などの生態系の構造と変動を規制し，その特異性と生物多様性を形成する。本書では，自然的攪乱と人間活動に伴う人為的インパクトが河川生態系の構造と変動形態に及ぼす影響に関する知見を集約し，要因間の関連性を含めて詳述した。

気候変動適応技術の社会実装ガイドブック

SI-CAT ガイドブック編集委員会 編
A5・256頁

【内容紹介】SI-CAT（気候変動適応技術社会実装プログラム）は，文部科学省により5か年計画のプロジェクトとして実行された。ここでは，自治体の気候変動適応策の策定に汎用的に生かされるような，近未来の気候変動予測モデル技術，気候変動影響評価の技術の開発を目指した。本書では，気候変動適応法施行により自治体に求められる気候変動適応計画作成のための影響評価手法と適応策をまとめた。

技報堂出版 | TEL 営業 03 (5217) 0885　編集 03 (5217) 0881
FAX 03 (5217) 0886